普通高等教育物流类专业规划教材

物流技术装备

主　编　曲衍国　张振华
参　编　于桂香　刘璐　李翠

机械工业出版社

本书简述了物流技术装备的总体构成，全面、系统地介绍了货物运输装备、仓储技术装备、装卸搬运设备、包装设备、流通加工设备、物流集装化技术装备、物流智能化技术装备和物流信息化技术装备的基本类型、基本结构、基本功用、基本工作原理、主要技术性能及其在物流活动中的应用，并简要介绍了物流装备配置与管理的基本知识。

本书结构科学严密，内容全面丰富，配图直观新颖，比较全面地反映了现代物流技术装备的发展状况，能够为读者提供全面、实用的物流技术装备基本知识和技术资料。

本书适合高等院校物流管理、物流工程、工业工程、交通运输工程及相关专业本科和专科教学使用，也可作为物流领域的管理人员、工程技术人员和有关从业人员的学习和培训参考书。

图书在版编目（CIP）数据

物流技术装备/曲衍国，张振华主编. —北京：机械工业出版社，2013.9（2018.6 重印）
普通高等教育物流类专业规划教材
ISBN 978-7-111-44096-3

Ⅰ.①物…　Ⅱ.①曲…②张…　Ⅲ.①物流－机械设备－高等学校－教材　Ⅳ.①TH2

中国版本图书馆 CIP 数据核字（2013）第 222103 号

机械工业出版社（北京市百万庄大街 22 号　邮政编码 100037）
策划编辑：易　敏　责任编辑：易　敏　贺贵梅
版式设计：霍永明　责任校对：薛　娜
封面设计：鞠　杨　责任印制：常天培
涿州市京南印刷厂印刷
2018 年 6 月第 1 版第 4 次印刷
184mm×260mm・17.5 印张・431 千字
标准书号：ISBN 978-7-111-44096-3
定价：36.50 元

前　言

物流技术装备是物流系统运行的物质基础，是物流产业的基本生产要素，是现代物流生产作业的基本技术手段。随着物流产业的快速发展，物流技术装备的应用越来越广泛。各种物流基础设施在全国各地不断建设和投入使用，各种先进的物流机械设备在物流生产中发挥着越来越重要的作用。因此，物流领域的广大管理人员、工程技术人员及其他相关人员，全面学习和掌握物流技术装备的基本知识，对于合理运用物流技术装备以提高物流作业效率，科学管理物流技术装备以提高装备的使用寿命，具有十分重要的意义。

近年来，随着高等院校物流类专业教学体系的不断发展和完善，"物流技术装备"作为物流类专业一门重要的专业课程，受到各个学校的广泛重视，大多数学校的物流管理、物流工程、工业工程、交通运输工程等专业都开设了本课程。此课程介绍物流运输、仓储、装卸搬运、包装和流通加工等各个物流基本功能环节所涉及的装备相关知识。通过对本课程的学习，能够促进学生对相关专业课程的知识形成有机的联系和融会贯通，对物流生产的具体运作过程形成系统的理解和直观的认识。所以，"物流技术装备"在物流专业的课程体系中具有非常重要的地位和作用。

由于"物流技术装备"课程非常重要，相应的教材建设也得到了较快的发展，各种版本的《物流技术装备》教材相继出版和应用，为本课程的教学做出了积极的贡献。但是，由于"物流技术装备"是一门较"年轻"的课程，其知识体系、教材结构、教学内容和素材选取等都还需要进一步探索和不断完善。本书作者编写这部教材的初衷，就是想通过自己的努力，为教材建设尽一点微薄的力量。

本书吸取了现有教材的优秀内容和丰富经验，并融入了作者多年教学实践的理解和体会，力求突出以下特色：内容全面充实，涵盖物流系统各个方面的设施与设备的基本知识；取材新颖先进，全面反映现代物流技术装备的最新发展状况；各类概念、定义、标准确切，尽量采用标准术语；各种技术要求和参数准确可靠，采用最新国家标准；各种装备配图直观清晰，具有典型性和代表性。但是，由于作者知识水平所限，而且时间比较仓促，本书仍存在很多不足之处，衷心希望广大读者和专家、学者提出宝贵的意见，以便进一步修改和完善。

本书共分十章，第一章、第二章由曲衍国编写；第三章、第六章由于桂香编写；第四章、第八章由张振华编写；第五章由李翠编写；第七章由李翠、曲衍国共同编写；第九章由刘璐、曲衍国共同编写；第十章由刘璐、张振华共同编写。全书由曲衍国制定编写大纲，并对全部内容进行了统一编撰和定稿。

在本书的编写过程中，我们参考了大量文献资料，这些资料丰富了本书的内容，将为本课程的教学做出有益的贡献，在此谨向这些文献资料的作者表示衷心的感谢。

本书作者精心制作了 PPT 等配套资料，使用本书作为教材的教师可联系编辑索取（cmp9721@163.com）。

编　者

目　录

第一章

绪　论

-------- 本章学习目标: --

1. 掌握物流技术装备的概念与分类;
2. 理解物流技术装备在现代物流系统中的地位和作用;
3. 了解物流技术装备的应用状况和发展趋势;
4. 明确物流技术装备课程的学习内容及要求。

第一节　物流技术装备的概念与分类

一、物流技术装备的概念

物流是物品从供应地向接收地的实际流动过程,它由一系列具体的物流活动组成。所谓物流活动,就是指物流过程中的运输、储存、装卸、搬运、包装、流通加工及配送等功能的具体运作。物流的作业对象是货物,各种物流活动都是在一定的场所或设施条件下,通过人的直接劳动或人操控一定的作业工具或机械设备,实施对货物的作业。

现代物流是建立在现代科学技术基础上的新兴产业,从事现代物流生产活动必须依靠现代物流技术的支撑。所谓物流技术,就是指物流活动中所采用的自然科学与社会科学方面的理论、方法以及设施、设备、装置与工艺的总称。这其中的设施与设备是从事物流活动的重要技术要素,是从事物流生产活动的基本物质基础,它体现了物流产业和物流企业的装备条件。

所以,物流技术装备就是指进行物流生产活动所采用的各种设施与设备的总称。一般来说,物流设施通常是指一些固定不动的建筑或结构等,物流设备通常是指活动性的或可移动的机械设备、装置和器具等。

二、物流技术装备的分类

物流技术装备可以从不同的角度去划分类别。根据上述物流技术装备的概念,从总体上把物流技术装备划分为物流设施和物流设备两大类。

1. 物流设施

一般来说,设施是指"为某种需要而建立的机构、组织、建筑等"。因此,物流设施就是指为从事物流活动的需要而建立的机构、组织、建筑等。从广义上讲,凡是与物流活动相关的各种设施都属于物流设施。在物流生产实践中,根据各种设施在社会生产中地位和功能的不同,可以把这些设施划分为物流专用设施和物流基础设施两大类,其中物流专用设施属于狭义的物流设施，它们专门用于从事物流生产和经营活动。

（1）物流专用设施

物流专用设施就是指具备物流相关功能和提供物流服务的场所，主要包括物流园区、物流中心、配送中心以及各类仓库和货运站等。

1）物流园区　物流园区就是指为了实现物流设施集约化和物流运作共同化，或者出于城市物流设施空间布局合理化的目的，而在城市周边等区域集中建设的物流设施群，也是众多物流从业者在地域上的物理集结地。典型的物流园区如图1-1所示。

图1-1　典型的物流园区

根据国家标准《物流园区分类与基本要求》（GB/T 21334—2008），物流园区划分为货运服务型、生产服务型、商贸服务型和综合服务型四种基本类型。

① 货运服务型的基本要求是：依托空运、海运或陆运枢纽而规划，至少有两种不同的运输形式衔接；提供大批量货物转换的配套设施，实现不同运输形式的有效衔接；主要服务于国际性或区域性物流运输及转换。

② 生产服务型的基本要求是：依托经济开发区、高新技术园区等制造产业园区而规划；提供制造型企业一体化物流服务；主要服务于生产制造业物料供应与产品销售。

③ 商贸服务型的基本要求是：依托各类大型商品贸易现货市场、专业市场而规划，为商贸市场服务；提供商品的集散、运输、配送、仓储、信息处理和流通加工等物流服务；主要服务于商贸流通业商品集散。

④ 综合服务型的基本要求是：依托城市配送、生产制造业、商贸流通业等多元对象而规划；位于城市交通运输主要节点，提供综合物流功能服务；主要服务于城市配送与区域运输。

2）物流中心　物流中心就是指从事物流活动的、具有完善的信息网络的场所或组织。物流中心应基本符合下列要求：

① 主要面向社会提供公共物流服务。

② 物流功能健全。

③ 集聚辐射范围大。

④ 储存、吞吐能力强。

⑤ 给下游配送中心提供物流服务。

3）配送中心 配送中心是指从事配送业务的、具有完善的信息网络的场所或组织。配送中心应基本符合下列要求：

① 主要为特定用户或末端客户提供服务。

② 配送功能健全。

③ 辐射范围小。

④ 提供高频率、小批量、多批次配送服务。

以上几种物流设施都是一些新兴的、功能齐全的先进物流专用设施，近年来在我国得到了较快的发展。此外，各类仓库、货运站等也是从事物流服务的专用物流设施，分属于仓储设施和运输设施。

（2）物流基础设施

物流基础设施主要包括物流运输港站和枢纽、运输通道和物流信息平台等。这些设施通常主要是由国家统一规划和投资建设，为全社会生产和居民生活提供公共服务，是社会公共基础设施的重要组成部分。物流基础设施是用于保证国家或地区物流生产和社会经济活动正常进行的公共服务系统，是社会物流赖以生存和发展的基础物质条件，这些基础设施的建设水平和通过能力直接影响着物流各环节的运行效率。

1）物流运输港站和枢纽 物流运输港站和枢纽主要包括各种运输方式的车站、港口、机场等港站设施，以及公路运输枢纽、铁路运输枢纽、水路运输枢纽、航空运输枢纽和综合运输枢纽等。交通运输港站和枢纽是物流网络结构中的结点，是物流活动的重要集散地，对物流的运作效率起着至关重要的瓶颈作用。

2）物流运输通道 物流运输通道主要包括公路和城乡道路、铁路、水运航道、航空航线、运输管路等各种运输通道设施。物流运输通道是物流网络结构中的线路，是货物流动的主要通路，物流运输通道的通过能力直接影响着全社会物流的速度和效率。

3）物流公共信息平台 物流公共信息平台是指基于计算机通信网络技术，提供物流信息、技术和设备等资源共享服务的信息平台。其主要功能是支持或者进行物流服务供需信息的交换，为社会物流服务供给者和需求者提供基础物流信息服务、管理服务、技术服务和交易服务。物流公共信息平台是建立社会化、专业化和信息化的现代物流服务体系的基石，对促进产业结构调整、转变经济发展方式和增强国民经济竞争力具有重要作用。

近年来国家和各级政府高度重视物流基础设施的投资建设，对我国物流业的快速发展起到了极大的推动作用。

2. 物流设备

物流设备是指用于物流生产活动的各种作业设备的总称，主要是活动性的或可移动的机械设备、装置和器具等，可将其分为物流基本功能设备和物流辅助设备两类。通常根据物流基本功能的不同，将物流设备划分为物流运输设备、仓储设备、装卸搬运设备、包装设备和流通加工设备等类别；同时，还根据特殊的物流作业方式，划分出物流集装化设备、物流智能化设备和物流信息化设备等类别。

总之，物流技术装备是一个范围庞大的、种类繁多的实体系统，其具体的分类和构成情况可以参见图1-2。

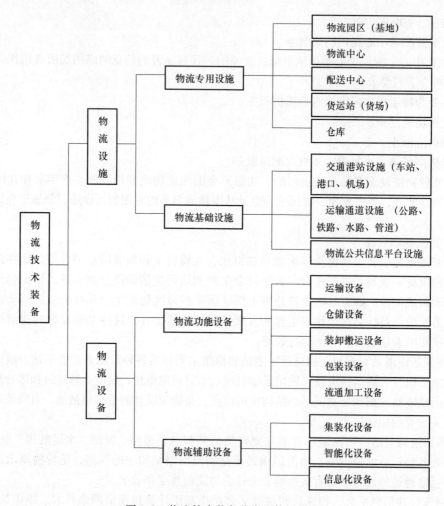

图 1-2　物流技术装备分类和体系构成

第二节　物流技术装备在现代物流系统中的地位和作用

随着我国社会和经济的快速发展，商品的流通量越来越大，流通范围越来越广，对物流的运作速度和效率提出了越来越高的要求。现代物流生产实践不断证明，物流技术装备对于物流的运作速度和效率起着至关重要的作用，物流系统的高效运行离不开物流技术装备。物流技术装备作为重要的物流技术要素，在现代物流系统的构成中处于极其重要的地位，在现代物流系统的运行中发挥着越来越重要的作用，主要体现在以下四个方面：

1. 物流技术装备是现代物流系统的"硬件"要素，是物流系统运行的物质基础

从系统论的角度分析，现代物流系统是由若干要素组成的一个庞大的巨系统，主要包括人、财、物等一般要素，运输、仓储、装卸搬运等功能要素，法规、制度、标准等支撑要素以及物流设施、设备、信息网络等物质基础要素。可以看出，在这些构成要素中物流技术装备是最重要的"硬件"要素，是物流系统得以正常运行的基本物质基础。

2. 物流技术装备是物流产业的基本生产要素，是物流企业评价的重要条件

物流业是服务性行业，物流生产所提供的是物流服务。物流生产不同于一般的工业生产，物流企业不需要占有生产产品的原材料。所以，物流技术装备是物流产业最基本的生产要素。现代先进的物流技术装备一般都需要巨大的资金投入，除了物流基础设施通常由国家或社会资金投资建设以外，物流企业要购置先进的物流技术设备，因此需要有较强的经济实力。物流企业拥有的物流技术装备条件，通常是反映物流企业经济和技术能力的重要标志。因此，国家制定的物流企业评价标准《物流企业分类与评估指标》（GB/T 19680—2005）中，把物流企业拥有的物流装备条件作为重要的评价指标，对不同级别的物流企业应当具备的装备条件都做出了明确的规定（参见表1-1）。由此可见，物流技术装备在物流企业的经营和发展中都具有重要的地位和作用。

表1-1 各级物流企业装备条件指标

企业类型	评估指标		级别				
			AAAAA 级	AAAA 级	AAA 级	AA 级	A 级
运输型物流企业	设施设备	运营网点/个	50 以上	30 以上	15 以上	10 以上	5 以上
		自有货运车辆/辆（或总载重量/t）	1500 以上（7500 以上）	400 以上（2000 以上）	150 以上（750 以上）	80 以上（400 以上）	30 以上（150 以上）
	信息化水平	网络系统	货运经营业务信息全部网络化管理			物流经营业务信息部分网络化管理	
仓储型物流企业	设施设备	自有仓储面积/m²	20 万以上	8 万以上	3 万以上	1 万以上	4000 以上
		自有/租用货运车辆/辆	500 以上	200 以上	100 以上	50 以上	30 以上
	信息化水平	网络系统	仓储经营业务信息全部网络化管理			物流经营业务信息部分网络化管理	
综合服务型物流企业	设施设备	运营网点/个	100 以上	50 以上	30 以上	10 以上	5 以上
		自有仓储面积/m²	10 万以上	3 万以上	1 万以上	3000 以上	1000 以上
		自有/租用货运车辆/辆	1500 以上	500 以上	300 以上	200 以上	100 以上
	信息化水平	网络系统	物流经营业务信息全部网络化管理			物流经营业务信息部分网络化管理	

3. 物流技术装备是现代物流生产的基本技术手段

在现代物流生产活动中，无论是对物品的包装、装卸搬运，或是对物品的储存、运输，都需要借助物流技术装备来实现；无论从生产速度和效率上，还是从作业质量上，都要求实现物流作业的机械化、自动化甚至智能化。现代物流生产已经摆脱了落后的人力作业，物流技术装备已经成为现代物流生产作业的基本技术手段，能够彻底改变传统的物流作业方式，全面提高物流速度和效率。可以说，没有先进的物流技术装备，物流生产就难以顺利、高效地进行。

4. 物流技术装备是物流系统现代化水平高低的主要标志

现代物流与传统物流的主要区别之一就在于现代物流技术装备的应用程度。一个国家和地区物流业的发展水平、物流系统的现代化水平高低，在很大程度上体现其物流技术装备的现代化程度。现代物流离不开现代物流技术装备的广泛应用。随着现代物流技术的进步和发展，物流活动各个环节都在各自的领域中不断提高技术水平，主要反映在各种类型的先进物流装备得到了快速的发展和应用，例如，现代化的交通运输设施和运输工具，现代化的物流园区和物流中心，先进的大型自动化立体仓库，快速的自动化货物分拣系统等，这些现代化的物流装备都标志着物流系统的现代化水平。

第三节　现代物流技术装备的发展与应用

进入 21 世纪以来，我国物流业总体规模快速增长，服务水平得到了显著提高，现代物流业的快速发展在相当程度上得益于现代物流技术装备的支撑。从另一方面看，现代物流业的快速发展也极大地促进了物流装备技术水平的完善和提高，带动了物流装备产业的全面发展，推动了现代物流技术装备的广泛应用。

一、物流技术装备的发展与应用状况

1. 物流基础设施方面

近年来，我国交通运输基础设施得到了快速的发展和完善，公路、铁路、水运和航空四大运输方式统筹规划，初步建设成结构合理的综合运输系统，为现代物流业健康发展提供了坚实的基础保障。

公路运输方面，全国公路网总体水平明显提高。以高速公路为骨架的干线公路网络基本形成，国省干线公路等级逐步提升，农村公路行车条件不断改善。"十一五"期间，全国公路总里程突破 400 万 km，其中高速公路 7.4 万 km，二级及以上公路 44.7 万 km，国省干线公路中二级及以上公路比例达到 72%，国省干线公路水泥、沥青路面铺装率达到 94.9%，乡镇公路通达率达到 99.9%，通畅率达到 96.6%，建制村通达率达到 99.2%，通畅率达到 81.7%，全国高速公路优良路率达到 99.2%，国道优良路率达到 79%，省道优良路率达到 75%。建成道路货运站 3317 个，在全国 196 个城市规划建设国家公路运输枢纽 179 个。

铁路方面，"十一五"期间，全国铁路营业里程达到 9.1 万 km，5 年新增 1.7 万 km，里程长度居世界第二位；路网密度为每万平方公里 97.1km；高速铁路运营里程达到 8300km，居世界第一位，在建高速铁路达 1 万 km。

水运方面，全国内河通航里程达到 12.4 万 km，五年新增和改善 4181km；沿海港口深水泊位 1774 个，五年建成 661 个；通过能力达到 55.1 亿 t，新增 30 亿 t。初步在全国沿海规划建设成环渤海、长江三角洲、东南沿海、珠江三角洲和西南沿海 5 个港口群体，强化群体内综合性、大型港口的主体作用，形成煤炭、石油、铁矿石、集装箱、粮食、商品汽车、陆岛滚装和旅客运输 8 个运输系统的布局。预计在"十二五"时期，沿海港口将新增深水泊位 440 个。

空运方面，全国民用机场总量初具规模，机场密度逐渐加大，机场服务能力逐步提高，现代化程度不断增强，初步形成了以北京、上海、广州等枢纽机场为中心，以成都、昆明、重庆、西安、乌鲁木齐、深圳、杭州、武汉、沈阳、大连等省会或重点城市机场为骨干以及其他城市支线机场相配合的基本格局，我国民用运输机场体系初步建立。截至"十一五"末，我国（不含港澳台地区）共有民航运输机场 176 个，全国机场平均密度约为 1.53 个/（10 万 km²）。共有运输航空公司 47 家，其中全货运航空公司 11 家。根据规划，"十二五"期间将依据已形成的机场布局，重点培育国际枢纽、区域中心和门户机场，完善干线机场功能，适度增加支线机场布点，构筑规模适当、结构合理、功能完善的北方（华北、东北）、华东、中南、西南、西北五大区域机场群。至 2020 年，布局规划民用机场总数将达到 244 个。

2. 物流专用设施方面

物流园区（基地）等物流专用设施发展较快。截至 2012 年年底，我国物流园区（基地或港）约为 754 个。货运服务、生产服务、商贸服务和综合服务等多种类型的物流园区，通过功能集聚、资源整合，成为供需对接、集约化运作的物流平台。仓储、配送设施现代化水平不断提高，化工危险库、液体库、冷藏库等专业化库房，期货交割库和电子商务交割库快速发展，自动化立体仓库大量涌现。

3. 物流信息设施方面

全国很多地区采取政企联合的方式，开发建设了公共物流信息平台，以物流信息服务需求为导向，整合物流领域政企相关信息资源，提供货运物流企业和从业人员资质和资格认证、信用等政府公共信息，提供物流采购招投标、物流设施设备供求、车货交易、船舶交易、船员劳务服务、订舱等物流交易信息，卫星定位与货物追踪、车船维修救援等物流保障信息，金融、保险等增值信息，以及物流应用软件系统托管等服务。他们还积极探索不同地区、不同特点的平台运作模式，加强跨区域物流信息的交换与共享，优化资源配置，显著改善物流系统的运作效率，降低物流成本。

很多先进的港口积极开展集装箱多式联运信息服务系统建设。基于港航电子数据交换（EDI）系统，依托沿海和长江沿线重要港口，实现港口集装箱水水、公水、水铁等联运信息服务，实现多种运输方式单证信息共享和通关一体化服务，提高集装箱整体周转效率，降低物流成本。

随着道路货物甩挂运输方式的大力推广，部分地区积极开展道路货物甩挂运输信息平台建设，推进甩挂运输车辆智能车载终端的研发和应用，实现甩挂运输智能运营调度管理、运行监测与综合分析等功能，提高运输效率，降低能源消耗。

4. 物流运输设备方面

公路物流营运货车数量达到 1060 万辆，其中专用货车占比 5.1%，货车平均吨位为 5.7t/辆。我国汽车制造业和制造技术都在快速发展，跨入世界先进行列。公路物流营运车辆逐步向大型化、专业化和高级化方向发展，货车平均吨位及专用货车比例稳步增加；积极发展集装箱、厢式、冷藏、散装、液罐、城市配送等专用物流运输车辆和标准车型，推进干线公路营运货车的轻质化、标准化；建立健全物流车辆推荐车型制度，促进车型标准化；加快更新老旧车辆，促进高效、节能运输车辆的发展。

铁路机车车辆购置投资不断增加，而且，随着高速铁路的运营与发展，铁路机车车辆的技术性能也在不断提高。国家铁路机车拥有量达到 1.96 万台，其中和谐型大功率机车 5052 台，"和谐号"动车组累计投用 652 组、6792 辆，内燃机车占 53.6%，电力机车占 46.4%；国家铁路货车保有量达到 649495 辆。

2011 年，民航全行业运输飞机在册架数为 1764 架，全行业完成货邮运输量 557.5 万 t，其中国内航线完成货邮运输量 379.4 万 t，国际航线完成货邮运输量 178.0 万 t。预计到 2015 年，机队规模将达到约 2750 架，运力年均增长 11%。

2011 年，我国民用运输船舶保有量共计 3651 艘，总载重吨位为 107970 万 t，位居世界第四位。近年来我国船舶工业得到了长足的发展，在船舶制造总量上已经跃居世界第一。

5. 物流机械设备方面

近年来，随着我国物流产业的快速发展，物流机械设备的制造和应用也得到了快速的发展。一方面，物流机械设备的种类越来越齐全。例如仓储设备、包装设备、流通加工设备、装卸搬运设备以及物流信息设备等应有尽有，而且，物流机械设备制造业不断研发新型物流设备，引导物流企业全面使用机械设备进行物流作业，推动物流生产作业实现机械化和自动化。另一方面，物流机械设备的总体使用数量越来越多。各种类型的物流企业、各个物流环节、各种物流作业场所，随处都有物流设备的应用。国内拥有一批物流设备的专业生产厂家、专业物流设备销售公司和巨大的物流设备消费市场，已经基本形成完整的物流设备生产—销售—使用产业链，形成了物流设备生产—使用相互促进的良性循环，促进了物流作业效率的不断提高。

二、物流技术装备的发展趋势

物流技术装备的广泛应用，不断地推动着物流装备自身技术水平的完善和提高；而且，随着现代工业建造技术和电子控制技术等高新技术的快速发展及其在物流装备制造领域的推广应用，物流技术装备不断体现出高新技术的特点，呈现出大型化、高速化、专用化、智能化、系统化和绿色化的发展趋势。

1. 建造规模大型化

物流装备的建造规模不断趋向大型化，极大地提高了设备的容量和工作能力，提高了物流规模效应，降低物流运营成本。大型化最主要体现在物流运输装备的载重能力和装卸设备的起重能力大型化等方面。

在物流运输装备方面，公路长距离运输车辆不断向大型化方向发展，一般重型货车的最大总质量可以达到 55t，载重量超过 500t 的超大型货物运输汽车也已得到了应用；在铁路货运中出现了装载 71600t 矿石的列车，我国大秦铁路煤炭运输专用线，已全面实现了单列火车载重 2 万 t 的重载运输；水运船舶大型化可以弥补自身速度的缺陷，充分发挥其规模效应，降低运输成本。现代大型油轮单船最大总载重吨位可以达到 70 万 t，最大的集装箱船可以装载 1 万 TEU（20 英尺标准箱），大型散货船的最大总载重吨位也达到了 20 万 ~ 30 万 t；管道运输的大型化体现在大口径管道的建设，目前最大的口径为 1220mm；航空货运飞机最大商载重量可达 300t，最大装载空间一次可装载 30 个 40ft（英尺）的标准箱。

在装卸搬运设备方面，我国已成功研制了每小时装卸能力达到 2500t 的大型抓斗式卸船机；港口物流中使用的最大的岸边集装箱桥式起重机的外伸距达到 65m，起吊重量达到 65t 以上；世界上最大的重型叉车起吊重量达到 46t。

2. 运行速度高速化

物流装备运行速度高速化可以全面提高物流作业的速度和效率，加快货物的流通和周转速度。高速化最主要体现在物流运输装备的运行速度和物流分拣设备的分拣作业速度等方面。

在物流运输装备方面，铁路运输已全面进入高速铁路运输时代，目前营运的高速列车最大商业时速已达 250 ~ 300km/h。随着各项技术的不断成熟和经济发展的推动，普通铁路将会被高速铁路所取代；航空运输中，超音速飞机在远程客运中得到广泛应用，双音速（亚音速和超音速）民用货运飞机正在研制，将成为民用货机的发展方向；在公路运输中，重型货运车辆的速度性能在不断提高，而且随着高速公路的全面建设和汽车动力性能的不断提高，公路直达货物运输的经济运距不断提高，长远距离的汽车直达货物运输应用越来越广泛，货物运达速度越来越快；水路运输中的杂货船和集装箱船的航速在不断地提高，目前航速最快的集装箱船，时速可达 30 海里/h（约 55km/h）；在管道运输中，高速体现在高压力，美国阿拉斯加原油管道的最大工作压力达到 8.2MPa。

在物流分拣设备的分拣作业速度方面，智能化的快速物流分拣系统，分拣速度可以达到 10000 箱/h，而且分拣准确率高，大大提高了物流分拣中心的作业速度和效率。例如，北京首都国际机场的行李分拣系统是世界上最现代化、分拣速度最快的行李分拣系统，行李的最高运送速度可达 40km/h, 可分拣和运送行李 19000 多件/h。

3. 装备功能专用化

随着专业化物流运营方式的深入发展, 各种物流企业都力求在自己具有优势的物流领域内做大做强, 为客户提供专业化物流服务。因此, 相应的物流装备也根据专业化服务的需求, 不断向专用化方向发展。在物流运输领域, 各种专用运输设备得到快速发展。公路、铁路运输中的冷藏车、罐式车、集装箱运输车、商品汽车运输车和大型货件运输车等各种专用车辆种类齐全, 功能完善, 能够满足各类特殊货物的专业化运输; 水路运输中的各类船舶分工越来越细, 例如, 散货船可以按照货物类别分别建造粮食船、矿石船、煤炭船等多种专用船舶, 功能专一的全集装箱船已经成为集装箱运输的主力船舶。在仓储物流领域, 各种专业化的冷藏库、恒温仓库、粮食仓库、医药及生物制品仓库、危险品仓库和精密仪器仓库等专用型仓库设施及设备广泛应用, 专用化程度越来越高。这是因为物流服务要求越来越精细, 因而要求仓储设施和库内作业设备越来越专用化。例如, 在高精尖的医药生物制品仓库和精密仪器仓库中, 要求严格的无尘无菌操作、密封操作, 需要极其专业的设备支持。

4. 设备控制智能化

在现代物流装备的设计制造过程中, 将先进的微电子技术、电力电子技术、光缆技术、液压技术及模糊控制技术应用到机械的驱动和控制系统, 实现物流设备的自动化和智能化将是今后的发展方向。例如, 大型高效起重机的新一代电气控制装置将发展为全自动数字化控制系统, 可使起重机具有更高的柔性, 以提高单机综合自动化水平; 自动化仓库和分拣中心中的自动取送货小车、自动巷道堆垛机、智能搬运车 (AGV) 以及自动分拣系统等自动化、智能化设备, 在各类物流企业中得到了广泛的应用。物流装备控制智能化, 可以最大程度地减少人为干预, 提高设备运行的自动化程度。

5. 设备配置系统化

物流生产活动通常都由多个环节组成, 为了保证物流系统整体运行速度和效率达到最大化, 必须使各个环节的设备配置相互协调, 形成一整套功能匹配、衔接可靠的系统, 从而避免单机功能不足而影响整体功能, 或单机功能过剩而造成浪费。例如, 集装箱的运输、储存和装卸搬运, 必须根据集装箱规格尺寸和总质量大小, 设计建造和配置选用相互匹配的运输设备、储存堆场设施和装卸搬运设备, 保证各个环节的设备规格尺寸和承载能力相互匹配, 从而保证在各个作业环节之间的转换都能够顺利完成。

另一方面, 对于由多种设备构成的物流作业环节, 可以在设备单机自动化的基础上, 通过计算机把各种设备组成一个集成系统, 形成各种设备的最佳匹配和组合, 发挥最佳效用。所以, 成套化和系统化物流设备具有广阔的发展前景, 例如工厂生产搬运自动化系统、自动包装生产线系统、货物配送集散系统、集装箱装卸搬运系统、货物自动分拣与搬运系统等将会得到重点发展。

6. 设备制造使用绿色化

绿色化和可持续发展是未来物流装备发展必须坚持的基本原则。绿色化就是要达到环保要求, 减少资源消耗, 减少环境污染。从设备制造方面, 不断改进动力设备的技术性能, 大力发展和应用低能耗、低排放的动力装置; 对于物流包装容器、托盘、周转箱等各种消耗性设备, 积极开发和应用绿色复合材料。从设备使用方面, 要根据物流业务的实际需要, 合理选用和配置与之相适应的设备, 避免设备动力和功能浪费; 加强设备的使用管理, 强化设备的周转和重复使用, 提高设备利用率; 通过科学的物流作业组织方式 (例如托盘一贯化作业、甩挂运输、滚装运输), 提高设备的使用效率, 减少物流消耗。

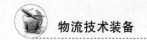
第四节 物流技术装备课程的学习内容及要求

物流技术装备课程是物流管理、物流工程等专业课程体系中的一门重要的专业课程。本课程对于学生全面认识和了解物流生产活动中常用的各种技术装备，培养学生对各种物流活动的直观认识都有着重要的意义。

一、本课程的学习内容

本课程以物流的基本功能为主线，系统地介绍运输、仓储、装卸搬运、包装、流通加工等物流活动中常用的设施与设备，并对各种物流活动中应用的集装化设备、智能化设备和信息化设备进行了专门介绍，重点阐述各种设施与设备的基本功用、基本类型、基本结构、基本原理、主要性能和参数，介绍各种技术装备的主要应用场合及其合理配置与选用的基本理论和基本知识，使学生全面认识和了解物流生产活动中常用的各种技术装备，掌握各种技术装备的配置、选择、管理、使用的基本理论和基本方法。

二、本课程的基本特点及学习要求

本门课程具有以下三个显著特点：

1）实践性强 本课程研究的对象是各种设施和设备等实体事物，要很好地理解和掌握这些物流装备的有关理论知识，必须通过观看实物或图片、视频，认识设备的实物形象，建立具体的实物感。所以，在本课程的教学和学习过程中，要特别重视实践性教学环节，尽量能够深入物流生产现场观看物流装备实物。但是，由于在一般条件下，只有很少一部分设施和设备可以看到实物，而大部分只能通过图片或视频来认识。因此，在学习过程中要重视各种装备图片和视频的浏览和运用，尽量建立良好的感性认识。

2）知识跨度大 本课程对运输、仓储、装卸搬运、包装和流通加工等各种物流活动的设施与设备都进行介绍，涉及的知识面非常广，知识跨度非常大。因此，一般应在掌握了以上有关课程的知识之后进行本课程的学习，既利于对各种物流设备的功能和应用条件的理解，从而利于对各种设备知识的理解和掌握，又有利于对以上有关课程的知识融会贯通和深入巩固。

3）实用性强 物流技术装备是从事任何物流活动都离不开的物质条件，无论处于哪一个物流作业环节、走到哪一个物流作业场所，都会不同程度地接触物流装备，甚至直接操纵和使用物流设备。所以，物流技术装备知识对于任何从事物流工作的人员都是必不可少的专业知识。本课程包含了物流技术装备最基本的知识，能够使学生全面认识物流生产活动中常用的各种技术装备，掌握各种装备的基本结构功能与合理运用等方面的基本理论和常识性知识，具有很强的实用性。因此，应当明确本课程的重要意义，全面掌握本课程的基本知识，同时要随着物流装备技术的进步和发展，不断扩充更先进的物流装备的有关知识。

三、本课程的学习目标

通过本课程的学习，总体上要达到以下学习目标：

① 充分认识物流技术装备在现代物流系统中的地位和作用，认识学习和掌握物流技术装备知识的重要意义。

② 掌握物流技术装备的分类和基本构成体系，对物流技术装备有比较全面、整体的了解。

③ 掌握各类物流技术设备的功用、常用类型、主要应用场合和适应范围。

④ 掌握常用各种具体类型的物流装备的基本结构、基本原理、主要性能及参数。

⑤ 能够熟练地识别各种典型的物流技术装备。

⑥ 掌握常用物流技术设备的配置、选择、管理、使用的基本理论和基本方法。

复习思考题

1. 说明物流技术装备的概念、分类和构成体系。
2. 简述物流技术装备在现代物流系统中的地位和作用。
3. 分析物流技术装备的发展趋势。
4. 说明本课程的基本特点及学习要求。

第二章

货物运输装备

┈┈┈ **本章学习目标:** ┈┈┈┈┈┈┈┈┈┈┈┈┈┈┈┈┈┈┈┈┈┈┈┈┈┈┈┈┈┈┈┈┈┈

1. 掌握公路货运车辆的主要类型、基本结构及应用;
2. 掌握铁路货运车辆的主要类型及应用,熟悉其基本结构特征;
3. 掌握货运船舶的主要类型及应用,熟悉其基本结构特征;
4. 熟悉货运飞机的主要类型、基本结构特征及应用;
5. 掌握各种运输设备的选用、管理和装载的相关要求;
6. 了解公路、货物运输站场、港口、机场等交通运输基础设施的类型和功能。

┈┈┈

运输是物流最主要的功能之一,它是实现货物从供应地向接收地实际流动的最主要的物流作业过程。货物运输,就是利用载运工具在公共交通线路上实现货物空间位置转移的活动。在现代交通运输体系中,根据载运工具类型的不同,货物运输的基本方式主要包括公路运输、铁路运输、水路运输、航空运输和管道运输五种运输方式。

货物运输装备就是指各种运输方式的载运工具以及交通运输线路和交通运输港站枢纽等交通基础设施的总称。载运工具是指承载货物进行空间移动的设备,主要包括汽车、铁路机车车辆(火车)、船舶和飞机等;交通运输线路是指供载运工具安全、顺畅运行的通路,包括公路、铁路、水运航道、飞机航线和管道等;交通运输港站是指对载运工具进行指挥控制,组织载运工具出发、通过、中转和到达,并用于进行货物运输组织、运输工具进行装载或卸载作业的场所,包括公路货运站、铁路货运车站、港口和机场等。

第一节 公路货物运输装备

一、概述

公路货物运输是以汽车作为载运工具(也包括拖拉机和畜力车等运输工具)在公路(包括城市道路和乡村道路)上行驶,实现货物空间位置转移的运输方式。公路货物运输装备主要包括载货汽车、公路以及公路货物运输场站与枢纽等。

1. 公路货物运输的特点

1)机动灵活,可实现"门到门"直达运输。汽车本身具有较高的操纵灵活性,而且汽车行驶受道路条件的限制很小,可以机动灵活地在各种道路条件下运行,能够方便地把货物从发货人仓库门口直接运送到收货人仓库门口,即实现"门到门"直达运输。

2)运输作业组织方便,运输适应性强,适用于各类货物的运输。汽车货物运输不需要有固定的运输场站进行作业组织,可以随时随地在各种运输条件下方便地开展运输;而且汽车结构类型多种多样，可以适应各种各样货物的运输，具有较强的运输适应性。

3）中、短途运输送达速度快。由于汽车运输可以实现"门到门"的直达运输，不需要中途倒车，而且汽车装卸作业速度快，所以在中、短途运输的情况下，汽车运输的送达速度最快。

4）运输经营初期投资少，投资回收快，易于小规模经营。汽车的购置费用远远低于其他运输工具，所以开展汽车运输经营的初期投资较少，投资回收较快，便于进行小规模甚至个体经营。

5）单车运量小，能耗大，运输成本高。一般载货汽车的单车载重量都在几吨至几十吨的范围内，目前最大的大型货物运输汽车的载重量也只有 200～300t，比火车和轮船等运输工具的载重量小得多。所以，汽车单位货物运输量的运输成本和燃料消耗量都远远高于铁路运输和水路运输。

6）污染严重，事故率高。汽车在运行过程中产生大量的二氧化碳和有害气体，并产生较强的噪声，对环境造成严重的空气污染和噪声污染。而且，汽车行驶的道路交通环境复杂，交通事故发生率较高。

7）公路建设投资大，占地多。高效率的公路运输需要大规模的公路建设，因而需要大量的建设资金投入，并且需要占用大量的土地资源。

2. 公路货物运输的功能

1）主要承担中、短距离的"门到门"直达运输。当货物运输距离在 200km 以下时，利用汽车从发货点直接运输到收货点，既方便又经济。这是公路运输最主要的功能。

2）衔接其他运输方式，为其他运输方式进行货物集疏运输。由于铁路运输、水路运输和航空运输一般不能实现货物直达运输，通常都需要利用汽车将货物从各个不同的发货点集中运输到港站，或由港站疏散运输到各个收货点。

3）能够独立承担长距离直达运输。一般情况下，当货物运输距离超过 200km 以上时，采用其他运输方式可能更经济。但是，当公路条件较好、汽车运输速度较快，或者货物不宜装卸转运时，再或者由于其他原因，也能够利用汽车承担长距离直达运输。事实上，随着公路条件的改善和汽车载重能力的提高，利用重型汽车进行长距离直达运输已经成为一种重要的物流运输方式。

二、常用货运车辆的结构及应用

1. 普通栏板式货车

普通栏板式货车具有栏板式载货装置，由车底板和前、后、左、右四面栏板构成敞开式货箱，通常俗称为敞篷车，如图 2-1 所示。前端栏板一般与底板固定在一起，其他栏板的开闭形式分为三面开闭式和后面开闭式两种。大多数货车的栏板都为三面开闭式，其后面及左、右两侧面栏板都可以打开；某些微型和轻型货车的左、右两侧面栏板也为固定式，仅有后面栏板可以打开，这种货车的栏板和车底板的高度都较低。栏板根据高度的不同可分为低栏板、中栏板和高栏板等。普通栏板式货车的优点是装运货物的通用性强，可以适应各类货物的运输，而且非常便于货物装卸；其缺点是对货物的保护性差，容易造成货物损坏和丢失，还容易造成货物掉落，对环境造成污染或危害。因此，在物流运输中普通栏板式货车用的越来越少，而且在大多数城市的市区内普通栏板式货车的使用都受到限制。普通栏板式货车主要适用于沙石、煤炭等不怕雨、雪侵蚀的散货和建筑材料，以及零散杂货等货物的运输。

2. 厢式货车

厢式货车具有全封闭的厢形载货装置，在货箱的后端或侧面开有车门进行货物装卸。开门

a) 栏板式单体货车

b) 栏板式半挂列车

图 2-1　普通栏板式货车

形式主要是后面开门、侧面开门以及后面与侧面同时开门等多种类型。为了扩大车门开度，方便货物装卸，还有两翼开门形式，如图 2-2 所示。厢式货车具有防雨、防尘、防污染、防损坏、防丢失及防货物掉落等特点，对货物具有良好的保护作用，并且能够避免对环境造成污染和伤害，保障运输安全。但是，厢式货车需要通过车门装货和卸货，对货物的装卸作业不如敞篷货车方便。厢式货车适宜运输家电、服装、日用品和包裹等高价值货物，广泛应用于商品配送、邮政、快递以及家电、仪器仪表、服装纺织、食品饮料、烟草等行业的物流运输。厢式货车是世界发达国家广泛使用的物流运输车辆，近年来我国也在积极推行货运车辆厢式化，厢式货车已逐渐成为我国物流运输的主力车型。

a) 后面侧面双开门式

b) 两翼开门式

c) 厢式半挂货车

图 2-2　厢式货车

3. 仓栅式货车

仓栅式货车是指装备有栅栏式结构货箱的专用货车（图 2-3）。仓栅式货箱有的是采用整体式仓栅货箱，有的是在普通栏板式货箱的基础上加装栅栏而成。仓栅栏杆一般可半拆、全拆和随意升降，便于货物装卸。仓栅式货车与厢式货车相比，具有自重较轻、货物装卸较方便及透气性能好等特点，主要适用于瓜果、蔬菜等鲜活农产品和牲畜、家禽等活体动物，以及其他对防雨要求不高、需要透气性能好的货物运输。

4. 冷藏车

冷藏车是指用于运输冷冻货物或保鲜货物的厢式专用货车（图 2-4）。冷藏车的货箱采用特

a) 仓栅式单体货车

b) 仓栅式半挂货车

图 2-3　仓栅式货车

殊的隔热保温材料和结构制成，具有良好的隔热保温功能。运输冷冻货物的冷藏车还装有制冷装置，以保证货物在运输过程中始终保持冷冻状态，它主要用于运输冷冻水产品、冷冻食品等冷冻货物。运输保鲜货物的车辆不需要安装制冷装置，它主要是利用货箱的隔热保温功能，使货物在运输过程中能够保持恒定的温度状态，通常也称为保温车，主要用于运输新鲜花卉、瓜果蔬菜、肉蛋食品、冷饮、鲜活水产品及医药用品等需要低温运输的货物。

a) 单体冷藏车　　　　　　　　　　　　b) 半挂冷藏车

图 2-4　冷藏车

近年来，我国大力建设冷链物流系统。低温冷藏运输是冷链物流的重要一环，冷藏车是冷链物流的重要设备。随着我国冷链物流系统的不断发展和完善，冷藏车将会得到更广泛的应用。

5. 罐式货车

罐式货车是指装备有封闭容罐式载货装置的专用货车（图 2-5），罐体一般为卧式筒形结构。罐式货车按照用途的不同，主要分为液罐车、气罐车和粉罐车等类型。液罐车主要用于装运汽油、柴油、原油、植物油及液体化工原料等液体货物。液体由罐体顶部注入，通过下部的阀门流出，或利用液体泵排出。粉罐车主要用于装运粮食、水泥及化工原料等颗粒状、粉末状散装货物，是大宗货物散装化运输的主要运输设备。粉罐车装货时物料由顶部罐口注入，卸货时利用罐车上备有的气力输送装置将货物卸出。

a) 单体液罐车　　　　　　　　　　　　b) 半挂粉罐车

图 2-5　罐式货车

装运石油及成品油、液体化工原料、液化气体等危险货物的罐车，属于危险货物运输专用设备，必须符合国家有关危险品运输的相关规定和要求，不允许与普通罐车混用或代用，以确保危险货物安全运输。

6. 平板式货车

平板式货车的载货装置是敞开式平面货台，没有栏板等包围结构。载货平台的结构有水平式、阶梯式和凹梁式等多种类型（图2-6）。大型平板式货车一般采用阶梯式和凹梁式结构，可以降低载货平台的高度。超大型货件运输平板车一般都装备有较多的支承车轮。平板式货车主要用于运输钢材、木材及大型设备、大型构件等长大、笨重货物。大型平板式货车是物流企业组织大件货物运输、超限货物运输的专用车辆。

a) 水平式 　　　　　　　　　　　　b) 阶梯式

c) 凹梁式 　　　　　　　　　　d) 多轴式超大型货件运输车

图2-6　平板式货车

7. 集装箱运输车

集装箱运输车是指专门用于运输集装箱的货车。现代集装箱运输车一般都采用半挂车形式，单体集装箱运输车应用较少。集装箱半挂车的载货装置主要有平板式和骨架式两种形式（图2-7）。

平板式集装箱半挂车的载货装置是由钢板制成的平面货台，并按照标准集装箱的尺寸在货台的相应位置上装设固定集装箱的旋锁装置。骨架式集装箱半挂车的载货装置由半挂车底盘的纵梁和横梁骨架直接构成，同样在骨架的相应位置上装设固定集装箱的旋锁装置（参见图2-7b）。

a) 平板式集装箱半挂车 　　　　　　　　b) 骨架式集装箱半挂车

图2-7　集装箱运输车

8. 商品车运输车

商品车运输车是指用于运输小型商品汽车的专用货车，其载货装置的结构主要有框架式和厢式等类型（图2-8），一般都有双层空间，并配有固定汽车的加固装置。商品车运输车通常都是采用半挂车。

a) 框架式　　　　　　　　　　　　　　　　　b) 厢式

图 2-8　商品车运输车

9. 自卸车

自卸车是指通过自身的液压或机械举升装置将车厢倾翻一定角度，从而自行卸下货物的专用车辆（图2-9）。自卸车主要用于运输散料、土方、砂石及煤炭等颗粒状和小块状散堆货物，货物具有较好的流动性，车厢倾翻时，货物依靠自重能自行卸下。自卸车的载货装置大多数为高栏板式车厢，其倾翻方式主要有后向倾翻和侧向倾翻式，其中后向倾翻式应用最为广泛；另外，有少数自卸车还可以后向和侧向双向倾翻。

a) 后向倾翻式　　　　　　　　　　　　　　　b) 侧向倾翻式

图 2-9　自卸车

三、物流运输车辆的选用

物流运输车辆的选用主要从车辆吨位大小和车辆结构类型两个方面进行考虑。

1. 合理选择车辆吨位级别

货车不同的吨位级别，决定了货车不同的装载能力大小。合理选择车辆吨位级别，能够最大限度地发挥车辆的装载能力和运输效率。对于车辆吨位级别的选择，主要应当考虑货物运输的批量大小和运输距离远近等因素。一般情况下，微型和轻型货车适用于市区范围内小批量货物的集货运输和配送运输；中型货车适用于市区以外和短距离范围内的中等批量货物运输；重型货车适用于城市之间和城乡之间较大批量货物的长距离运输。

2. 恰当选择车辆结构类型

随着汽车制造技术的不断提高和物流专业化运作方式的进一步发展，汽车的结构类型越来越多，而且越来越向专用车型方向发展。所以，物流运输企业应当根据所经营的物流业务性质配置与之相适应的货运车辆，根据货物的性质、特点和运输要求，恰当选择车辆的结构类型。特别是对于从事冷藏保鲜、罐装货物及集装箱等专门运输的，运输企业应当具有与货物相适应的专用车辆；从事大型物件运输经营的，应当具有与所运输大型物件相适应的超重型车组；从事危险货物运输的，应当具有与所运危险货物相适应的专用车辆。这样才能提高车辆的装载效率和装卸作业速度，并能够更好地保护货物，提高货物的运输质量和运输安全，还能够减少对环境的污染。

四、货运车辆装载规定

为了保证物流运输安全，货运车辆在运输过程中必须高度重视货物装载，必须严格按照国家和有关部门对货运车辆装载的相关规定合理装载。货运车辆装载应着重考虑以下七个方面：

1. 车辆装载货物的质量不得超过车辆行驶证上核定的载质量

车辆装载质量主要受两个方面的约束：一是车辆行驶安全；二是道路的承载能力。

车辆行驶证上核定的载质量即车辆最大允许装载质量，是最大允许总质量与整车整备质量的差值，它限定的是车辆满载之后的最大总质量。在运输过程中必须严格按照车辆行驶证上核定的最大允许装载质量进行装载，严禁违章超载。

另外，车辆装载质量若超过道路承载能力，将会对道路和桥梁造成极大的伤害，甚至会造成严重的安全事故。根据《公路法》以及国家有关法规规定，在公路上行驶的车辆轴载质量应当符合公路工程技术标准及《道路车辆外廓尺寸、轴荷及质量限值》（GB 1589—2004）的要求。

2. 装载货物的长、宽、高不得违反装载要求

具体装载要求是：

1）装载货物的长度和宽度不得超出车厢。

2）装载货物的宽度必须符合以下规定：

① 重型、中型载货汽车，半挂车装载货物，高度从地面起不得超过4m，载运集装箱的车辆不得超过4.2m。

② 其他货运车辆装载货物，高度从地面起不得超过2.5m。

各种车辆的车厢长、宽、高尺寸，由国家标准《道路车辆外廓尺寸、轴荷及质量限值》（GB 1589—2004）予以限定，其中对于各种货运车辆的外廓尺寸限值参见表2-1。

表2-1　货运车辆的外廓尺寸限值

车 辆 类 型			车长/mm	车宽/mm	车高/mm
汽车	货车及半挂牵引车	最高设计车速小于70km/h的四轮货车	6000	2000	2500
		二轴 最大设计总质量≤3500kg	6000	2500	4000
		二轴 最大设计总质量>3500kg，且≤8000kg	7000		
		二轴 最大设计总质量>8000kg，且≤12000kg	8000		
		二轴 最大设计总质量>12000kg	9000		
		三轴 最大设计总质量≤20000kg	11000		
		三轴 最大设计总质量>20000kg	12000		
		四轴	12000	2500	4000

（续）

车 辆 类 型			车长/mm	车宽/mm	车高/mm
挂车	半挂车	一轴	8600	2500	4000
		二轴	10000		
		三轴	13000		
	其他挂车	最大设计总质量≤10000kg	7000		
		最大设计总质量>10000kg	8000		
汽车列车	半挂列车		16500	2500	4000
	全挂列车		20000		

3. 运载超限的不可解体的物品，必须按照超限运输相关规定装载和运送

对于有些在质量上或长、宽、高尺寸上超过以上规定的不可解体的长大、笨重货物，应当使用专用的大件运输车辆进行运输，并在车上悬挂明显的标志，而且应当按照公安交通管理部门指定的时间、路线和速度行驶；在公路上运输时，应当依照交通部颁布的《超限运输车辆行驶公路管理规定》（交通部令2000年第2号）执行。

超限运输车辆行驶公路前，其承运人应按规定向公路管理机构提出书面申请。公路管理机构在审批超限运输时，应根据实际情况，对需经路线进行勘测，选定运输路线，计算公路和桥梁的承载能力，制订通行与加固方案，并与承运人签订有关协议。超限运输车辆未经公路管理机构批准，不得在公路上行驶。

4. 全挂汽车列车装载货物，全挂车的装载质量不得超过全挂牵引车的装载质量

5. 货车装载货物必须将货物可靠地密封和固定，不得使货物掉落、遗洒、飘散

6. 危险品运输车辆运输危险货物，必须严格按照危险品运输相关规定装载

7. 普通货物运输车辆不得装运危险货物

五、公路运输站场与枢纽

公路运输站场与枢纽是进行物流生产活动的重要的基础设施，近年来国家和各级政府高度重视其建设与发展，交通运输部先后颁布了《道路货物运输及站场管理规定》和《国家公路运输枢纽布局规划》，为公路运输站场与枢纽的规划建设和运营管理，制定了严格的制度和要求。

1. 道路货运站

道路货运站是指以场地设施为依托，为社会提供有偿服务的具有仓储、保管、配载、信息服务、装卸及理货等功能的货运服务经营场所。

道路货运站的主要类型有综合货运站（场）、零担货运站和集装箱中转站等。综合货运站可以组织整车货物、零担货物和集装箱等多种货物运输，这是最主要的货运站类型，大多数道路货运站都属于综合货运站；零担货运站主要从事零担货物和快件货物运输；集装箱中转站是专门进行集装箱中转运输组织的货运站，主要为水路和铁路集装箱运输进行中转作业。对于各种类型的货运站，国家和交通运输部分别制定了相应的标准，对其规划建设、设备配置和级别划分都制定了明确的规范和要求。

（1）道路货运站的主要业务功能

道路货运站的主要业务功能包括货物运输组织功能、货物中转和装卸储运功能、货运中介代理功能、货运信息和通信功能及其他辅助服务功能。

（2）道路货运站的基本条件

从事道路货运站经营的企业和组织，应当具备下列条件：

① 有与其经营规模相适应的货运站房、生产调度办公室、信息管理中心、仓库、仓储库棚、场地和站内道路等设施。

② 有与其经营规模相适应的安全设备、消防设备、通信设备、装卸设备及计量设备等。

③ 有与其经营规模、经营类别相适应的管理人员和专业技术人员。

④ 有健全的业务操作规程和安全生产管理制度。

（3）道路货运站的生产设施构成和设备配置

1）主要生产设施　道路货运站的生产设施主要包括业务办公设施、仓库（货棚）设施和场地设施等。

业务办公设施主要包括货运站站房、生产调度办公室和信息管理中心；有国际运输业务的货运站，可设置由海关、检疫、商检、商务等部门的国际联运代理业务办公室。

仓库（货棚）设施包括中转库、零担库、集装箱拆装箱库、仓储库，分别用作货物的短期存放、集装箱拆装作业和货主待收或待发货物仓储；货棚则用于堆放不便进库但又不宜露天存放的零担或仓储货物。

场地设施主要包括集装箱堆场、装卸场或作业区、货场和停车场。

2）设备配置　道路货运站的主要生产设备包括货场和仓库装卸设备、集装箱堆场和作业区装卸设备、计量设备、管理信息系统设备及车辆和集装箱维修设备等。

（4）道路货运站的级别划分

道路货运站的级别划分用以反映货运站的经营规模和生产能力大小，并表征货运站的经营资质高低。货运站级别的评定，通常由企业提出申请，由省、市、县等交通主管部门对不同级别进行核定。

1）综合货运站的级别划分　综合货运站级别的评定依据是货运站"年换算货物吞吐量"的多少，共分为四个级别。年换算货物吞吐量是指把各类货物吞吐量按照一定的换算系数换算为普通货物吞吐量后所得的吞吐量计算值（普通货物换算系数为1，零担货物为1.25，快件货物为1.3，集装箱拼箱货物为1.25）。

一级货运站，年换算货物吞吐量60万t及以上；二级货运站，年换算货物吞吐量30万~60万t；三级货运站，年换算货物吞吐量15万~30万t；四级货运站，年换算货物吞吐量不足15万t。

2）零担货运站的级别划分　零担货运站级别的评定依据是零担站年货物吞吐量，共分为三个级别。年货物吞吐量是指货运站一年内发出与到达的货物数量，包括中转、收、发量的总和。

一级零担站，年货物吞吐量为6万t以上；二级零担站，年货物吞吐量为2万~6万t；三级零担站，年货物吞吐量为不足2万t。

3）集装箱中转站的级别划分　集装箱中转站级别的评定依据是中转站设计年度的年箱运组织量和中转站设计年度的年箱堆存量，共分为三个级别，并且还对沿海地区和内陆地区规定了不同的划分标准。

一级中转站，位于沿海地区，年箱运组织量在3万TEU以上或年箱堆存量在0.9万TEU以上；位于内陆地区，年箱运组织量在2万TEU以上或年箱堆存量在0.6万TEU以上。二级中转站，位于沿海地区，年箱运组织量在1.6万~3万TEU或年箱堆存量在0.65万~0.9万TEU；位于内陆地区，年箱运组织量在1万~2万TEU或年箱堆存量在0.4万~0.6万TEU。三级中转站，位于沿海地区，年箱运组织量在0.6万~1.6万TEU或年箱堆存量在0.3万~0.65万TEU；位于内陆地区，年箱运组织量在 0.4 万 ~1 万 TEU 或年箱堆存量在 0.25 万 ~0.4 万 TEU。

2. 公路运输枢纽

（1）公路运输枢纽的概念

公路运输枢纽是指在两条或者两条以上运输线路的交汇、衔接处形成的，具有运输组织与管理、中转换乘及货物换装、装卸储存、多式联运、信息流通和辅助服务等功能的综合性设施；是在公路运输网络的节点上形成的货物流、旅客流及客货信息流的转换中心。

公路运输枢纽是重要的交通运输基础设施，它作为公路交通运输的生产组织基地和公路交通运输网络中客货集散、转运及过境的关键环节，对提高国家和区域客货运输速度和效率具有极其重要的作用。

长期以来，各级政府都在积极规划全国性的和区域性的公路运输枢纽，积极建设提供公共客、货运输服务的场站设施，对实现公路交通的可持续发展具有重大的现实和战略意义。

（2）国家公路运输枢纽

国家公路运输枢纽是位于重要节点城市的国家级公路运输中心，主要由提供与周边国家之间、区域之间、省际之间以及大、中型城市之间公路客、货运输组织及相关服务的客运枢纽站场和货运枢纽站场组成，是保障公路运输便捷、安全、经济、可靠的重要基础设施，与国家高速公路网共同构成国家最高层次的公路运输基础设施网络。

2007 年，交通运输部从全国公路交通基础设施的总体发展出发，提出了国家公路运输枢纽规划方案。规划的国家公路运输枢纽总数为 179 个，其中有 12 个为两个以上邻近城市共同构成的组合枢纽，共计 196 个城市（见表 2-2）。

表 2-2 国家公路运输枢纽布局

地 区	省 份	城 市	数 量
东部	北 京	北京	1
	上 海	上海	1
	天 津	天津	1
	河 北	石家庄、唐山、邯郸、秦皇岛、保定、张家口、承德	7
	辽 宁	*沈（阳）、抚（顺）、铁（岭）、大连、锦州、鞍山、营口、丹东	6
	江 苏	南京、*苏（州）、锡（无锡）、常（州）、徐州、连云港、南通、镇江、淮安	7
	浙 江	杭州、*宁（波）、舟（山）、温州、湖州、嘉兴、金华、台州、绍兴、衢州	9
	福 建	福州、*厦（门）、漳（州）、泉（州）、龙岩、三明、南平	5
	山 东	*济（南）、泰（安）、青岛、淄博、*烟（台）、威（海）、济宁、潍坊、临沂、菏泽、德州、聊城、滨州、日照	12
	广 东	*广（州）、佛（山）、*深（圳）、莞（东莞）、汕头、湛江、珠海、江门、茂名、梅州、韶关、肇庆	10
	海 南	海口、三亚	2
中部	山 西	太原、大同、临汾、长治、吕梁	5
	吉 林	长春、吉林、延吉、四平、通化、松原	6
	黑龙江	哈尔滨、齐齐哈尔、佳木斯、牡丹江、绥芬河、大庆、黑河、绥化	8
	安 徽	合肥、芜湖、蚌埠、安庆、阜阳、六安、黄山	7

（续）

地区	省 份	城 市	数 量
中部	江 西	南昌、鹰潭、赣州、宜春、九江、吉安	6
	河 南	郑州、洛阳、新乡、南阳、商丘、信阳、开封、漯河、周口	9
	湖 北	武汉、襄樊、宜昌、荆州、黄石、十堰、恩施	7
	湖 南	*长（沙）、株（洲）、潭（湘潭）、衡阳、岳阳、常德、邵阳、郴州、吉首、怀化	8
西部	内蒙古	呼和浩特、包头、赤峰、通辽、呼伦贝尔、满洲里、巴彦淖尔、二连浩特、鄂尔多斯	9
	广 西	南宁、柳州、桂林、梧州、*北（海）、钦（州）、防（城港）、百色、凭祥（友谊关）	7
	重 庆	重庆、万州	2
	四 川	成都、宜宾、内江、南充、绵阳、泸州、达州、广元、攀枝花、雅安	10
	贵 州	贵阳、遵义、六盘水、都匀、毕节	5
	云 南	昆明、曲靖、大理、景洪、河口、瑞丽	6
	西 藏	拉萨、昌都	2
	陕 西	*西（安）、咸（阳）、宝鸡、榆林、汉中、延安	5
	甘 肃	兰州、*酒（泉）、嘉（峪关）、天水、张掖	4
	青 海	西宁、格尔木	2
	宁 夏	银川、固原、石嘴山	3
	新疆（兵团）	乌鲁木齐、哈密、库尔勒、喀什、石河子、奎屯、伊宁（霍尔果斯）	7
全国合计			179

注：*为组合枢纽。

第二节　铁路货物运输装备

一、概述

1. 铁路运输的特点

1）运输能力大，运输成本较低　铁路运输的运输能力取决于列车本身的载重能力和铁路线路在一定时间内通过的列车数量。每一列车的载运能力比汽车和飞机大得多，双线铁路每昼夜通过的货运列车对数可达百余对，所以铁路货物运输能力非常大。而且，由于铁路运输运距长、运量大，所以铁路运输单位的运输成本较低。

2）运输适应性强，适宜各类货物的运输　现代铁路几乎可以在任何需要的地方修建，铁路运输受地理条件的限制较小，而且天气条件对铁路运输的影响也很小，所以铁路运输基本上能够适应各种条件下的货物运输；铁路货运车辆结构形式多种多样，能够适应各类货物的运输。

3）运输速度较高，准时性强　随着高速铁路的建设和发展，铁路运输速度越来越快，高速铁路列车的运行速度可以达到 200～300km/h；而且，铁路运输由于具有严格的列车运行计划，所以铁路运输正点率高、准时性强。

4）运输安全性好，能耗低，污染小　由于铁路安全控制技术的不断提高，铁路运输的安全程度越来越高，在各类交通运输方式中，铁路运输的事故率最低。另外，铁路机车车辆的行驶阻力相对较小，铁路单位运输量的能耗仅为公路的 1/10 左右，为航空的 1/13 左右。而且，随着电气化铁路的不断发展，铁路运输的污染越来越小。

5）运输计划性强，机动性差　铁路机车车辆必须在固定的轨道上行驶，整个铁路网上的列车都必须严格地按照列车运行计划进行运输，因而铁路运输的机动性比较差，难以灵活地组织运输活动。

2. 铁路货物运输系统的功能

铁路货物运输系统主要用于担负大宗低价值货物、集装箱及化工产品和石油产品等罐装货物的中、长距离运输，是我国煤炭、粮食、木材和钢材等大宗货物的主要运输力量，是集装箱多式联运的重要运输环节。

3. 铁路运输装备的构成

铁路运输技术装备主要由铁路、信号设备、机车车辆和车站等部分构成。

铁路是机车车辆和铁路列车运行的基础。铁路主要由路基、轨道及桥隧建筑物等部分组成。其中，轨道主要由钢轨和轨枕构成，钢轨通过联接零件固定在轨枕上。轨道是列车运行的基础，用以承载列车的载荷，并导引列车的行驶方向，列车通过车轮与钢轨的摩擦得以驱动行驶、制动减速或停车。

轨道的两条钢轨内侧之间的距离称为轨距，国际标准轨距为 1435mm，通常称为准轨，大于标准轨距的称为宽轨，小于标准轨距的称为窄轨。我国绝大多数线路都采用标准轨距。

铁路信号设备是铁路信号、车站联锁设备、区间闭塞设备的总称，其作用是保证列车运行与调车工作的安全、提高铁路通过能力。铁路信号是指示行车和调车运行条件的命令。连锁设备的作用是使进路、进路道岔和信号机之间按一定程序、一定条件建立起既相互联系、又相互制约的连锁关系，保证车站范围内行车和调车的安全，提高铁路通过能力。闭塞设备是用来保证在铁路线的一个区间内同时只能有一个列车占用，防止两列对向运行的列车发生正面冲突，以及避免发生两列同向运行的列车发生追尾事件。

二、铁路机车

一般铁路列车是由机车和车辆两部分共同组成。机车是铁路列车的动力来源，主要用于牵引列车运行，以及牵引或推送车辆在车站内有目的地调车移动。

机车按照用途的不同可分为客运机车、货运机车和调车机车三种类型。货运机车就是用来牵引货运车辆的机车。我国一般的货运列车编挂车辆数量为 60 节，总载重量在 3500t 以上。所以，货运机车的牵引力较大，但行驶速度较低。调车机车主要是在车站内完成车辆转线及货场取送车辆等各项调车作业，其特点是机动灵活，因此车身较短，有较小的转弯半径，而速度相对较慢。

机车按照原动力的不同分为蒸汽机车、内燃机车和电力机车三种类型。

蒸汽机车是最早用于铁路运输的一种机车，但是由于其耗能多、污染严重、牵引动力较小等原因，已经被其他动力机车取代。

内燃机车是以内燃机（主要是柴油机）为原动力的机车（图 2-10）。内燃机车一般由柴油机、传动装置、行走装置、车体车架、车钩缓冲装置、制动系统和辅助装置等部分组成，通过传动装置驱动车轮行驶。内燃机车的热效率高，独立性强，整备时间较短，起动加速快，通过能力大，可实现多机联挂牵引，而且工作条件好，污染较小。

电力机车是通过其顶部的受电弓从接触网获取电能，用牵引电动机驱动的机车，是非自带能源式机车（图2-11）。电力机车功率大，而且不受能源设备容量的限制，容易获得大功率，具有较大的过载能力。因此，电力机车能够高速行驶，牵引动力大，起动加速快，爬坡性能强，易于实现多机联挂牵引，而且噪声小，没有空气污染。随着未来铁路的电气化、高速运行和大运量运输发展趋势，电力机车将成为未来铁路客货运输的主要动力。

图2-10　内燃机车

图2-11　电力机车

三、铁路车辆

铁路车辆是承载旅客和货物的铁路运输工具，一般不具备动力装置，需要连接成列车后由机车牵引运行。铁路车辆按照用途的不同分为客运车辆和货运车辆两大类。

货运车辆主要用于装载货物，不同的货物应选用相适应的货运车辆装载。我国目前铁路普通货运车辆的单节载重量应用最广泛的是60t级和70t级，部分重载车辆有80t级。

铁路货运车辆按照结构和用途的不同，主要分为以下类别：

1. 敞车（C）

敞车是具有前后端壁、左右侧壁、地板而无车顶，向上敞开的货车（图2-12）。敞车车体有的没有车门，有的在车体两侧开有侧门，侧开门一般为双合式车门。敞车约占铁路货车总量的60%，主要用于运输各种无需严格防止湿损的货物，如煤炭、矿石、木材和钢材等大宗货物，也可用来运送体积和重量不大的普通机械设备。

2. 棚车（P）

棚车是具有端壁、侧壁、地板、车顶和门窗的货车（图2-13），能防止风、雪、雨、水侵入车内。侧门为双合式车门，每扇门板底部装有两个滑轮，可轻便地开闭。棚车主要用于运送怕日晒、雨淋、雪侵的货物，包括各种粮谷、日用工业品及贵重仪器设备等。

图2-12　敞车

图2-13　棚车

3. 平车（N）

平车是没有固定的端壁和侧壁的平板式货车（图2-14），主要用于运输不怕雨、雪侵蚀的货物及长型、大型、集重型货物，如钢材、木材、汽车和机械设备等，也可借助集装箱运送其他货物。按照结构的不同划分，平车主要有平板式平车和带活动墙板式平车两种；按照功能的不同划分，可以分为通用平车、集装箱平车、多功能平车和专用平车。装有活动墙板的平车也可用来装运矿石、沙土和石渣等散粒货物。

图2-14　平车

4. 集装箱车（X）

集装箱车是专门用于运输各种集装箱的平车，也称为集装箱平车，有单层集装箱车和双层集装箱车两种结构类型。单层集装箱车在地板上设有能够固定各类集装箱的转锁（图2-15a）；双层集装箱车具有凹形地板（图2-15b），可以叠装两层标准集装箱。

a) 单层式　　　　　　　　　　　　　　　b) 双层式

图2-15　集装箱平车

5. 长大货物车（D）

长大货物车是专供运送超长、超大及笨重货物的车辆，载重量一般在90t以上，最大的可以达到450t。长大货物车一般都以平车的形式设计和制造，按照其结构的不同可分为长大平车、凹底平车、钳夹车和落下孔车等类型。长大平车为长度较一般平车长的多轴平车；凹底平车的底架中部装货平台比两端降低，可装载截面尺寸较大的货物（图2-16a）；钳夹车通过其下部的耳孔和销、上部的支承同前、后钳形梁相应的部位相连接，使货物本身成为承载车体的一个组成部分，空载时两钳形梁可相互连接（图2-16b）；落下孔车的装货平台上有开孔，使货物的某些部分可以落在地板面以下，从而可以装载更大型的货物。

6. 罐车（G）

罐车是具有容罐式车体的货车（图2-17），主要用于装运各种流体、液化气体和粉末粒状货物。罐车按照用途的不同，可分为轻油罐车、粘油罐车、沥青罐车、酸碱罐车、液化气体罐车、水泥罐车和粉状货物罐车等类型；按照结构特点的不同，可分为卧式罐车和立式罐车。

a) 凹底平车   b) 钳夹车

图 2-16 长大货物车

图 2-17 罐车

7. 冷藏车（B）

冷藏车是车体具有隔热保温功能，有的还具有冷冻功能的专用货车（图 2-18），也称为保温车，主要用于运输易腐或对温度有特殊要求的货物。保温车可以运送鱼、肉、鲜果和蔬菜等易腐货物，还可以承担一些有控温要求的军工产品和化工产品的运输。具有冷冻功能的保温车内装有制冷设备，主要用于运输冷冻水产品、冷冻食品等冷冻货物，一般称为冷藏车。保温车的车体外表一般涂成银灰色，以利于阳光反射，减少吸热。

图 2-18 冷藏车

8. 矿石车（K）

矿石车是指车厢下部做成漏斗形卸料口的货车，主要用于装运矿石、煤炭等颗粒状和小块状货物，也称为漏斗车（图 2-19）。矿石车的车顶一般为敞开式，装货时物料从车辆顶部装入，卸货时物料依靠自身重力作用从底部的漏斗形卸料口自动流出。漏斗车按照用途的不同可分为矿石漏斗车、煤炭漏斗车和石渣漏斗车等多种用途的漏斗车。

图 2-19 矿石车

9. 粮食车（L）

粮食车是专门用于运输散装粮食的货车，它是在矿石车的基础上研制的一种粮食专用漏车（图 2-20）。粮食车的车顶为封闭式，在车顶上设有装货口。装货时粮食也是从车辆顶部的装货口装入，卸货时粮食依靠自身重力作用从底部的漏斗出口自动流出。

10. 运输汽车专用车

运输汽车专用车是专门用于运输小型商品汽车的货车，具有单层或双层装运汽车的空间，并配有用于固定汽车用的加固装置和橡胶防护栏。下层汽车可通过位于专用车端部的端站台或通用平车自行驶装卸，上层地板无倾斜功能的双层平车可通过专门配备的组装式斜度板或位于专用车端部的二层端站台自行驶装卸；上层地板具有倾斜功能的专用车可将上层地板置倾斜位，上层的汽车可通过呈倾斜状的上层地板自行驶装卸（图 2-21）。

图 2-20　粮食车

图 2-21　运输汽车专用车

四、铁路货运车辆装载规定

铁路货车装载货物时，必须对货物合理装载和严格加固，以保证货物的完整和货车安全运行，充分利用货车的容积和载重能力，发挥车辆的最大运输效率。铁路货物的装载加固主要应当遵守以下基本技术要求：

① 货物装车前应当根据货物种类正确选择车辆类型，必须遵守有关货车使用限制的规定。未经有关部门批准，各类货车装载的货物不得超出货车的设计用途范围。

② 货车装载的货物重量（包括货物包装、防护物、装载加固材料及装置的重量）不得超过其容许载重量。允许增载的货车车型、适于增载货物品类以及允许增载重量必须按铁路有关规定办理；涂打"禁增"标记的货车不准增载。

③ 货物的装载高度和宽度，除超限货物外，不得超过货物装载界限和特定区段装载限制。对于超长、超高、超宽等超限货物，必须按照超限货物运输的有关规定进行装载。

④ 货物装载必须均衡、稳固、合理地分布在货车底板上，不偏载、不偏重、不集重。装车后货物总重心的投影应位于货车纵、横中心线的交叉点上。必须偏离时，横向偏离量不得超过100mm；纵向偏离时，每个车辆转向架所承受的货物重量不得超过货车容许载重量的1/2，且两转向架承受重量之差不得大于10t。各种车辆装载集重货物、局部地板面承受货物重量时，应当按照货物装载加固有关规定确定装载重量和装载方法。

⑤ 装载货物时，应根据需要使用必要的装载加固材料和装置进行加固。常用的加固方法有拉牵加固、挡木或钢挡加固、围挡加固、掩挡加固、腰箍下压式加固和整体捆绑等，常用的装载加固材料和装置主要有镀锌铁线、盘条、钢带、钢丝绳、固定捆绑铁索、紧线器、紧固器、垫木、草支垫、橡胶垫、支柱、挡木、钢挡、三角挡和腰箍等。

⑥ 要充分利用货车容积巧装满载。有条件时货物采取大小套装、轻重配装等方法，充分利用货车容积和载重能力。

第三节　水路货物运输装备

一、概述

1. 水路运输的特点

① 运输能力大，能源消耗小，单位运输成本最低。随着造船技术的日益发展，船舶都朝着大型化发展。巨型油轮超过 60 万 t，就是一般的杂货轮也多在 5 万 ~6 万 t 以上。船舶运载量大，使用时间长，运输里程远，与其他运输方式相比，水路运输的单位运输成本较低，约为铁路运费的 1/5，公路运费的 1/10，航空运费的 1/30。

② 续航能力大，运输连续性好。大型运输船舶出航时所携带的燃料和给养物品充足，可以历时数十日持续航行，续航能力最大，适宜于远距离运输，中途不需要停驶或转运，保证了运输的连续性。

③ 基建投资较小，占用土地少。水路运输所通过的航道大多数是天然形成，港口建设也利用自然条件，不像公路或铁路运输那样需要大量投资用于修筑公路、铁路及车站，基建投资很少，而且占用土地很少。

④ 初期投资（购船）较大，而且回收期长。船舶的购置费用比较大，所以水路运输初期需要较大的投资；而水路运输的经营收入不是很高，船舶投资的回收期需要较长时间。

⑤ 运输速度低，受气候影响大。货船体积大，水流阻力高，风力影响大，因此船舶航行速度比较低，一般多在 10 ~20 海里/h 之间，最新的集装箱也仅能达到 35 海里/h。另外，船舶在海里航行，受气候和风浪条件影响较大。

⑥ 运输机动性差。船舶只能在一定的水域范围内航行，很多船舶只能在固定的航线上航行，而且还要受港口条件的限制，所以水路运输的机动性较差。

2. 水路运输的功能

水路运输主要适宜担负中、远距离大宗货物运输和集装箱运输。远洋运输主要承担进出口贸易货物运输，包括大宗散货运输、杂货运输、石油和国际集装箱运输，是国际贸易运输的主要工具。沿海及内河水路运输主要承担煤炭、矿石、建材和粮食等大宗货物运输和国内集装箱运输，其中沿海水运的煤炭运输量较大，是我国"北煤南运"的主要运输力量。

3. 水路运输的分类

① 水路运输按照运输对象的不同分为旅客运输和货物运输，另外，还有的船舶兼营旅客运输和货物运输。

② 水路运输按照船舶航行区域的不同可划分为沿海运输、远洋运输和内河运输三种形式。沿海运输是指利用船舶在陆地附近沿海航道区域各地港口之间的运输，一般使用中、小型船舶。远洋运输是指以船舶为工具，跨越海洋（公海），从事国与国港口之间的海洋运输，主要是外贸货物运输（也称为国际航运），一般使用大型船舶。内河运输是指利用船舶、排筏和其他浮运工具，在江、河、湖泊、水库及人工水道上从事的运输。内河运输的船舶一般使用中、小型船舶。

4. 水路货物运输装备的构成

水路运输是以船舶为运输工具，在海洋、江河、湖泊等水域沿航线载运旅客和货物的一种运输方式。水路运输的主要装备包括船舶、水域（海洋、江河、湖泊等）及其航道、港口码头以及通信导航等基础设施。水路运输装备是实现水路大能力运输的基础条件，水路运输系统的综合运输能力取决于船队运输能力和港口的通过能力。

二、货运船舶

1. 船舶的分类

船舶是能够在一定的水域中航行或停泊进行旅客和货物运输或水上作业的交通运输工具。船舶按照其主要用途的不同可分为客船、货船、客货船及特种船（包括渡船、工程船和工作船等）。

货船是专门用于运输货物的船舶，通常也称为商船。货船的基本结构一般是由船壳、船体骨架、甲板、货舱、机舱、起吊装置和上层建筑（甲板以上的建筑物）等部分组成，各类船舶在结构上的区别主要在于其货舱、机舱、起吊装置和上层建筑等部分的结构和布局形式不同。

现代货运船舶一般都根据运输货物的种类，建造成专用的运输船舶，各种船舶因此也就具备了特殊的功用和特殊的结构类型。货船按照其用途的不同，通常可分为散货船、杂货船、集装箱船、冷藏船、液货船、滚装船、汽车运输船、铁路车辆渡船以及驳船和载驳船等。

2. 货运船舶的结构类型及应用

（1）散货船

散货船（也称为干散货船）是指专门用于载运无包装的粉末状、颗粒状和块状等类大宗干散货物的运输船舶，常用于运输的货物主要包括散装的粮食谷物、盐、矿砂、煤炭及水泥等。散货船是大宗货物散装化运输的主要设备。

1）散货船的类型　根据散货船功能的不同，散货船可分为普通散货船、专用散货船、兼用散货船和特种散装船等类型。

① 普通散货船。普通散货船是指运输货物种类不固定、适用于运输各类散装货物的通用型散货船。散货船一般为单层甲板，机舱和驾驶台等上层建筑结构设置在船尾部（图2-22）。大型散货船一般不设置货物起吊设备，而是利用码头的装卸设备进行装卸。普通散货船的货舱截面一般呈八角形，由于所运货物种类单一，对舱室的分隔要求不高，加之各种散货相对密度相差很大，因此普通散货船的货舱容积较大，以满足装载轻货的要求。如需装载重货时，则采用隔舱装载的办法或采用大、小舱相间的布置方式。

图 2-22　散货船

② 专用散货船。专用散货船即专门用于某种货物运输的散货船，如运煤船、散粮船、矿砂船和散装水泥船等。专用散货船一般根据所运货物的特性，对货舱和舱口结构进行针对性设计，以改善船舶的性能。

③ 兼用散货船。兼用散货船是指既能够装运散货，同时还能装运其他特定货物的船舶，常用的有车辆—散兼用货船和矿—散—油兼用货船等类型。

④ 特种散货船。特种散货船主要包括大舱口散货船（舱口宽度达船宽的70%，装有起货设备）、自卸散货船（通过所装载的自卸系统实现卸货自动化）和浅吃水肥大型散货船等类型。

2）散货船的吨位分级　散货船的吨位大小，通常根据总载重量分为如下几个级别：

① 总载重量 DW 为100000t级以上的，称为好望角型船。这种船在远洋航行中可以安全通过好望角或南美洲海角最恶劣的水域。目前，世界上最大的好望角型船载重量达到30万t以上。

② 总载重量 DW 为 60000t 级的，通常称为巴拿马型。这是巴拿马运河容许通过的最大散货船型，船长要小于 245m，船宽不大于 32.3m，最大的容许吃水为 12.0m。

③ 总载重量 DW 为 35000 ~ 40000t 级的，称为轻便型散货船。这种船吃水较浅，世界上各港口基本都可以停靠。

④ 总载重量 DW 为 20000 ~ 27000t 级的，称为小型散货船。这种船是可驶入美国五大湖泊的最大船型，最大船长不超过 222.5m，最大船宽小于 23.1m，最大吃水要小于 7.9m。

（2）杂货船

杂货船（图 2-23）是用于装运各种箱装、桶装以及成包、成捆等件杂货的船舶。

杂货船一般具有 2 ~ 3 层全通甲板，根据船的大小设有 3 ~ 6 个货舱。每个货舱的甲板上都设有高出甲板平面的货舱口，并设有水密式舱口盖，一般可以自动启闭。现在新造的杂货船，倾向于大舱、宽口，以便于装载大型货物。杂货船机舱一般设在船的中部或尾部。杂货船一般自带货物起吊设备，用于装卸货物。每个货舱口两端设有吊杆或塔形吊车，有的杂货船还备有 1 ~ 2 副重型吊杆，用以装卸大件货物。

图 2-23　杂货船

杂货船又分为普通型杂货船与多用途杂货船，其中多用途杂货船既可装杂货，又可装散货、集装箱甚至滚装货。为提高杂货船对各种货物运输的良好适应性，能载运大件货、集装箱件杂货以及某些散货，现代新建杂货船常设计成多用途船。

杂货船具有吨位小、吃水小、机动灵活的特点。内河运输的载重吨位一般为数百吨的小船，沿海杂货船总载重量为 3000t 以下，近洋的杂货船总载重量为 5000t 左右，远洋的杂货船总载重量一般在 1 万 t 以上，有的可达 2 万 t 以上。因此，杂货船对航道和港口水域条件的要求低，且操纵性好，可以轻松地通过狭窄水道、桥梁和船闸，方便地进出中小港口。

（3）集装箱船

集装箱船是用于装运标准集装箱的货船。根据集装箱船功能结构的不同可分为全集装箱船、半集装箱船和可变换集装箱船三种类型。

全集装箱船是指专门用于装运集装箱的船舶，其所有船舱及上甲板都用于装载集装箱。半集装箱船只有部分舱位用于装运集装箱（一般是以船的中央部位作为集装箱的专用舱位），其他舱位用于装载普通杂货。对于可变换集装箱船，其货舱内装载集装箱的结构是可拆装式的，可全部用于装运集装箱，必要时也可以将货舱结构进行变换，用来装运普通杂货。全集装箱船是集装箱运输的主要船型，半集装箱船和可变换集装箱船只在集装箱运输量不足的部分航线上使用。

全集装箱船（图 2-24）外形瘦长，通常设置单层甲板，设有巨大的货舱口，上甲板平直，货舱内部和甲板上均可积载集装箱。机舱和上层建筑一般位于船尾部，以留出更多甲板面积堆放集装箱。

图 2-24　全集装箱船

货舱内设有固定集装箱的格栅式导架，装有垂直导轨，便于集装箱沿导轨放下，四角有格栅限制，可防倾倒。货舱内一般可堆放三至九层集装箱，甲板上可堆放三至六层集装箱，甲板及货舱口盖上设有集装箱固定绑缚设备。集装箱船通常是使用岸上的专用集装箱装卸起吊设备进行装卸，所以全集装箱船均不装设起吊设备。

全集装箱船的大小，通常以其装载集装箱的标准箱（TEU）数量进行评价。对于集装箱船的发展历程，通常也按其装载的标准箱（TEU）数量多少进行分代，目前一般划分为第1代至第6代。第1代集装箱船出现于20世纪60年代，可装载700～1000TEU；第2代集装箱船出现于20世纪70年代，集装箱装载数增加到1800～2000TEU；第3代集装箱船发展于20世纪70年代中期，集装箱装载数达到了3000TEU；第4代集装箱船出现于20世纪80年代，集装箱装载数增加到4400TEU；第5代集装箱船的集装箱装载数增加到5500TEU；第6代集装箱船出现于20世纪90年代，最多可装载8000TEU，标志着大型集装箱船时代的开始，目前最大的全集装箱船载箱数可达10000 TEU以上。

集装箱货物运输通常要求较高的时效性，要求运达速度较快。因此，集装箱船的航行速度比较高，通常为20～23海里/h。另一方面，现代集装箱船一般停靠专用的集装箱码头，用码头上专用集装箱装卸起吊设备进行装卸，其装卸速度可达1000～2400t/h，比普通杂货船高30～70倍。所以，集装箱运输是运输效率最高的运输方式，未来的集装箱船将进一步向大型化、高速化方向发展。

（4）冷藏船

冷藏船是专门用于运输需要冷冻和保鲜的鱼、肉、水果、蔬菜等时鲜、易腐货物的货船（图2-25）。冷藏船的货舱为冷藏舱，而且都分隔成较小的舱室，相邻舱室的舱壁装有隔热材料，使各舱室相互绝热，各自构成一个独立的封闭装货空间，各舱室之间互不影响，以便于装载多种不同的货物。冷藏船装有制冷装置，包括制冷机组和各种有关管系。为了实现货舱内的良好保温，冷藏船的舱口一般都开得较小。因受货运批量的限制，冷藏船载重吨位一般较小，为数百吨到数千吨。

图2-25　冷藏船

（5）液货船

液货船是专门用于运输液态货物的船舶，主要有油船、液体化学品船和液化气船等类型。由于液体散货的理化性质差别很大，因此运送不同液体货的船舶构造与特性有很大差别。

1）油船　油船是专门用于载运散装石油及成品油的液货船，一般分为原油船和成品油船两种。油船为单层甲板，甲板上一般不设起吊设备和大的舱口。为了防止和减少油轮发生海损事故造成的污染，现在新造的大型油轮均采用双层船壳结构。油船通过专用的油泵和油管进行装卸，有的可以通过铺设在海上的石油管道来装卸，所以大型原油船可以不用停靠码头，而只需要系浮筒来进行装卸作业。由于成品油品种较多，为了不使油品混装，成品油船上都装有较多的独立装卸油泵和管系（图2-26）。

因为大型原油船可以不用停靠码头，对码头水深没有要求，而且原油品种单一、运输批量大，所以原油船可以建得很大，以提高规模效益。原油船在所有船舶中是吨位最大的船，单船最大吨位达70万t。

2）液体化学品船　液体化学品船是专门载运各种液体化学品，如醚、苯、醇、酸等的液货船。液体化学品运输船的货舱通常镀一层不锈钢或用不锈钢制成，以保证舱壁不受化学品腐蚀。由于液体化学品品种繁多，运输批量一般较小，为了能够同船运输多种物品，液体化学品船货舱分隔得较多，并且各舱都装有独立的装卸液泵和管系（图2-27）。

图 2-26　油船

图 2-27　液体化学品船

3）液化气船　液化气船是专门运输液化气体的液货船（图2-28），主要有液化天然气（LNG）船和液化石油气（LPG）船。这种船需要先将气体冷却压缩成为液体，再通过高压泵将液体注入液舱，所以液化气船装有专用的高压液舱。

a) 液化天然气船

b) 液化石油气船

图 2-28　液化气船

（6）滚装船

滚装船是指把汽车直接开进船，将汽车连同车上的货物一起运输的专用船舶。滚装船所载运的汽车可以是轿车、客车和货车等各种类型的车辆。其中，货车可以连车带货一起承载，货物不用卸车，但所有车辆承载的人员（包括驾驶员）必须离车，按旅客运输进行承运。所以，滚装船一般多数是客货兼运的船舶，通常也称为客滚船。

滚装船的车辆出入口一般设在尾部，并设有铰接式登船跳板。船航行时，跳板折起立靠在船尾（图2-29a）。船停靠码头后，跳板放下与码头搭接，车辆即可通过跳板开进或开出船舱（图2-29b）。

滚装船一般设有多层甲板，各层甲板之间设有倾斜坡道或升降平台互相连通，用于车辆通行。车辆停放之后必须严格固定，为此在滚装船的货舱甲板上设置有定位器，用于固定车辆，以免船舶摇摆时车辆发生移动和碰撞。滚装船船身一般比较高大，中部线型平直，尾部采用方尾，驾驶台等上层建筑设置在船尾部或船首，机舱一般布设在船尾部。甲板上一般没有货舱口，也没有吊杆和起重设备。

以滚装船承载货运车辆所形成的水路运输与公路运输相结合的复合运输方式称为滚装运输。

a) 航行时

b) 卸车时

图 2-29 滚装船

滚装运输的作业过程是：滚装船以装满货物或集装箱的车辆为运输单元，装载时，载货车辆连车带货直接开进船舱内，船舶经过水路航行到达目的港后，载货车辆开下船直接开往收货单位。

对于半挂车滚装运输，在出发港可以由牵引车把装载货物的半挂车拖到船上，然后使牵引车与半挂车分离，将半挂车甩下随船运输，而牵引车开下船不随船运输；到达目的港之后，由目的港的专用牵引车登船将半挂车拖下船，然后再送往收货单位。这种将半挂车甩挂运输与滚装运输相结合的运输方式，称为滚装甩挂运输。这种运输方式既省去了牵引车随船运输的能源消耗和船舱空间占用等费用，又省去了驾驶员随船运输的人力消耗和费用，并且还提高了运输的安全性，是一种经济、安全、便捷的运输组织方式。

滚装运输和滚装甩挂运输主要适用于海峡两岸、江河两岸之间的货物运输，可以大大缩短货物运输距离，减少货物装卸作业次数和装船卸船时间，在我国环渤海地区、琼州海峡地区和长江水运中得到了广泛的应用。图 2-30 所示为环渤海地区开展滚装甩挂运输的应用实例。

图 2-30 滚装甩挂运输

（7）汽车运输船

汽车运输船是专门用于运输商品汽车的船舶（图 2-31a）。这种专用船舶是随着国际汽车运输量的增加而出现的新船型。汽车运输船的结构与普通滚装船的结构相似，也设有供汽车开上、开下的出、入口和跳板，承运的商品汽车都通过出、入口和跳板开进和开出船舱（图 2-31b）。所以，汽车运输船也常称为汽车运输滚装船，它实际上是一种专用滚装船，没有一般客滚船客货兼运的结构和功能。

汽车运输船一般设置有特殊的甲板和货舱，如果船舶在去程载运汽车、回程装运其他货物，这时就可以将汽车甲板移开或折起来，装运别的货物。

（8）驳船和载驳船

1）驳船 驳船是指需要靠拖船或推船带动的单层甲板平底船（图 2-32a）。大多数驳船自身

a)   b)

图 2-31　汽车运输船

没有动力推进装置，无自航能力；少数驳船装有动力推进装置，称为自航驳。驳船的上层建筑结构比较简单，有的还不具有上层建筑结构。驳船吃水浅、载货量大，可航行于江河狭窄水道和浅水航道，适合内河各港口之间的货物运输，用于转运那些由于吃水深度等原因不便进港靠泊的大型货船所装载的普通货物和集装箱。驳船可以单只或编列成队由拖船拖带或者由顶推船推动航行进行运输（图 2-32b）。

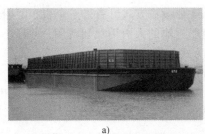

a)   b)

图 2-32　驳船与驳船队

2）载驳船　载驳船是专门用于载运驳船的运输船舶，和驳船一起使用，又称为子母船。载驳船（母船）可同时载运若干装载货物的小型驳船（子船），这种运输方式称为载驳运输，主要用于河海联通的水域开展河海联运。载驳运输的基本作业过程是：先使用驳船从内河小港装货点装上货物，然后通过拖船或推船将驳船送至大港口或港外锚地，再将驳船装上载驳船；载驳船在干线水域航行，运达目的港或港外锚地之后，将驳船卸下水域，再由内河拖船或顶推船分送至最终目的港卸下货物。载驳运输的优点是利用小型驳船的机动性及通达性，可将海上干线运输、内航干线运输与小河道、小水域的配送和集货运输有效地结合起来，不受港口水深条件限制，不受码头和堆场拥挤影响，货物不需要中转和倒装，装卸效率高，停泊时间短。

载驳船的装卸方式主要有吊上吊下式、升降式和浮进浮出式三种方式，通常根据装卸方式的不同将载驳船划分为拉西式载驳船、西比式载驳船和巴可式载驳船等类型。

（9）铁路车辆渡船

铁路车辆渡船是用于装载铁路车辆在江河两岸、海峡两岸或岛屿之间进行运输的大型专用船舶，通常称为火车渡船或铁路轮渡（图 2-33a）。一般火车渡船可以装载 40～50 节客运或货运车厢，船舱内的甲板上布设有多条火车轨道，通过火车渡船码头上的专用机车将车辆送入或牵出船舱。铁路渡船码头（图 2-33b）是一座铁路栈桥，桥上的道轨一端和船舱内的道轨固定连接在一起，另一端与陆地铁路道轨以活动铰链连接，桥身可以绕着铰链上、下起伏转动，保证作业过程中栈桥能够与渡船随动，以适应水位高度和渡船吃水深度的变化。通常江河火车渡船的甲板全部是开放式的，而航行于海峡或岛屿之间的火车渡船，船舱为密闭式结构，车辆从船尾进出船舱。有的火车渡船具有多层甲板，最底层为火车船舱，中层用于装载滚装汽车，上层用于承载旅客，各层分别设有不同的登船栈桥和通道，实现火车、汽车和旅客混装运输。

a) 铁路轮渡

b) 铁路轮渡码头

图 2-33　铁路车辆渡船及码头

铁路轮渡运输的主要优势一方面是将铁路车辆直接上船，不需要对货物进行倒装，减少了装卸作业环节，从而节省了装卸作业费用和时间消耗，节省了装卸设备投资，并减少了货物损失；另一方面，对于有些地区，还能够缩短运输距离和运输时间，减少运输费用。我国目前处于运营状态的内河铁路轮渡有长江两岸的江阴至靖江铁路轮渡，跨海铁路轮渡有琼州海峡的粤海铁路轮渡和渤海海峡的烟大铁路轮渡。

三、港口设施与设备

港口是指具有船舶进出、停泊、靠泊，旅客上、下，货物装卸、驳运、储存等功能，具有相应的码头设施，由一定范围的水域和陆域组成的区域（图 2-34）。港口可以由一个或者多个港区组成。

图 2-34　港口

1. 港口水域设施

港口的水域设施主要包括港池、航道和锚地。

港池是指码头周边的水域，具有足够的深度和广度，供船舶临时停泊、靠离码头和调头操作。港池内水域要求不受风浪和水流的影响，为船舶提供一个稳定的安全作业条件。对于开敞海岸港口的港池，必须修筑防浪堤坝，以阻挡海上的风浪和泥沙，保持港池内水面的平静和水深。对于河港，一般不需要修筑防浪堤坝。港池的水深和范围大小，决定了港口可以通过和靠泊的船舶规模大小。

航道是指在内河、港口等水域内供一定尺度的船舶安全航行的通道。港口水域的航道是指船舶进、出港口的航道。为了保证船舶安全通航，航道必须具有足够的水深与宽度，而且弯曲度不能过大。确定航道水深，必须保证通航船舶航行时其龙骨基线以下留有足够的富裕水深。航道宽度可以根据船舶通航的频繁程度确定单向航道或双向航道，一般单向航道宽度为通航船舶船宽度的 5 倍，双向航道宽度为通航船舶船宽度的 8 倍。

锚地是供船舶抛锚候潮、等候泊位、避风、办理进出口手续、接受船舶检查或过驳装卸等停泊的水域。锚地要求有足够的水深，离进、出口航道要有一定的距离。锚地水域面积的大小一般根据港口进、出口船舶数量和风浪、潮水等统计数据而定。

2. 港口陆域设施

港口陆域设施主要包括码头、泊位、港口作业区及港口道路和铁路设施等部分。

（1）码头与泊位

码头是指沿港口的水域和陆域交界线构筑的供船舶靠泊、旅客上下船、货物装卸和其他船舶作业的水上建筑物。港口的水域和陆域的交界线称为码头岸线。供一艘船停泊的码头岸线长度称为泊位。一个泊位的长度，一般根据所能停靠的船舶的船型长度而定。一个港口码头的泊位数量，是反映一个港口的规模大小的主要依据，一般主要取决于码头岸线的长度大小。另外，一个港口码头所能够停泊的船舶吨位大小，反映港口的船舶靠泊能力大小，通常按照码头能靠泊的船舶最大吨级分类，例如能够停靠 5 万 t 级船舶的码头泊位，称为 5 万 t 级泊位。一般把供万吨级以上船舶停靠的泊位称为深水泊位。一个港口拥有的泊位数量，特别是深水泊位数量，是衡量港口规模大小和测算港口通过能力的主要依据。

码头的基本布局形式主要有顺岸式和突堤式。顺岸式码头是指顺着港口水域的自然岸线建筑的码头（图 2-35a）。这种形式的码头建筑工程量较小，造价较低，但对港湾天然条件要求较高，对岸线的利用率较低。突堤式码头是指由岸边向水中建筑突堤或栈桥，在突堤或栈桥两侧形成泊位的码头（图 2-35b），突堤和栈桥的方向可以与岸线垂直或倾斜。由于突堤和栈桥伸向水域，所以可以充分利用港口资源，形成较多的曲折岸线，拓展了码头岸线长度，增加了泊位数量，适宜于岸线资源受限制的沿海港口。但这种形式的码头建筑工程量较大，造价较高。

a) 顺岸式码头 b) 突堤式码头

图 2-35　码头的布局形式

（2）港口作业区

为了便于港口的生产管理，通常根据货物种类、吞吐量、货物流向、船型和港口布局等因素，将港口划分若干个相对独立的装卸生产单位，称为港口作业区。划分作业区可使同一类货物最大程度地集中到一个作业区内进行装卸，提高机械化、自动化程度和充分发挥机械设备的效率，提高管理水平，避免不同货种间的相互影响，防止污染，保证货物的质量和安全，便于货物储存与保管，并充分利用仓库和堆场的储存能力。一般港口，可根据货物种类的不同划分为通用杂货作业区、大宗散货作业区（还可以更具体地划分为粮食作业区、矿砂作业区和煤炭作业区等）、液体化学品作业区、原油和成品油作业区及集装箱作业区等多种类别作业区。港口作业区主要是针对码头装卸货物的不同而划分的，所以通常也根据货物的类别将其称之为杂货码头、粮食码头、煤炭、液体化工码头、石油码头和集装箱码头等（图2-36）。

a) 集装箱码头及堆场　　　　　　　　　b) 石油码头及油库

图 2-36　港口作业区

港口作业区一般由码头前沿作业地带和仓库及堆场等设施组成。

1）码头前沿作业地带　码头前沿作业地带就是沿着码头岸边设置的具有一定宽度的船舶装卸作业区域，用于货物装卸、转运和临时堆存。该区域设有专用的装卸设备和货物输送设备，一般采用混凝土或块石等铺砌成坚硬平整的地面，以满足各种机械行走和场地操作的要求；其宽度根据装卸货物的类别和作业量大小有较多差别，例如沿海港口、件杂货码头前沿作业地带的宽度一般在 25～40m。

2）仓库和堆场　港口是车船换装的地方，是货物的集散地。出口的货物需要在港口内聚集成批等候装船；进口的货物需要在港口内暂时储存，等待疏散和转运，并进行检查、分类或包装等相关作业。因此，港口必须拥有足够容量的仓库和堆场，用以储存进、出港口的货物，以保证港口的吞吐能力。

港口中的仓库和堆场按照所在位置的不同分为前方仓库和堆场、后方仓库和堆场。前方仓库和堆场位于码头前沿作业地带附近的区域内，主要用于临时储存准备装船和从船上卸下的货物；后方仓库和堆场位于离码头前沿较远的区域内，用于较长期储存货物。

港口中仓库的结构形式根据用途和储存货物的不同，可分为普通平房仓库、筒形仓库、罐式仓库等多种类型。普通平房仓库主要用于储存件杂货，筒形仓库用于储存粮食和水泥等散装货，罐式仓库用于储存油品和液体化学品等液体货物。

码头堆场是没有建筑结构的露天仓库，主要用于堆存煤炭、矿石矿砂、钢材及木材等大宗货物和集装箱，也可以用于堆垛存放袋装的粮食、化肥等货物。堆存后者的堆垛需要有专用垫石等将货物垫高，并用篷布等将货物苦盖，以防雨雪侵蚀。

3）港口集疏运设施　港口集疏运设施是指与港口相互衔接、为集中与疏散港口吞吐货物服务的交通运输设施，主要由港口道路、铁路、内河航道及相应的交接站场组成（图2-37）。各个港口集疏运输系统的具体特征，如集疏运线路数量、运输方式构成和地理分布等，主要取决于各港口与腹地运输联系的具体方式、规模、方向、运距及货种结构等因素。

港口道路是港口货物集疏运输的主要基础设施，主要用于通行各种货运车辆和港口流动式装卸搬运机械。港口道路可分为港内道路和港外道路。港内道路主要用于各种货运车辆和港口流动式装

图 2-37　港口集疏运设施

卸搬运机械通行，因此对道路的轮压、车宽、纵坡和转弯半径等方面都有特殊要求。港外道路是港区与公路和城市道路相连接的通路，直接并入路网，其功能和技术条件与普通道路相同。

港口铁路设施是指在港口范围内专为港口货物装卸、转运的铁路线路及设备。铁路运输是港口大宗货物集疏运输最主要的手段，合理配置港口铁路，对扩大港口通过能力具有十分重要的意义。完整的港口铁路设施应当包括港口车站、分区车场、码头和库场的装卸线，以及连接各部分的港口铁路区间正线、联络线和连接线等。港口车站负责港口列车的到发、交接和解编集结；分区车场负责管辖范围内码头、库场的车组到发编组及取送；港口铁路区间正线用于连接铁路网接轨站与港口车站；装卸线承担货物的装卸作业；联络线连接分区车场与港口车站；连接线连接分车场与装卸线。

3. 港口装卸搬运设备

港口装卸搬运设备是港口的主要生产设备，主要用于船舶和车辆的货物装卸，仓库和堆场货物的堆码、拆垛和转运作业，以及船舱内、车厢内、仓库内货物的搬运作业。港口装卸搬运设备的种类繁多、专用性强，按照功用的不同可分为通用型装卸搬运设备（常用的有通用桥式起重机、门式起重机、轮胎起重机、带式输送机、螺旋输送机、斗式提升机、气力输送机和各式叉车等）和港口专用型装卸搬运设备（主要有门座式起重机、岸边起重机、多用装卸桥和各种装卸船机等）。港口装卸机械一般都具有较高的工作速度和生产率，并能适应频繁的连续作业的要求。

第四节　航空货物运输装备

一、概述

航空运输就是利用飞机作为运输工具，在空中飞行运送旅客或货物的一种运输方式。

1. 航空运输的特点

① 运行速度快。速度快是航空运输最显著的特点和优势。现代货运飞机的飞行速度可以达到 600～800km/h，远远高于其他各种运输方式，运输距离越长，航空运输所节约的时间越多，货物运达速度相对越快。

② 机动性较大。飞机在空中飞行受航线条件和地面地理条件限制的程度比其他运输方式小，对于地面条件恶劣、地面交通不便的地区非常适合，在特殊情况下，可以在地面上任意两地之间组织飞行。尤其是在救灾、抢险过程中的紧急运输，航空运输是必不可少的运输手段。

③ 舒适性和安全性高。飞机在空中飞行不受地面颠簸等影响，而且飞机内各种设备配置较完备，所以人员乘坐舒适性高，货物装机后稳定性好，不会发生颠簸撞击，货物运输安全性高，货损率低。

④ 基本建设周期短、投资少、占地少。航空运输的基础设施主要是机场，与修建铁路、公路相比，机场的建设周期短、占地少、投资少、收效快。

⑤ 装载能力小，运输成本高。由于飞机受体积和起飞重量的限制，飞机的机舱容积和载重量都比较小，所以飞机装载货物的体积和重量都受到一定的限制，货物适应性较差，货物运输成本和运价都比其他运输方式高。

⑥ 受气候条件影响大。飞机飞行受天气等气象条件影响较大，容易造成运输时间延误。

2. 航空货物运输的功用

航空货物运输主要适用于对时间性要求较强的邮件、快件货物、鲜活易腐货物和价值较高的高科技机电产品等货物的运输。其运输的货物的体积和重量以及运输批量一般都较小，主要适用于中、长距离的运输。此外，航空运输是救灾、抢险等紧急物资运输的主要方式。

3. 航空货物运输装备的构成

航空货物运输装备主要由飞机、飞行航线、机场和空中交通管理系统等部分构成。飞机是航空运输的主要运载工具；机场是供飞机起飞、着陆和进行运输作业组织的场所；航线是航空运输的线路；空中交通管理系统是为了保证飞机和其他飞行器飞行安全而设置的各种助航设备和工作系统。飞机机队、航线和机场共同构成了航空运输系统。航空运输系统各组成部分在空中交通管理系统的协调控制和管理指挥下，形成了一个完整的航空运输体系，共同实现航空运输的各项功能。

二、货运飞机

1. 常用运输飞机

世界上应用最广泛的民用运输飞机主要有波音系列、麦道系列、空中客车系列、安系列和图系列等系列机型，这些飞机在世界各地的民用运输飞机机队中占据主要地位。我国国产运输飞机主要有运系列以及由运系列发展而来的新舟系列两种系列机型。

（1）波音系列（B-）

波音系列飞机是美国波音公司生产制造的民用运输飞机产品系列，从第一代喷气式民用运输飞机波音 707 开始，至今已发展到最先进的波音 787 系列。

波音 787（图 2-38），又称为"梦想

图 2-38　波音 787

客机",是波音公司最新型号的宽体中型客机,可承载旅客 210～330 人,货运量为 16t。波音 787 比以往的产品更省油,效益更高。波音 787 是航空史上首架超远程、中型客机,最大续航里程为 15700km,巡航速度约为 900km/h。

(2)麦道系列(MD-)

麦道系列飞机是美国麦克唐纳·道格拉斯公司(简称麦道公司)生产制造的运输飞机产品系列,目前使用的机型主要有 MD-90 中短程双发喷气客机;MD-95 双发喷气式运输飞机;MD-11 系列中远程三发大型宽体客机(图 2-39),其中 MD-11Combi 型为客货混合型,MD-11CF 型为客货可互换型,MD-11F 型为全货机型。

(3)空中客车系列(A-)

空中客车系列是由欧洲空中客车工业公司生产制造的运输飞机产品系列,其主要机型系列有 A300、A310、320、330、

图 2-39　MD-11 系列

340、A380 等多个系列,都属于宽体运输飞机。其中,A340-500 型主要侧重于航程,能中途不经停、连续飞行 16000km;A380 是迄今为止建造的最先进、最宽敞和最高效的飞机,其货运机型 A380F 可运载 150t 业载(也称商载),航程超过 10400km(图 2-40)。

(4)图系列(Tu-)

图系列飞机是由俄罗斯图波列夫设计局研制生产的运输飞机产品系列,其主要系列机型有 Tu-114 超音速客机、Tu-134 支线运输机、Tu-144 超音速客机、Tu-154 中程客机等多种机型,其中 Tu-154C 型为货运飞机(图 2-41),机身左侧机翼前方开设一宽 2.8m、高 1.87m 的货舱门。主货舱容积 73m³,可装运 9 个 2.24m×2.74m 的集装货盘,整个货舱地板上装有滚珠、辊道系统,便于货物装卸。地板下的行李舱中还有 38m³ 的空间装运散装货物。正常载重量为 20t,航程为 2900km。

图 2-40　A380F 货运飞机

图 2-41　Tu-154C 型货运飞机

(5)安系列(An-)

安系列飞机是由乌克兰安东诺夫航空科学技术联合体(原苏联安东诺夫设计局)设计生产的运输飞机产品系列,主要有 An-24、An-26、An-32 等支线运输飞机,以及 An-124、An-225 远

程重型运输机。

An-225 飞机是目前世界上最大的超重型运输飞机,起飞全重 640t,最大商载 250t,飞机机长为 84m,翼展为 88.4m,巡航速度为 800km/h,在全负载的情况下能持续飞行 2500km 的距离。An-225 货运飞机常用于运输型航空航天器部件和其他成套设备、飞机机身、火车车厢以及大型战略物资(图 2-42)。

图 2-42 An-225 货运飞机

(6)运系列(Y-)

运系列飞机是我国设计制造的运输机,主要有 Y-5、Y-7、Y-8、Y-11、Y-12 等多种机型,其中 Y-8 型飞机(图 2-43a)是由陕西飞机制造公司研制生产的中型四发涡轮螺旋桨中程运输机,适用于客货运输,还可以用于空投空降、地质勘探及航空摄影等多种用途。用于运输货物,一次可以装载散货 20t 或集装货物 16t。货舱装有多种装卸工具,地板上设有货件固定装置。两台电动绞车,单台拉力为 15t,可将大型货物拖入货舱;中小型货物可用机上 2.3t 的梁式吊车进行吊取搬运;货车可由随机装卸桥板直接驶入货舱,可同时装载两辆中型货车。

我国首款大型运输飞机运-20(Y-20)于 2013 年 1 月 26 日成功完成首次飞行(图 2-43b),该机机体长为 47m,翼展为 45m,高为 15m,最高载重量为 66t,最大起飞重量为 220t,可以在复杂的气象条件下执行各种物资和人员的长距离航空运输任务。

a) Y-8型飞机

b) Y-20型飞机

图 2-43 运系列飞机

(7)新舟系列(MA-)

新舟系列飞机是我国西安飞机工业(集团)公司在运-7 中短程运输飞机的基础上研制生产的双涡轮螺旋桨发动机支线飞机,目前有 MA-60、MA-600 和 MA-700 等系列机型(图 2-44)。可承载 52~60 名旅客,航程为 2450km。新舟系列飞机可进行多用途改装,用于货物运输、海洋监测、航测和探测等。

图 2-44 新舟 MA-600 型飞机

2. 货运飞机的装载限制

（1）重量限制

由于飞机结构和性能的限制，飞机设计制造时就规定了每一货舱可装载货物的最大重量限额。任何情况下，飞机所装载的货物重量都不允许超过此限额；否则飞机的结构可能会遭到破坏，飞机安全将受到威胁。

（2）容积限制

由于飞机货舱内可利用的空间有限，因此，装载货物时必须根据货舱容积的限制，合理进行轻、重货物的配载配装，以保证飞机载重能力和机舱容积能力都达到最大利用率。

（3）舱门限制

飞机装载货物只能通过舱门进行装货和卸货，因此，货物的尺寸必将受舱门尺寸的限制。一般飞机制造商都提供舱门尺寸数据，装载货物时必须按照相应的飞机舱门尺寸确定货物的包装尺寸。常用飞机货舱舱门尺寸数据参见表2-3。

表2-3　常用飞机货舱舱门尺寸数据

机　　型	舱门尺寸/mm			
	主 货 舱	前 货 舱	后 货 舱	散 货 舱
B747-400combi	3040×3400	1680×2640	1680×2640	1120×1190
B747-200combi	3040×3400	1680×2640	1680×2640	1120×1190
B747-SP		1680×2640	1680×2640	1120×1190
B767		1670×3400	1670×1770	960×1100
B757		1080×1400	1120×1400	810×1220
B737-200		860×1210	880×1210	
B737-300		860×1210	880×1170	
B777		2700×1700	1800×1700	
A300		1690×2240	1680×1540	630×950
A310		1690×2700	1700×1810	
A320		1240×1820	1240×1820	770×950
MD-11		1660×2460	760×1770	
MD-80		1270×1350	1270×1350	1270×1350
MD-82		1270×1350	1270×1350	1270×1350
DC-10		1680×2460	1680×1780	910×760
TU-154		800×1350	800×1350	
YUN-7		1090×1190	1400×750	

（4）地板承受力限制

飞机货舱地板所能承受的载荷也是有限的，通常以每平方米允许承受的重量予以限制。如果超过飞机货舱地板的承受能力，地板和飞机结构很有可能遭到破坏。因此，装载货物时必须保证不超过地板单位面积允许承受重量的限额。

三、航线和机场

1. 航线

航线是由航空管理部门设定的飞机从一个机场飞达另一个机场的路线，是航空运输网络中的线路。航线由飞行的起点、经停点、终点、航路和飞行机型等要素组成。航线明确规定了飞机飞行的具体方向、高度和航路宽度，并且确定了航空运输经营的地理范围。

航线按照飞行范围的不同分为国内航线和国际航线。飞机飞行的线路在本国国境以内的航线，称为国内航线；飞机飞行的线路跨越本国国境，通达其他国家的航线，称为国际航线。

国内航线根据所连接城市的不同可分为国内干线、国内支线和地方航线。国内干线是指连接首都和各省市中心大城市，以及连接两个省市中心大城市的航线；国内支线是指大城市向附近中小城市辐射的航线；地方航线是指在一个省市以内中小城市之间的航线。

2. 机场

机场也称为航空港，是用于飞机起飞、着陆、停放、维护和补充给养等活动，以及组织旅客上下和货物装卸等航空运输服务的场所（图2-45）。机场是航空运输网络中的节点，是航空运输的起点、终点和经停点。机场的基本功能是为飞机的运行服务，为旅客、货物及邮件的运输服务。

图2-45 机场

（1）机场的组成

机场一般由飞行区、客货运输服务区和机务维修区三个部分组成。

机场飞行区是机场最主要的区域。飞行区的主要设施包括飞机跑道、滑行道和停机坪，以及各种保障安全飞行的安全设施、通信导航设施和助航设施等。

机场客货运输服务区是进行旅客、货物及邮件等运输服务业务的区域，区内设施主要包括客机坪、航站楼、停车场，以及餐饮、旅馆、银行等旅客运输服务设施；货运量较大的机场，还设有专门的货运站。客货运输服务区的位置，通常设置在连接城市交通网并紧邻飞行区的地方。

先进的大型国际机场通常都设有先进的行李处理系统。例如，北京首都国际机场3号航站楼行李处理系统，采用国际最先进的自动分拣和高速传输系统，该系统由出港、中转、进港行李处理系统和行李空筐回送系统、早交行李储存系统组成，传输速度最高为7m/s，每小时可处理行李2万件。航空公司只要将行李运到分拣口，系统只需要4.5min（分钟）就可以将这些行李传送到行李提取转盘，大大减少了旅客等待提取行李的时间。

机务维修区是进行飞机维护和检修作业的区域，设有维修厂、维修机库及维修机坪等设施。

（2）机场的类别

1）按照航线性质划分 机场按照航线性质的不同可分为国际机场和国内航线机场。国际机场是有国际航班进、出的机场，并设有海关、边防检查、卫生防疫和动、植物检验和检疫等政府联检机构。国内航线机场是专供国内航班使用的机场。

2）按照机场在民航运输网络中的地位划分 机场按照在民航运输网络中地位的不同可分为枢纽机场、干线机场和支线机场。国内、国际航线密集的机场称为枢纽机场。我国内地的枢纽机场有北京、上海和广州三大机场；干线机场是指各省、市、自治区首府以及一些重要城市和旅游城市（如大连、桂林和深圳等）的机场，我国的干线机场有30多个；支线机场是指为本省区内航线或邻近省区支线服务的机场，我国各地区级城市的机场大多数都属于支线机场。干线机场连接枢纽机场，空运量较大，而支线机场开设的航线少、空运量较少。

复习思考题

1. 常用货运车辆有哪些？简述常用车型的结构特征及应用。
2. 公路货运车辆装载的要求有哪些？
3. 公路运输枢纽的功能是什么？
4. 铁路货运车辆主要有哪些类型？各自的用途是什么？
5. 铁路货运车辆装载应当遵守哪些规定？
6. 货运船舶的主要类型有哪些？
7. 港口包括哪些组成部分？其主要设施与设备有哪些？
8. 常用货运飞机的主要类型有哪些？
9. 货运飞机装载有哪些限制？
10. 分析比较各种货物运输方式的特点和功能。

第三章

仓储技术装备

本章学习目标：

1. 理解仓储技术装备的构成、功用和特点；
2. 掌握仓库的功能、类别；
3. 了解货架的分类，掌握常用货架的类型、基本结构及应用；
4. 掌握自动化立体仓库的概念、组成及布局结构；
5. 熟悉仓库出入库站台和装卸系统的作用及基本类型。

第一节 概 述

一、仓储技术装备的概念和功用

仓储是利用仓库及相关设施与设备进行物品的入库、储存和出库的物流活动。仓储技术装备就是指仓储系统进行仓储物流活动的各种设施与设备的总称。

仓储活动是物流系统的中心环节之一，与运输并称为"物流的支柱环节"。仓储系统的高效率运行，对整个物流系统的运作效率、运作成本及物流的服务水平都起着重要的作用。

仓储活动一般包括进货入库、储存保管和出库发货等基本作业过程，其基本作业内容主要包括对物品实施的出入库整理作业、在库维护作业和装卸搬运作业。一般仓储系统的基本作业流程可以概括为：货车到达—卸车—验收—入库—存货—储存保管—取货—出库—装车—发运（图3-1）。

从仓储活动的基本作业内容和作业流程可以看出，仓储系统功能的实现必须依靠完善的仓储技术装备条件，仓储技术装备在仓储物流活动中发挥着至关重要的作用，是现代仓储系统必须具备的重要技术条件。其主要功能和作用包括以下几个方面：

① 仓储技术装备为货物的储存和保管提供可靠的环境和条件。货物必须要有良好的储存环境和条件对其进行存放和保管，才能够保证货物的完好品质。仓库作为仓储系统的基础设施，可以使物品得到可靠的储存保护；各种货架可以使物品得

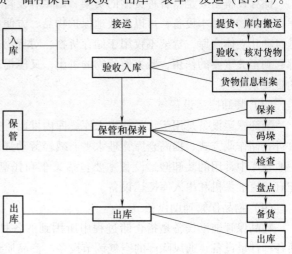

图3-1 仓储系统的作业内容和基本流程

到完善的管理，减少损失，提高货物储存质量。

② 仓储技术装备可以改善仓储作业条件，改变作业方式，减轻劳动强度。仓储过程中各个环节的各种作业活动，都包含着对货物的直接搬动作用，重复作业多，作业量大，使用人工作业的劳动强度高，作业效率低。利用仓储技术装备可以彻底改变落后的作业方式，减轻人工劳动强度。

③ 利用仓储技术装备可以实现仓储作业机械化和自动化，提高仓储作业速度和效率。现代仓储系统中，货物流通量大，出入库频率高，库存周转速度快，只有采用机械化和自动化作业手段，才能够全面提高仓储作业速度和作业效率，以满足现代社会经济对仓储物流运行速度的要求。

④ 利用仓储技术装备可以提高仓库储存能力，降低货物储存成本。现代仓储系统，采用高层货架仓库储存货物，并利用高举堆垛作业设备充分利用仓库高层空间，提高仓库面积利用率，可以极大地提高仓库储存能力，节约仓库占地面积，降低货物储存费用。

⑤ 利用现代化仓储技术装备可以提高仓储管理能力，扩展仓储系统服务功能。现代化仓储技术装备利用自动控制技术和计算机信息管理技术，可以使库存管理和仓储作业实现统一的自动化管理，不仅能够进行货物储存保管服务，还能够为产品生产企业和用户提供可靠的供应链管理服务，全面提高供应链物流的速度和效益。

二、仓储技术装备的构成

仓储技术装备主要包括仓库、储存设备、装卸搬运设备、物品保管养护辅助设备和计算机管理设备等设施与设备。由于各种仓储系统的具体功能不同、规模不一，而且仓储设备种类繁多，因此在具体使用与管理中，应根据仓储生产的实际需要合理选择和配置各种仓储技术装备。

（1）仓库

仓库是仓储系统的基础设施，主要由库房建筑或储存场地等构成，是储存保管货物的场所，也是整个仓储系统组织运营和生产作业的地方。仓库的种类有很多，可以是建筑结构型，也可以是露天堆场型。

（2）储存设备

储存设备主要是指各种类型的货架、橱柜等设备，是仓储系统最主要的设备之一。货架是仓库存放货物的基本设备，可以有效地保护物品，方便货物管理。而且，在现代仓储系统中，特别是自动化立体仓库，货架不仅用于储存货物，对货物的定位管理、自动化出入库作业和管理等也都起到至关重要的作用，既方便货物的进出，又能提高仓库的储存能力，是实现仓储系统自动化的重要条件。

（3）装卸搬运设备

装卸搬运设备是用于物品的出入库、库内堆码、货架存取的各种作业设备。装卸搬运设备对改进仓储作业方式、提高仓库管理水平、减轻劳动强度、提高作业速度和效率具有重要的作用。一般仓库中常用的装卸搬运设备主要包括叉车和托盘搬运车等，在大型自动化立体仓库中，还配有巷道堆垛机和出入库搬运设备。

（4）物品保管辅助设备

物品保管辅助设备是指仓储过程中所用到的各种辅助作业设备，种类很多，常用的主要包括各种计量设备、通风除湿的空气调节设备、商品质量检验设备、露天货物的苫垫设备和消防安全设备等。这些设备功能不同，但对物品的可靠储存和保管都起着不可忽视的作用。

三、仓储技术装备的特点

仓储技术装备是用于完成货物进库、出库和储存的各种设施与设备。尽管仓储技术装备从外形到功能差别很大，但由于都是为特定的作业环境、完成特定的物流作业而设计的，因此都具有一些共性。仓储技术装备一般都具有以下特点：

1）搬运作业功能要求高、速度要求低　仓储设备主要用于完成货物的出入库、上下货架、装卸车，在较小范围内进行货物的移动和起升，因此仓储设备对货物的搬运作业功能要求较高；由于作业场所的限制，在速度上的要求一般较低。

2）安全性能要求高　仓库内部存放了大量的货物，并且有许多设备同时作业，在这样复杂的环境和有限的空间内完成仓储作业，要求仓储设备必须具有很高的安全性能，以可靠地保证人员、设备和货物的安全。

3）专业化程度高　仓储作业由一系列作业环节或工序组成，如装卸、搬运和堆垛等，单个工序的功能较单一，而工序之间的功能差别一般较大，为了提高工作效率，因此对仓储装备的专业化程度要求越来越高。

4）自动化程度高　由于具有较高的专业化程度，因此仓储技术装备能较好地应用现代信息技术和自动控制技术，实现自动化控制和操作，提高工作效率。

5）节能和环保要求高　为了控制仓储物流成本，在设计和选用仓储技术装备时，必须考虑其节能和经济性。而且，仓储设备通常在较小的空间内工作，因此必须严格控制其噪声、废气排放等。

第二节　仓　库

一、仓库的概念和功能

仓库是储存和保管货物的建筑物与场所的总称。对仓库的概念可以从两个方面来理解：从实物形态上看，仓库就是存放货物的库房或场地；从社会组织角度上看，仓库是从事仓储物流服务的生产经营单位，是进行仓储物流活动和仓储生产作业的部门和场所。

仓库最基本的功能就是储存货物，并对所储存货物的数量、质量和价值实施保管和控制。此外，随着仓储物流服务业的不断发展以及人们对仓库概念的深入理解，仓库也担负着货物处理、流通加工、物流管理和信息服务等多种功能。一般来讲，仓库的功能主要有以下几个方面：

1）储存和保管功能　储存和保管功能是仓库最基本的功能。仓库具有一定的空间用于存放货物，并根据货物的特性，使用仓库内配有的相应设备，保持储存货物的完好性。例如，储存精密仪器的仓库，需要防潮、防尘、恒温等，应设置空调、恒温等控制设备。

2）调节产品供需功能　在由供应商、生产企业和用户组成的物流供应链中，下一个环节对物资的需求与上一个环节的供应在时间上往往是不同步的，物流的基本职能之一就是创造物资的时间效用，即调节产品生产供应与消费需求的平衡关系，这一职能是由仓库来实现的。现代化大生产的形式多种多样，从生产和消费的连续性来看，每种产品的生产和消费都有不同的特点。有些产品的生产是均衡、连续的，而消费是不均衡的，在时间上具有波动性；还有一些产品生产是不均衡的，具有季节性，而消费是长期均衡、连续的。因此，要使生产和消费协调起来，就需要仓库具有"蓄水池"的调节作用。

3）配送和流通加工功能　现代仓库的功能已由保管型向流通型转变，即仓库由原来的储存和保管货物中心向流通和销售中心转变。提供配送服务的仓库为制造商、批发商和零售商所利用，按照对顾客订货的预期，对产品进行组合储备，并按照客户的需求进行流通加工作业。为此，现代仓库不仅具有储存和保管货物的设备，而且还增加了货物分装、配套、流通加工和分拣等设施和设备。这既扩大了仓库的经营范围，提高了货物的综合利用率，又方便了消费者，提高了服务质量。

4）调节货物运输能力的功能　各种货物运输工具的运输能力差别较大，例如海运船舶的运载能力可达数十万吨以上；火车货运车辆每节车厢一般能装载 60t 左右，一列火车的运量多达几千吨；而汽车的运输能力则较小，一般只有几吨至几十吨。它们之间运输能力的差异，需要通过仓库的集货和暂时储存来进行调节，既保证了整个运输过程的连续性，又可充分发挥各种运输方式的优势，降低物流总成本。

5）物流信息传递功能　在仓储作业过程中总是伴随着物流信息的产生与传递，从货物的进货入库，到货物的出库供应，在各个环节中都同时伴有准确的货物信息记录和传输，通过这些信息既能够反映商品的物流情况，也可以反映商品的供求关系，为物流供应链中各企业的决策和管理提供可靠的信息。现代仓库的信息采集和传递越来越多地依赖于计算机和信息网络，通过条码自动识别系统来提高仓库物流信息的传递速度及准确性。

二、仓库的分类

仓库多式多样，通常按照仓库运营形态、保管形态、建筑结构类型和使用功能等不同的特征和标志，可以划分为不同的类型。

1. 按照运营形态分类

1）营业仓库　营业仓库是指仓库的业主专门为了经营仓储业务而修建的，根据相关法律法规取得合法营业资格的仓库。这类仓库面向社会服务，或者以一个部门的物流业务为主，并且兼营其他部门的物流业务，例如商业、外贸等系统的储运公司的仓库等。营业仓库由仓库所有人独立经营，或者由分工的仓库管理部门独立核算经营。

2）自有仓库　自有仓库是指生产企业或流通企业，为了本企业物流业务的需要而修建的附属仓库。这类仓库只储存本企业的原材料、燃料、产品或商品等，一般工业企业、商业企业的仓库以及部队的后勤仓库多属于这一类。

3）公用仓库　公用仓库是指为社会物流服务的公共仓库，属于公共服务的配套设施，例如铁路车站的货场仓库、港口的码头仓库和公路货场的货栈仓库等。

2. 按照保管形态分类

1）普通仓库　普通仓库是指常温下的一般仓库，用于存放一般性货物。用户对这类仓库没有特殊的要求，只要求具有通用的库房和堆场，用于存放普通货物，如日用品仓库、金属材料仓库和机电产品仓库等。仓库设施较为简单，但储存的货物种类繁杂，作业过程、保管方法和保管要求均不同。

2）保温仓库　保温仓库是指能够调节温度和湿度的仓库，用于储存对湿度和温度等有特殊要求的货物，包括恒温库、恒湿库和冷藏库等。例如对蔬菜、水果、肉类、水产品以及某些精密仪器等货物进行储存的仓库，这类仓库在建筑上要具有隔热、防寒和密封等功能，并配备专门的温控设备，例如空调和制冷机等。

3）特种仓库　特种仓库是指用来储存易燃、易爆、放射性和有毒等危险性质及其他的特殊物品的仓库，例如油库、化学危险品仓库，以及专门用于储藏粮食的粮仓等。特种仓库的储存货物单一，保管方法一致，但需要特殊的保管条件。

4）水上仓库　水上仓库是指漂浮在水面上的用于储存货物的趸船、囤船、浮驳或其他水上建筑，或者在划定水面保管木材的特定水域，沉浸在水下保管货物的水域等。近年来，由于国际运输油轮的超大型化，许多港口因水深限制而导致大型船舶都不能直接进港卸油，往往要在深水区设立大型水面油库作为仓库转驳运油。

3. 按照建筑结构类型分类

仓库按照建筑结构类型的不同，可分为平房仓库、多层仓库、高层货架仓库、露天仓库和筒形仓库等多种类型（详见本节第五部分）。

4. 按照使用功能分类

1）生产仓库　生产仓库是指生产型企业为满足企业生产和经营的需要储存原材料、燃料、工具及产成品等的仓库。生产仓库属于企业自用仓库，一般储存货物种类比较单一，货物出入库周转量一般比较小。

2）流通仓库　流通仓库是指以商品流通和中转为主要职能的仓库，它除了具有保管功能外，还具有流通加工、包装、理货及配送等功能。流通仓库具有周转速度快、附加值高和时间性强的特点，可降低流通过程中货物因停滞而产生的费用。

3）配送仓库　配送仓库是指以货物配送为主要功能的仓库，直接向消费者或市场配送货物。作为配送中心的仓库，一般具有存货种类多、存货量较少及周转速度较快的特点，通常要进行货物包装拆除和配货组合等作业，一般还开展配送业务。

4）储备仓库　储备仓库是指用于长期存放物资的仓库，一方面是为了解决生产和消费不均衡的问题，另一方面是为了完成各种物资储备的保障任务，例如战略物资储备、备荒物资储备、粮食储备、水产品冷冻储备、季节性物资储备和流通调节储备等。

5）保税仓库和出口监管仓库　保税仓库是指经海关批准，在海关的监管下专供存放未办理关税手续而入境或过境货物的场所，是获得海关许可的能长期储存外国货物的本国国土上的仓库。

出口监管仓库是指经海关批准，在海关监管下存放已按规定领取了出口货物许可证或批件，并已对外买断结汇且向海关办完全部出口海关手续的货物的专用仓库。

三、仓库的基本结构

一般仓库的建筑基本结构主要包括基础、骨架、立柱、墙壁、屋顶、地面、出入口、窗户和房檐等，如图3-2所示。

a）外部结构　　　　　　　　　　　　　　　　b）内部结构

图3-2　仓库

1）基础　建筑物的基础部分是根据建筑物重量、地面的耐压强度以及土质等条件，采用预制混凝土桩或混凝土浇筑桩进行建筑，基础桩的数量根据建筑物重量和桩的耐压强度决定。

2）骨架　一般仓库的骨架采用框架式骨架，它是由柱、中间柱或墙壁等构成。此外，地板的构造是支承地板及地板龙骨的骨架。仓库建筑物是由上述骨架形成主结构，其中特别是柱间距和柱的位置，对仓库的使用十分重要。

3）立柱　立柱是仓库骨架的主要组成部分，是承载梁及天花板等上层建筑载荷的主要构件。但是，仓库内如有立柱，会减少仓库容量并影响装卸作业，因此，应当尽量减少立柱的数量。

对于平房仓库，当梁的长度较短时，可以建成无柱形结构；当梁的长度超过25m时，一般需要设立中间的梁间柱。在开间方向上设立的壁柱，一般每隔5～10m设一根，但是由于这距离仅与门的宽度有关，库内又不显露出立柱，因此和梁间柱相比，在设柱方面比较简单。但是，开间方向上的柱间距必须与隔墙的设置、库门和库内通道的位置、天花板的宽度以及出入库停车站台长度等相匹配。特别是设货车停车站台时，根据货车的车体宽度，大型货车（车体宽为2.5m）应能接纳2台车，小型货车（车宽为1.7m）应能接纳3台车，因此，开间方向上的柱间距一般为7～8m。

多层仓库应当采用适当的柱间距，一般钢筋混凝土结构柱间距为6～8m，预应力钢筋混凝土结构的柱间距为15m左右。

4）墙壁　仓库的墙壁包括内墙和外墙。在设计内墙时，应按照建筑物防火要求设防火墙，防火墙的中间部分要设有通路，必须通过防火门在各区域之间来往，使各个区域成为独立的保管场所。仓库外墙（包括地板、楼板和门），必须采用防火结构或是简易的耐火结构。为此，外墙应使用不燃烧材料，除混凝土墙外，还可使用石棉瓦板、石棉水泥板、纸浆水泥板、石棉珍珠岩、石棉板、热压轻质混凝土等材料。

5）屋顶　仓库屋顶的结构应当具有一定的坡度。当屋顶为人字木屋架时，一般坡度为1/10～3/10,在积雪的地方大一些，根据需要还可设防雪板。仓库屋顶的材料，平房仓库一般可采用镀锌钢板、大波石棉瓦、长尺寸带色钢板等材料。

6）地面　仓库地面的结构主要应考虑地面的耐压强度；一般平房仓库为2.5～3t/m²；多层仓库第一层也为2.5～3 t/m²，其他各层随层数加高地板承受能力可逐渐减小。地面的承载能力是由保管货物的重量、所使用装卸机械的总重量、楼板骨架的跨度所决定的。另外，地面要采取防止磨损、龟裂及剥离的施工方法，除特殊情况外，最好用喷射混凝土和抹板加工。

7）出入口　仓库出入库口的位置和数量是由建筑的开间长度、进深长度、库内货物堆码形式以及通路设置、建筑物主体结构、出入库频率、出入库作业流程以及仓库职能等因素决定的。例如：从建筑物主体结构来看，当开间柱间距为5～10m时，出入库口的中心线间隔为5～10m，则设两个出入口；但一般的仓库，多数情况是每1 000～1 500m²的仓库面积，设4个出入库口。

出入库口尺寸的大小是由货车是否出入库内，所用叉车的种类、尺寸、台数、出入库频率以及保管货物的尺寸大小等因素所决定的。普通仓库出入库口的宽度、高度尺寸一般为3.5～4m。一般的仓库，当货车进入库内时，出入口的有效高度为4m，有效宽度为4m；如果货车不进入库内，有效高度上限为3.7m，有效宽度上限为3.5m。另外，防火墙的开口，高及宽均为2.5m。库内墙壁开口处的尺寸，是由库内使用的叉车高度、宽度，以及货物尺寸、人行通道尺寸所决定的。

出入口的开启方式多使用拉门式、开启式及卷帘式三种。其中卷帘式除向上卷之外，还有一种是板状的、收拢到上部的方式，这种方式多在寒冷地区使用。

8）窗户 仓库窗户的主要作用是采光和通风。窗户的种类有高窗、地窗和天窗等。为了防盗、防漏雨和排水，一般只采用高窗。

9）房檐 仓库一般都在出入库口外侧设置房檐。仓库设置房檐的主要作用是遮挡雨雪，以保证在雨雪天能正常进行出入库作业；另外，房檐之下还可以在出入库时临时放置货物。房檐的宽度一般在4m左右。

四、仓库的主要参数

仓库的设计和评价指标有很多种，从仓库装备条件及其应用角度，常用的参数主要有以下几项：

1）库容量 库容量是指仓库能容纳物品的最大数量，其单位可用t、m³或"货物单元"等表示。库容量是仓库内除去必要的通道和间隙后所能堆放物品的最大数量，它是表示仓库储存能力的主要指标。库容量的大小决定了仓库的建筑规模，在规划和设计仓库时首先要明确库容量。

2）平均库存量 平均库存量是指一定时期内仓库日常经营过程中实际库存量的平均值，单位可为t、m³或"托盘"。它可以反映仓库日常经营工作量的大小。

3）库容量利用系数 库容量利用系数是平均库存量与最大库容量之比。它是评价仓库经营情况和储存能力利用程度的重要指标。

4）单位面积的库容量 单位面积的库容量是总库容量与仓库占地面积之比。它是评价仓库储存空间利用程度的重要指标，可以反映仓库设施设备布局、货物储存方式和作业管理等情况。

5）仓库面积利用率 仓库面积利用率是指在一定时点上，存货占用的场地面积与仓库可利用面积的比率。

6）仓库空间利用率 仓库空间利用率是指在一定时点上，存货占用的空间与仓库可利用存货空间的比率。

7）出入库频率 出入库频率是指仓库货物出入库的频繁程度，通常用t/h、m³/h或托盘/h表示。出入库频率可以反映仓库作业量的大小和作业速度的高低。出入库频率的大小是选择仓库内装卸搬运设备参数和数量的重要依据。

8）装卸搬运作业机械化程度 装卸搬运作业机械化程度是指仓库内使用装卸搬运设备进行货物装卸搬运的作业量与总的装卸搬运作业量之比。

9）机械设备利用系数 机械设备利用系数是指仓库内机械设备的全年平均小时搬运量与额定小时搬运量之比。

五、常见仓库的结构类型及应用

1. 平房仓库

平房仓库是指单层建筑结构的仓库，也称为单层仓库。这是最常见且使用很广泛的一种仓库结构类型，大多数仓库都属于平房仓库。

早期的平房仓库一般为普通砖石混凝土建筑结构，近年来新建平房式仓库大多采用钢结构板房（图3-3）。仓库跨距一般为12m、15m、18m、24m、30m、36m不等，立柱间距一般为6m，地面堆货荷载大的仓库，宜采用较大的跨距。储存一般货物的仓库，主要配置叉车、托盘搬运车等装卸搬运设备；对于储存钢材或大型包装件的仓库，可设置桥式起重机等起吊设备，用于库内货物的装卸和搬运。平房仓库内要求具有良好的防潮和防火措施，对于储存易燃品的仓库，应采用柔性地面层，防止产生火花。

单层仓库的主要特点是：

① 结构简单，在建造和维修上投资较节省。

② 全部仓库作业都在一个层面上进行，货物在仓库内装卸和搬运方便。

③ 各种设备（如通风、供水、供电等设备）的安装、使用和维护比较方便。

④ 仓库地面能承受较重的货物堆放。

单层仓库适于储存日用消费品、家电产品、机械产品、油类、金属材料、化工原料、木材及其制

图3-3　平房仓库

品等各类物品。水运码头仓库、铁路运输仓库、航空运输仓库，大多数都采用单层建筑，以加快装卸速度。由于在市内建筑单层仓库的建筑面积利用率较低，其单位货物的储存成本较高，因此单层仓库一般建在城市的边缘地区。

2. 多层仓库

多层仓库是指在建筑结构上具有两层或两层以上的仓库，也称为楼房式仓库。

多层仓库的底层一般储存重型货物，上层储存轻小型货物。上层货物的垂直输送一般采用1.5～5t 的运货电梯或垂直提升机。一般应考虑装运货手推车或叉车能开入电梯间内，以加快装卸速度。有的多层仓库也常用滑梯从上层向下层卸货。

多层仓库的主要优点是：储存空间向高空发展，提高了空间利用率，节约占地面积；货物分层存放便于对货物进行分类管理；高层空间储存货物有利于防潮防盗，对货物具有较高的保护能力；分层的仓库结构将库区自然分隔，有助于仓库的安全和防火；可满足各种不同的使用要求，库房使用布局比较方便。

多层仓库一般建在人口比较稠密、土地价格比较高的市区，因而其建造投资较大，货物储存费用较高。所以，多层仓库主要适用于储存城市日常用的高附加值、轻小型的商品，如家用电器、生活用品、药品、医疗器械、办公用品等。

3. 高层货架仓库

高层货架仓库又称立体仓库，是指采用高层货架并配以货箱或托盘储存货物，用巷道堆垛起重机及其他机械设备进行作业的仓库（图3-4）。它实质上是一种特殊的单层仓库，只是所用的货架为高层货架，并且需要配置与之配套的高举升搬运设备（详见本章第四节）。

图3-4　高层货架仓库（内部）

4. 筒形仓库

筒形仓库是指结构类型为圆筒形的储罐类封闭式仓库，简称筒仓或罐库。圆柱状的筒形仓库，仓壁受力性能好，建筑用料经济，容积能力大，所以被广泛应用。筒形仓库的构建形式有钢筋混凝土和金属罐等类型。钢筋混凝土的筒仓一般用于储存粮食、水泥等颗粒状、粉末状干散货物（图3-5a），金属罐筒仓用于储存食用油、石油产品和化工产品等液体货物以及天然气等气体（图3-5b）。

用于储存干散货物的钢筋混凝土筒仓，库顶、库壁和库底必须防水、防潮，库顶应设吸尘装置，筒仓内壁平整光滑，便于物料装卸。机械化筒仓的货物装卸，一般可采用斗式提升机、皮带输送机和气力输送机等连续输送设备进行装卸。机械化筒仓能有效地缩短物料的装卸流程，降

低运行和维修费用，消除繁重的袋装作业，有利于机械化、自动化作业，因此已成为粮仓、水泥等货物散装化物流最主要的类型之一。

a) 筒形粮食仓库

b) 罐式油库

图3-5 筒形仓库

金属结构的储油罐库和储气罐库，必须防热防潮，在罐顶上加隔热层或按防爆顶面设计，出入口设置防火隔墙，地面用不产生火花的材料，一般可用沥青地面。储油库要设置集油坑。

由若干筒仓形成的筒仓库区的布局应合理，以节省库区占地面积。

5. 露天仓库

露天仓库是指在露天场地堆码和储存货物的室外仓库，也称为露天堆场（图3-6）。露天仓库一般用于存放钢材、木材、建材、矿砂、煤炭等露天而不易变质的大宗货物，也可以堆码存放粮食、化肥、水泥等袋装大宗货物，但需要采取完善的防雨、防水措施，可靠地保护货物。露天仓库常见于此类物资的生产企业、加工企业、销售企业和交易市场，以及港口码头、铁路货场和公路货运站等场所。另外，在集装箱运输的港口集装箱码头、铁路集装箱办理站和公路集装箱中转站等场所，集装箱也都采用露天存放，通常称之为集装箱堆场。

图3-6 露天仓库

在港口码头和铁路货场，露天堆场通常按照堆放物品的不同，划分为杂货堆场、散货堆场和集装箱堆场。

杂货堆场主要堆放有包装和无包装的件杂货物。杂货在堆场存放要考虑需要苫盖、垫垛，以保证防雨和排水。杂货堆场的货位布置形式一般都采用分区分类堆存，按照"四一致"（性能一致、养护措施一致、消防方法一致、装卸方法一致）原则，将货物堆场划分为若干保管区域；并根据货物大类和性能或按照货物发往地区划分为若干类别，以便分类集中堆存。

散货堆场主要堆存矿砂、煤炭等散装货物，一般直接露天堆放，并以散装方式进行运输、装卸和使用。散货堆场一般都配置专用的大型散料装卸和输送设备进行装卸作业。

集装箱堆场专门用于堆存和保管集装箱，并分别设置重箱堆场、空箱堆场、维修与修竣箱堆场，以满足发送箱、到达箱、中转箱、周转箱和维修箱等的生产工艺操作和不同的功能要求。集装箱堆场也配置专用的集装箱装卸搬运设备进行装卸和堆垛作业。

第三节　货　　架

一、货架的概念和功用

货架是用立柱、隔板或横梁等组成的立体储存物品的设备。货架是仓库中储存货物的基本设备，在仓储系统中占有非常重要的地位。随着现代工业的迅猛发展、物流量的大幅度增加，为实现仓库的现代化管理，改善仓库的作用，不仅要求货架要有足够的数量，而且要求其具有多种多样的结构和功能，以满足各种场合储存货物的需要，并且能够实现机械化和自动化管理的要求。

在一定面积的仓库内储存货物，为了提高货物的存放数量，采用上下堆垛方式存放，无疑比平铺在地面上可以提高其存货数量。但是，当把货物堆积起来，出库时若需从底部或里面取出货物，则必须先移开上面或外面的货物，这需要花费很多时间和劳动力，很难做到货物"先入先出"。但若将不同的货物放在立体的货架上储存，这就解决了以上的问题。所以，货架在现代物流活动中起着相当重要的作用。仓库作业和管理的现代化水平，在很大程度上取决于货架的结构和功能。货架在现代仓储系统中的功用主要有以下几个方面：

① 可充分利用仓库空间，提高库容利用率，扩大仓库储存能力。货架是一种架式结构物，将物品放在货架上，可以实现立体化储存，货架越高，仓库空间利用率就越高。

② 保证货物储存质量，减少货物损失。存入货架中的货物，互不挤压，物资损耗小，可保证货物本身的完整功能，并且可以防尘、防潮、防破损，减少货物的损失。

③ 货物存取方便，便于清点和管理，可以"先进先出"。利用货架储存货物，可以直接存放或取出，不受其他货物影响，方便快捷，可以提高存取作业速度；而且货架上的货物一目了然，便于盘点和管理；便于根据货物的入库顺序做到"先进先出"，防止产品过期。

④ 便于实现仓储作业机械化和自动化，提高仓储作业的速度和效率。很多新型货架在结构及功能上，能够满足仓库作业的机械化及自动化管理的需要。

货架在仓储设备的总投资中所占比例较大，消耗钢材也较多，对仓库的运作模式也有极大的影响。因此，合理选择和设计货架，对于仓储系统的建设和运营都具有重要的意义。

二、货架的分类

货架的种类很多，分类的方法也各不相同。通常按结构可分为层板式货架、托盘式货架、驶入式货架、重力式货架、悬臂式货架和阁楼式货架等；按货架制造方式可分为整体（焊接）式货架和组合式货架；按货架运动形态分类，可分为固定式货架、移动式货架和旋转式货架；按货架储存货物单元的形式分类，又可分为单件存放式货架、托盘单元存放式货架和容器单元存放式货架；按货物承载方式分类，可分为搁板式货架、横梁托盘式货架、无横梁托盘式（牛腿式）货架、悬臂式货架和抽屉式货架；按货架高度分类，又可分为低层货架（高度在 5m 以下）、中层货架（高度在 5～15m）和高层货架（高度在 15m 以上）；按货架承载质量分类，可分为重型货架（每层货架载质量在 500kg 以上）、中型货架（每层货架载质量 150～500kg）和轻型货架（每层货架载质量 150kg 以下）；按货架的主要功用可分为存储式货架、拣选式货架和陈列式货架等类型（见表 3-1）。

表 3-1 货架的分类

分 类 方 法	类 别
按结构分类	层板式、托盘式、驶入式、重力式、悬臂式、阁楼式
按存货形式分类	单件存放式、容器单元存放式、托盘单元存放式
按货物承载方式分类	搁板式、横梁托盘式、无横梁托盘式（牛腿式）、悬臂式、抽屉式
按运动形态分类	固定式、移动式、旋转式
按功用分类	存储式、拣选式、陈列式
按承载重量分类	轻型、中型、重型
按高度分类	低层、中层、高层
按制造方式分类	整体式、组合式

三、常用货架的结构及应用

1. 层板式货架

层板式货架也称为层格式货架（简称层架），是最常用的通用型货架，一般由立柱、横梁、搁板等构成，货架本身分为很多层，还可以根据需要在每层中间加装隔板分成若干个货格；货物由搁板承载，货物通常以单件或容器形式存放（图3-7）。层架按其可以存放货物的重量可划分为重型层架、中型层架和轻型层架。轻型层架多用于小批量、零星收发的单品和小件物品的储存；中型层架和重型货架一般配合叉车等设备储存大件、重型物资。层格式货架适用性强，便于货物存取作业；其缺点是在两排货架之间必须留有足够的存取作业通道，因而储存密度较低，仓库面积利用率较低。这种货架一般主要用作人工作业仓库的储存设备。

早期的层格式货架一般采用钢材或木材制成整体式，现在的层格式货架基本上都采用组合式制造方式。

组合式层架的基本构件是由具有一定规格的带有标准孔、槽的型钢制成的立柱、横梁和隔板以及其他各种附件，利用螺栓或其他方式进行连接，可根据需要组合成各种不同规格的层格式货架。这种货架横梁可根据货物的高度任意调整，可实现一格一货位和一格多货位，可实现同一库区、不同货物的存放。货架立柱和横梁的装配有多种形式，有的是卡勾卡槽式，有的是扣接式，有的是锁扣式，都具有安装简便、快速、牢固可靠的优点。

图 3-7 层板式货架

组合式层格货架美观经济、装拆方便，比同规格的焊接式货架节约钢材，且能根据货物的大小随时调节尺寸，能适应仓储货物品种、规格、类型和大小的经常性变化，因此得到了快速发展。

2. 托盘货架

托盘货架就是指用于存放托盘单元货物的货架。它是把货物集装在托盘上，以托盘为单位进行存取作业。根据托盘承载方式的不同，托盘货架可分为横梁式托盘货架和无横梁式托盘货架两种主要类型。

1）横梁式托盘货架　横梁式托盘货架的基本结构与层格式货架完全相同，只是各层只有横梁没有搁板，货物由托盘承载存放在货架的横梁上（图3-8a）。每层横梁由两个相邻立柱分割成一个独立的单元货格，一般每个货格可以存放2~3个托盘货件。所以，托盘式货架也称为托盘单元货格式货架。

2）无横梁式托盘货架　无横梁式托盘货架也称为牛腿式货架。这种货架只有立柱没有横梁，每根立柱在分层间隔的位置上，设有向外伸出的水平悬臂构件（俗称牛腿），形成一个独立的单元货格，用来承载托盘单元货件（图3-8b）。每个货格只能存放一个托盘单元。这种货架结构简单，节省材料，货物存取方便。

a) 横梁式　　　　　　　　　　　b) 无横梁式(牛腿式)

图 3-8　托盘货架

托盘式货架是最简单、最经济的一种货架形式，适合以托盘单元形式存放货物的各种仓库。采用托盘单元形式存取作业，可以有效地配合叉车和巷道堆垛机等机械设备进行装卸和存取作业，货物存取速度快，安全方便，可极大地提高仓储作业效率，并且可以采用高层货架结构，充分利用仓库空间。高层货架大多数都属于托盘式货架。

3. 驶入式货架

驶入式货架是指可供叉车（或带货叉的无人搬运车）驶入进行托盘单元货件存取作业的货架，也称为贯通式货架。驶入式货架实际上也是一种牛腿式托盘货架，它也只有立柱没有横梁，每根立柱上间隔一定高度位置设有水平悬臂构件（即牛腿），用来承载托盘单元货件；但驶入式货架每一列纵向可以设置5~7个货位，使同一层、同一列货物沿纵深方向相互贯通，形成纵向通道，叉车可以驶入驶出进行存取作业。因而，货架从整体上将存货空间和作业巷道合并在一起，形成若干纵向通道；当叉车举起托盘货件送入通道后，牛腿即可将托盘底部的两端托住稳定地存放（图3-9）。

驶入式货架采用托盘存取方式，适用于少品种、大批量货物的储存，而且在同一通道内一般只能存放同一类货物。驶入式货架的通道能起到存放货物和存取作业的双重作用，因而可有效提高仓库空间利用率，提高货物存放密度，库容利用率可达90%以上，与一般层格式货架相比，驶入式货架的仓库空间利用率可提高30%左右。但是，这种货架的存取性能受到限制，不能做到"先进先出"的管理；而且除了靠近通道外端的货位，叉车需要进入货架内部存取货物，通常单面取货，所以其纵向货位不宜过多。驶入式货架广泛应用于冷库及食品、烟草行业。

图 3-9　驶入式货架

4. 重力式货架

重力式货架是一种密集式储存单元物品的货架系统；在货架每层的通道上，都设有一定坡度的导轨，入库的单元物品在自身重力的作用下，可以自动地由入库端流向出库端。重力式货架又称为流动式货架。

为了便于滑动，货架斜面可制成带辊子或滚轮的滑道形式（图 3-10）。

重力式货架通常采用托盘或者专用货箱承载货物，所以有托盘重力货架和箱式重力货架之分。重力式货架的滑道类型，可分为滚道式、气囊式和气膜式三种。为防止货物单元滑到出库端时与挡边或者与前面货物产生冲击和碰撞，在滚道式滑道上一般每隔一定距离要安装一个限速器，降低货物单元的滑行速度，从而减小碰撞时所产生的冲击力。同时，为保证出货作业的顺利完成，在出货端都设有停止器。气囊式滑道和气膜式滑道则是通过脉冲式充气和放气，使货物单元在滑道上时动时停，从而保证货物以平稳的速度滑到出库端。

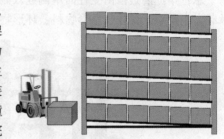

图 3-10　重力式货架结构原理示意图

重力式货架具有以下主要特点：

① 单位库房面积货物储存量大。重力式货架是一种密集型储存货架，由于节省了存取作业通道数量，增加了存货密集程度，从而可有效节约仓库的面积，提高单位库房面积的储存量。由普通货架改为重力货架后，仓库面积可节省 50% 左右。

② 固定了出入库位置，减少了出入库搬运设备的运行距离。采用普通货架出入库作业时，搬运设备需要在通道中穿行，使运行距离增加；采用重力货架后，搬运设备的运行距离可缩短三分之一左右。

由于入库作业和出库作业完全分离，两种作业可各自向专业化、高效率方向发展，且入库出库搬运设备不相互交叉，事故率较低，安全性加强。

③ 重力式货架的每一个滑道只能存放一种货物，因而可保证货物"先进先出"，满足仓库管理要求，保证货物存储质量。

④ 重力式货架存取作业时货物处于流动状态，能够实现自动补货，而且大大缩小了作业面，存取方便迅速，有利于进行货物拣选作业。所以，重力式货架适宜作为拣选式货架，是一种重要的储存型拣选货架。

重力式货架主要有两个方面的用途：一是用于大量货物储存，主要适宜于储存少品种、大批量、短时集中发货的托盘单元货物，一般采用大型托盘重力式货架（图 3-11a）。另一方面是作为拣选式货架，普遍应用于配送中心、仓库、商店的拣选配货操作中，也适用于生产线的零部件拣选和供应，一般采用轻型容器式重力式货架（图3-11b）。

a)托盘式   b)拣选式

图3-11 重力式货架实例

5. 悬臂式货架

悬臂式货架是指由立柱向单侧或双侧伸出若干悬臂而构成的货架（图3-12）。其货物由悬臂承载，主要用于存放长条形物料、环形物料、板材、管材等货物。

a)单面悬臂   b)双面悬臂

图3-12 悬臂式货架

悬臂货架一般都采用组合式制造方式，货架长度可根据场地情况自由组合；悬臂可以是固定的，也可以是可调节的。悬臂货架具有结构轻、承载能力好的特点，其空间利用率较高，货物存取方便、快速，货物存放情况一目了然。悬臂货架特别适合空间小、高度低的库房，存放长大型货件时，可以采用侧面叉车或长料堆垛机进行存取作业。

6. 阁楼式货架

阁楼式货架是指以堆叠方式制成的两层以上阁楼式结构的货架。它是以底层货架为基础，在其上方搭建一层楼板，形成阁楼。底层货架既可用于储存货物，同时又是上层建筑的承重支柱。上下楼层之间配有楼梯和扶手，还可以配置货物提升设备（图3-13）。

阁楼式货架各楼层间距通常为2.2～2.7m，顶层货架高度一般为2m左右，要充分考虑工作人员操作的便利性。阁楼上层的货物通常由叉车、液压升降台

图3-13 阁楼式货架

或货梯进行升降，再由轻型小车或液压托盘车进行水平搬运，上层货架的货物一般由人工进行存取。阁楼式货架主要有以下优点：

① 阁楼式货架可以充分利用仓库高度空间，提升货物储存高度，提高仓库储存能力。

② 阁楼式货架一般是在已有的平房仓库内建造楼阁，将原有的平房库改为两层以上的楼层库，所以特别适用于旧库房的改造和利用。

③ 阁楼货架分层储存货物，便于人工和小型设备存取作业，可以节省购置高举升设备的费用。

阁楼式货架适应于储存日用商品、五金配件、电子元件等中小件货物及轻泡货物，适宜于多品种货物的分类储存；上层可存放储存期较长的轻小型货物，下层可存放重大型货物。近几年阁楼式货架多使用冷轧型钢楼板，它具有承载能力强、整体性好、承载均匀性好、精度高、表面平整、易锁定等优势，提高了阁楼式货架的储存能力和货物适应性。

7. 移动式货架

移动式货架是指底部安装有行走滚轮，可以在地面轨道上移动的货架。在平常不进行出入库作业时，货架密集排列，各货架之间没有通道相隔，而是相互紧密地靠合在一起，全部封闭，并可全部锁住，以确保货物安全，同时可防尘、避光；当进行货物存取作业时，将相应的货架移动，形成人员或存取设备进出的作业通道，作业完毕再将货架移回原来位置，如图3-14所示。

a) 人力摇动式

b) 电力驱动式

图3-14 移动式货架

由于整组货架存放时没有通道，存取作业时只需一条通道，因而大大提高了仓库面积的利用率，在相同的空间范围内，移动式货架的储货能力要比层格式货架高得多。

各个货架底部都设有行走滚轮，整体放置在地面轨道上，并可沿轨道横向移动。根据驱动方式的不同，货架可分为人力推动式、人力摇动式和电力驱动式三种类型。

移动式货架承载能力较低，而且在存取作业时需不断移动货架，存取货时间也比较长。所以，一般移动式货架主要用于出入库频率较低的轻小型货物的储存；采用电力驱动的移动式货架也用于储存大重量物品，尤其适用于对环境条件要求高、投资大的仓库，如冷冻库、气调仓库等，可相应减少对环境条件的投资。

8. 旋转式货架

旋转式货架是指货格能够进行回转运动，从而使货物自动移送到存取货作业点的货架。

一般货架都是由人或机械设备移动到货架前存货和取货（即"人到货"方式）；而采用旋转式货架，操作人员处于固定存、取货位置，货架则以水平、垂直或立体方向回转，货物随货格移动到操作面前，再由人或机械设备将所需货物取出，即实现"货到人"式的取货方式。所以，采用旋转式货架的拣货路线短，操作效率高。

旋转货架适应于以分拣为目的、出入库频率较高的小件物品的储存，尤其对于多品种的货物分拣更为方便。它占地面积小，储存密度大，易于管理。如采用计算机控制，可使操作人员摆脱人工寻货的负担，减少拣选差错，提高分拣质量并缩短拣货时间。另外，由于拣货人员的工作位置固定，故可按照人机工程的原理，设计操作人员的工作条件。这种货架的规模可大可小，企业可根据实际情况予以选择。

旋转式货架通常按照旋转方式的不同，可分为垂直旋转式、水平旋转式和立体旋转式，其中垂直旋转式和水平旋转式两种类型应用较多。

（1）垂直旋转式货架

垂直旋转式货架如图 3-15 所示，这种货架两面悬挂有成排的货格，可以沿垂直方向正反旋转。垂直旋转式货架的主要优势是可以做成高层货架，从而充分利用仓库上部的空间，提高仓库的空间利用率。

货架的高度一般为 2~6m，货格可分为 10~30 层，单元货位载质量为 100~400kg，回转速度 6m/min 左右。其占地空间小，存放的品种多，最多可达到 1200 种左右。

垂直旋转式货架属于拣选型货架，在货架的正面均设置拣选台面，可以方便地进行货物存取作业。在旋转控制上，可采用编号的开关按键轻松操作，也可以利用计算机控制，形成联动系统，将指令要求的货层以最短的路径送至拣选位置。

图 3-15　垂直旋转式货架

垂直旋转式货架一般主要适应于多品种、拣选频率高的小件货物。另外，货格的小隔板可以拆除，这样可以灵活地储存各种长度尺寸的货物；也可以取消货格改成支架式结构，用于成卷的货物，如地毯、纸卷、塑料布等。

（2）水平旋转式货架

水平旋转式货架的原理与垂直旋转式货架相似，只是其货格在水平方向回转（如图 3-16）。水平旋转式货架的优势是可以缩短拣货路线，减少人或机械设备的往复运动，提高作业效率。

水平旋转式货架的旋转方式分为整体旋转式和分层旋转式两种，各层货格同时回转的水平旋转货架称为整体水平旋转货架；各层货格可以独立旋转的货架称为分层水平旋转货架。

整体水平旋转货架旋转时动力消耗大，不适于拣选频率高的作业。整体水平旋转式货架也可制成较长的货架，可增大储存容量，但由于动力消耗大，拣选等待时间长，不适于随机拣选，在需要成组拣选或可按顺序拣选时可以采用。

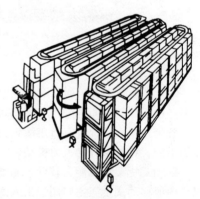

图 3-16　水平旋转式货架

分层水平旋转货架是由环状排列的货盘多层重叠而成。每层的货盘都用链条串在一起，各层都有各自的轨道，各层由分设的驱动装置驱动，形成各自独立的旋转体系。采用计算机控制操作时，可以同时执行多个命令，使各层货物从远到近、有序地到达拣选点，拣选效率很高。

分层水平旋转货架的最佳长度为 10~20m，高度为 2~3.5m，单元货位载重为 200~250kg，回转速度约为 20~30m/min。分层水平旋转货架主要用于出入库频率高、多品种拣选的配送中心等场合。

第四节　自动化立体仓库

一、概述

自动化立体仓库是第二次世界大战后随着物流与信息技术的发展而出现的一种新的现代化仓储系统。自动化立体仓库可靠性高，节省劳动力，零件容易进行维修和更换，操作简单方便，可以使工业生产中的物流成本下降，建设费用和土地资源得到有效节约，在世界各地掀起了自动化立体仓库的热潮。

在我国，真正意义上的立体仓库出现于 20 世纪 70 年代，至今已建成立体仓库数百座，特别是在卷烟、制药、化工、电子、家电、航运、钢铁、食品等行业以及军事后勤领域，立体仓库建设最多。从其规模和自动化程度来看，经济效益好、利润率较高的卷烟、制药、电子、家电行业的立体仓库走在前列，国内大型卷烟厂 80% 以上已经建成立体仓库，一些有实力的大中型企业也已将立体仓库的建设纳入规划。在建成的自动化立体仓库中，最具典型意义的是我国家电龙头企业海尔集团国际物流中心的立体仓库。该仓库高 22m，拥有 18056 个标准托盘货位，包括原材

图 3-17　海尔自动化立体仓库

料和产成品两大自动化仓储系统，全部实现了现代物流的自动化和智能化（图 3-17）。目前，我国仓储自动化设施的普及率还比较低，企业大规模投入建造自动化立体仓库的似乎也不多。从总体上讲，自动化立体仓库在我国还处于发展的初期阶段，还需要从技术上以及使用管理上对其进行深入的研究与发展。

1. 自动化立体仓库的概念和功能

自动化立体仓库又称为自动存储取货系统（Automatic Storage and Retrieval System，AS/RS），由高层货架、巷道堆垛起重机、出入库输送机系统、自动化控制系统、计算机仓库管理系统及其周边设备组成，可对集装单元物品实现自动化存取和控制的仓库。

自动化立体仓库的基本功能主要有以下两个方面：

1）实现大容量货物储存　自动化立体仓库的货架高度一般在 15m 以上，最高可达 44m，拥有货位数可多达 30 万个，可储存 30 万个托盘单元货件，以平均每托盘货物重 1t 计算，则一个自动化立体仓库可储存 30 万 t 货物。

2）实现仓储作业自动化　自动化立体仓库的出入库及库内搬运工作全部实现由计算机控制的自动化作业。例如，在意大利 Benetton 公司拥有 30 万个货位的自动化立体仓库中，每天的作业只需 8 个管理人员，他们主要负责货物存取系统的操作、监控和维护等，只要操作人员给系统输入出库拣选、入库分拣、包装、组配和储存等作业指令，该系统就会调用巷道堆垛机、自动分拣机、自动导向车及其配套的周边搬运设备协同动作，完全自动地完成各项作业。

2. 自动化立体仓库的特点

（1）自动化立体仓库的优越性

1）可以提高仓库空间利用率　立体仓库构想的基本出发点是提高空间利用率，充分节约有

限且昂贵的场地。在西方有些发达国家，提高空间利用率有更广泛、深刻的含义，节约土地已与节约能源、保护环境等更多方面联系起来。一般来说，立体仓库的空间利用率为普通仓库的2～5倍左右。

2）便于形成完善的生产物流系统，提高企业生产管理水平　传统的仓库只是货物的储存场所，保存货物是其唯一的功能，属于静态储存。自动化立体仓库采用先进的自动化物料搬运设备，不仅能使货物在仓库内按需要自动存取，还可以与仓库以外的生产环节进行有机的连接，并通过计算机管理系统和自动化物料搬运设备使仓库成为企业生产物流中的重要环节。形成自动化的物流系统环节，即动态储存，是当今仓储技术的发展趋势，而建立物流系统与企业生产管理系统间的实时连接又是目前自动化立体仓库发展的另一个明显技术趋势。

3）加快货物存取，减轻劳动强度，提高生产效率　自动化立体仓库具有快速的出入库能力，能妥善地将货物存入立体仓库，及时、自动地将生产所需零部件和原材料送达生产线。同时，立体仓库系统减轻了工人综合劳动强度。立体仓库采用巷道堆垛机，它沿着巷道内的轨道运行，不会与货架碰撞，也无其他障碍，因此行驶速度较快，借助计算机控制，可以准确无误地完成库内货物的搬运工作，货物搬运效率远远高于一般仓库。

4）提高货物的仓储质量　立体仓库采用计算机进行仓储管理，可以方便地做到"先进先出"，防止货物自然老化、生锈、贬值，也能避免货物的丢失。在库存管理中采用计算机，随时可以迅速、准确地清点盘库，由此大大提高了货物的仓储质量。

5）提高储存物品的环境适应性，降低作业的难度　自动化立体仓库能较好地满足黑暗、低温、有毒等一些特殊货物储存的环境要求。例如，胶片厂储存胶片卷轴的自动化仓库，在完全黑暗的条件下，通过计算机控制可以实现胶片卷轴的入库和出库。

（2）自动化立体仓库的缺点

① 结构复杂，配套设施多，基建和设备投资高。

② 货架安装精度要求高，施工比较困难，且施工周期长。

③ 储存货物的品种受到一定限制，对长、大、笨重货物以及要求特殊保管条件的货物必须单独设立储存系统。

④ 工艺要求高，对仓库管理人员和技术人员的操作技术和管理能力要求也较高。

⑤ 货物储存能力弹性较小，难以应付储存高峰。

3. 自动化立体仓库的分类

（1）按照立体化仓库的高度分类

1）低层立体仓库　低层立体仓库高度一般在5m以下，大多是在已有仓库的基础上进行改建的。

2）中层立体仓库　中层立体仓库高度为5～15m，由于中层立体仓库对库房建筑以及仓储机械设备的要求不高，造价也不高，是目前应用最多的立体仓库。

3）高层立体仓库　高层立体仓库的高度在15m以上，由于其对库房建筑以及仓储机械设备的要求较高，造价很高，安装难度大，目前应用比较少。

（2）按照货架结构分类

1）单元货格式立体仓库　单元货格式立体仓库是应用最普遍的立体仓库，其采用的货架为有横梁式层格货架或无横梁式层格货架，货架按照排、列、层三个方向布置成尺寸统一的单元货格，货格开口面向货架之间的通道，堆垛机械在货架之间的巷道内行驶，以完成货物的存取。

2）重力货架式立体仓库　重力货架式立体仓库所采用的货架为重力式货架。这种仓库的货架之间没有间隔，不设通道，货架组合成一个整体。货架纵向贯通，贯通的通道存在一定的坡度，在每层货架底部安装滑道、辊道等装置，使货物在自重的作用下，沿着滑道或辊道从高处向低处运动。

3）自动货柜式立体仓库 自动货柜式立体仓库是小型的、可以移动的封闭立体仓库，它由货柜外壳、控制装置、操作盘、储物箱和传动装置组成，其主要特点是封闭性强、小型化、智能化和轻量化，有很强的保密性。

（3）按照库房建筑结构分类

1）整体式立体仓库 整体式立体仓库就是指立体货架与库房建筑结构结合成一个整体的仓库。其立体货架既是储存货物的设备，又是库房屋顶和墙体支承的结构体系。因此，货架除承受储存物品的负荷外，还必须承受库顶重量，以及风力、振动等各种外力。一般认为，这种结构类型适宜于货架高度较高（15m以上）的立体仓库。这种结构类型的优点是比较经济，建造成本较低；其缺点是建成以后很难进行改变或扩展。

2）分离式立体仓库 分离式立体仓库和普通仓库一样，其货架独立安装在库房建筑之内，货架结构与库房建筑结构相互分离。这种仓库的优点是简单灵活，便于改变和扩建。分离式立体仓库高度以15m以下较为经济，否则对地面承载力要求过高而需要进行强化加固，将使建筑成本增加。

（4）按照基本功能分类

1）储存型立体仓库 储存型立体仓库是以储存功能为主，通常采用密集储存型立体货架储存货物，一般采用托盘或货箱等单元形式储存货物，储存货物的种类较少，数量较大，存期较长。

2）拣选型立体仓库 拣选型立体仓库是以货物分拣为主要功能，储存货物的种类较多，发货的数量小，一般需要配备较完善的自动分拣系统。

（5）按照储存作用分类

1）生产型立体仓库 生产型立体仓库主要用于存放原材料和零部件，有的作为柔性制造系统中的重要环节，与加工单位和装配线连在一起，可以及时、准确地向生产线提供物料服务。这类仓库储存货物种类较多，仓库的规模一般较大，多的可以有上万个货位，库存周期较短（甚至几个小时），出入库作业频繁。

2）流通型立体仓库 流通型立体仓库主要包括商品配送中心仓库、大型批发市场仓库和物资交易市场仓库等。流通型立体仓库以商品交易、配送、分拣为主要功能，商品流通量大，种类繁多，周转速度较快，出入库作业频繁，采用自动化立体仓库可以扩大商品的储存能力，加快出入库作业速度，更好地满足商家和客户的要求。流通型立体仓库是目前立体仓库发展的重要趋势。

二、自动化立体仓库的构成

自动化立体仓库由库房、高层货架、巷道堆垛机、出入库搬运系统和自动控制与管理系统等部分构成，还有与之配套的供电系统、空调系统、消防报警系统和网络通信系统等。图3-18所示为自动化立体仓库结构示意图。

1. 库房

库房是自动化立体仓库的主体建筑，一般采用单层平房结构，其高度根据立体货架总体设计高度确定。由于立体仓库存货量大，机械设备多，所以库房建造时对地基、门窗、墙体、柱子及消防设备等都有较高的要求。

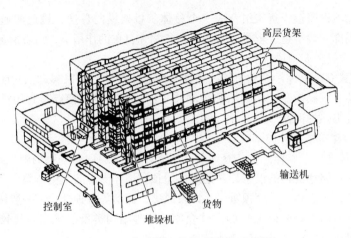

图 3-18　自动化立体仓库结构示意图

2. 高层货架

自动化立体仓库采用高层货架储存货物。其货架的结构类型根据仓库的用途和货物类型予以选择，一般采用钢铁结构单元货格式货架，配以托盘或货箱存放货物。各个货位的唯一地址由其所在货架单元货格的排数、列数及层数来确定，自动出入库系统据此对所有货位进行管理。

3. 巷道堆垛机

巷道堆垛机是用于自动存取货物的设备。在两排高层货架之间一般留有 1~1.5m 宽的巷道，巷道堆垛机在巷道内来回运动，巷道堆垛机上的升降平台可上下运动，升降平台上的存取货装置可对巷道机和升降机构确定的某一货位进行货物存取作业。

4. 出入库搬运系统

出入库搬运系统是立体仓库的主要外围设备（通常称为周边设备），用于将货物运送到高层货架的巷道口或从巷道口将货物搬走。出入库搬运系统一般包括输送机、自动导向搬运车和叉车等。立体仓库常用的输送机一般有辊道输送机、链板输送机和带式输送机等，其作用是配合巷道堆垛机完成货物的输送、转移、分拣等作业。

5. 自动控制与管理系统

自动化立体仓库通过计算机、管理信息系统和自动控制系统，对货物的存取和出入库进行管理，同时对巷道堆垛机和出入库搬运系统进行控制。计算机中心或中央控制室接收到出库或入库信息后，由管理人员通过计算机发出出库或入库指令，巷道堆垛机、自动分拣机及其他周边搬运设备按指令起动，共同完成出库或入库作业，管理人员对此过程进行全程监控和管理，保证存取作业顺利进行。

三、自动化立体仓库的总体布置

1. 自动化立体仓库的区域布局

在规划和使用自动化立体仓库时，通常可以根据不同的用途，将仓库的平面布局划分成若干不同的功能区域，以便于进行仓库设备布置和作业管理。自动化立体仓库一般可以划分为入库区、出库区、储货区、拣货区、暂存区和管理区等功能区域。各个区域的大小和位置需要根据仓库规模、设备安装和仓储作业工艺特点及要求等因素来合理确定。同时，还要考虑货物的合理流程，使货物的流动畅通无阻，这将直接影响到自动化立体仓库的功能和效率。图 3-19 所示为自动化立体仓库的典型区域布局示意图。

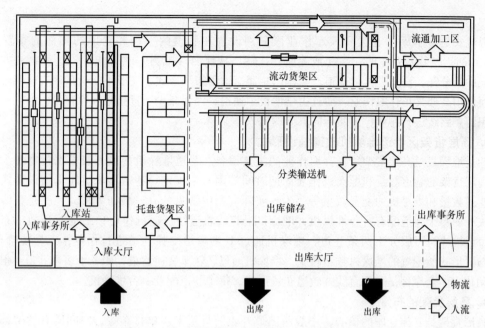

图 3-19 自动化立体仓库的典型区域布局示意图

2. 高层货架储存区的布局形式

自动化立体仓库高层货架储存区的布局形式主要取决于其入库作业区和出库作业区的布置方式；而且，出入库作业区位置的布局，同时也决定了立体仓库内货物的流动形式。常见的布局形式主要有同端出入式、贯通式和旁流式三种（图 3-20）。

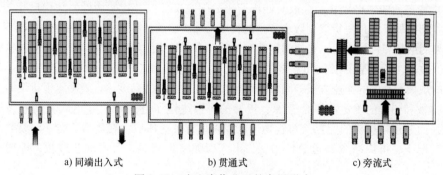

a) 同端出入式   b) 贯通式   c) 旁流式

图 3-20 出入库作业区的布局形式

（1）同端出入式

同端出入式是将货物的出库作业区和入库作业区都设置在巷道的同一端（图 3-20a）这种布置形式由于采用就近入库和出库原则，因此能缩短出库入库周期；特别是在仓库存货不满、储位随机安排时，其优点尤为明显。而且，入库作业和出库作业设在同一区域也便于集中管理。因此，一般立体仓库都优先采用同端出入布局形式。

（2）贯通式

贯通式是将出库作业区和入库作业区分别设置在巷道两端的布置形式（图 3-20b）。货物从巷道的一端入库，从巷道的另一端出库。这种方式总体布置简单，便于操作和维修保养。但是，对于每一个货物单元来说，要完成它的入库和出库的全过程，堆垛机需要穿过整条巷道，而且要不同程度地将库内物流分开。

（3）旁流式

旁流式是将出库作业区和入库作业区分别设置在巷道的一端和仓库的侧面的布置形式（图3-20c）。货物从仓库的一端（或侧面）入库，从侧面（或另一端）出库。这种物流方式要求货架中间分开，设立进出货通道，与侧门相通。这种布局形式，一般不便于采用有轨巷道堆垛机，而使用高架叉车存取作业。而且由于增设了通道，因而减少了货格数和库存量。但它可以同时组织两条路线进行作业，方便不同方向的出入库。

3. 高层货架区巷道堆垛机轨道铺设形式

巷道堆垛机是高层货架货物存取作业的主要设备。巷道堆垛机数量一般根据货物出入库频率、高层货架的巷道数量和堆垛机作业周期时间等因素来确定。巷道堆垛机轨道铺设形式则取决于巷道数量和堆垛机的配置数量等因素。实际应用中常见的有三种布置形式：一是直线式布置形式，即每个巷道配有一台堆垛机，堆垛机沿直线轨道往复运行作业；二是U形轨道布置形式，每台堆垛机可服务于两条巷道，堆垛机通过U形弯道变换巷道进行作业；三是转轨车式，这种布置形式所配置的堆垛机数量较少，堆垛机通过转轨车变换巷道，服务于多条巷道。但大多数自动化立体仓库都是采用直线式轨道布置形式，每个巷道配置一台堆垛机。

4. 高层货架的布置

高层货架是立体仓库的核心，一般两侧最外边的货架采用单排布置，中间所有货架都采用双排并靠布置，每两排货架之间形成巷道；巷道的宽度是由巷道堆垛机的宽度和巷道堆垛机与货架之间的间隙（一般为75～100mm）所决定的。

高层货架的整体结构和布置，主要应根据单元货格尺寸以及货架长度、宽度、高度及排数等参数进行考虑。

单元货格的尺寸对仓库的有效利用和仓库作业的顺利进行产生直接的影响。单元货格的尺寸取决于货物单元的规格尺寸、存放时四周留出的间隙尺寸以及货架构件的结构尺寸。

高层货架整体长度是由货架列数和货格的长度尺寸决定的。在货格总数一定的情况下，货架的列数与货架的层数和排数有关，货架的层数和排数越多，货架的列数越少，货架长度就越短。

货架高度取决于货架的层数和货格的高度尺寸。货架高度应根据仓库建筑物高度、货架的类型、仓库的规模和仓库的作业方式等因素来确定。确定了仓库的高度，也就确定了货架的层数。

货架排数和列数的确定需综合考虑，货架的排数决定了巷道数，巷道数又与巷道堆垛机的配置有关，而巷道堆垛机的配置又与货物出入库频率有关。所以，在规模比较小、货物出入库频率不高的情况下，可以减少巷道数；相反，出入库频率较高时，可增加巷道数，即增加货架的排数。

货架的长度与高度之间有一定的比例关系，货架的长度过短则不能有效发挥巷道堆垛机的作用，在高度一定的情况下，又会增加巷道数和巷道堆垛机台数。但是，货架的长度也不宜过长，因为过长会增加巷道堆垛机存取货物的走行距离，进而影响作业效率。

单排货架的宽度等于货格的深度；货架的整体宽度则由单排货架宽度、货架排数、巷道数量及其宽度等因素决定。

5. 高层货架区与出入库作业区的衔接布局

自动化立体仓库的出入库作业区与高层货架区的衔接方式，对立体仓库的作业速度和效率有较大的影响。一般来说，其衔接方式通常可采用堆垛机与叉车、堆垛机与自动导引车（AGV）、堆垛机与输送机及其他搬运机械等多种方式。常用的衔接方式主要有以下几种：

（1）叉车—出入库货台方式

这种方式是在每一个巷道口处即高层货架的外端设立一个放置货物的平台（图3-21）。入库时，叉车将货物单元从入库作业区运送到入库货台，再由高层货架区内的堆垛机取走送入货位；出库时，由堆垛机从货位取出货物单元，放到出库货台，然后由叉车取走，运送到出库作业区。

（2）连续输送机方式

这种方式是在巷道口处即高层货架的外端设置一套连续输送机（图 3-22 所示为辊道式输送机方式），与巷道堆垛机组成出入库搬运系统。这种衔接方式是一些大型立体仓库和生产流水线立体仓库经常采用的方式，整个出入库系统可根据需要设计成各种类型。这种出入库输送系统可以设在同一端，既可入库又可出库，也可以分开设置在仓库的两端或同端不同的平面内。通常还可配置一些升降台以及称重、检测和分拣装置，以满足需求。

图 3-21　叉车—出入库货台方式

图 3-22　连续输送机方式

（3）自动导引车—出入库货台方式

这种衔接方式是由自动导引车（AGV）和巷道堆垛机组成的出入库系统。在一些与自动化生产线相连接的自动化立体仓库（如卷烟厂的原材料库等）中经常采用这种方式，这种方式的最大优点是系统柔性好，可根据需要增加自动导引车 AGV 的数量，是一种全自动的货物输送系统（图 3-23）。

（4）穿梭车方式

这种衔接方式是由巷道堆垛机、穿梭车和出入库输送机组成的出入库系统（图 3-24）。穿梭车是在固定轨道上运行的搬运台车，它可以按照指令将货物运送到指定货架外端或将巷道堆垛机取出的货物运出。由于穿梭车具有动作敏捷、容易更换的特点，因此也被广泛地应用在自动化系统中，是一种高效的出入库输送系统。

图 3-23　自动导引车—出入库货台方式

图 3-24　穿梭车方式

第五节　仓库出入库站台及装卸系统

仓库出入库站台和装卸系统是仓库衔接各种运输车辆的固定设施，是实现仓库高效运转的一个至关重要的环节。仓库出入库的装卸作业速度直接影响到仓库和运输车辆的周转速度。如果没有出入库站台，仓储货物的发运和接收都需要对货物进行垂直装卸，增加了装卸作业的难度，降低了装卸速度；如果货物通过出入库站台，就可实现货物的水平装卸和搬运，货物无需提升就可直接装入车厢，既方便又省力，可以使装卸速度大大提高。

一、仓库出入库站台

仓库出入库站台（简称仓库站台，也称为仓库月台），是指仓库中供货运车辆停靠，便于进行货物装卸的平台或装置。仓库站台的高度一般为 1.2～1.4m，宽度一般为 4m 左右。

1. 仓库出入库站台的布置形式

仓库出入库站台的布置形式常见的有正面停靠型、侧面停靠型和锯齿形停靠型等。

1）正面停靠型　正面停靠型站台沿仓库出入口直线布置，货车以尾部正面靠向站台，通过货车尾部箱门装卸货物（图 3-25）。这种形式是应用最广泛的布置形式，其优点是车辆占用站台面积小，可以同时停靠多辆货车进行作业；其缺点是车辆旋转纵深较大，需要较大的外部场地，且只能组织一个装卸工位对车辆进行装卸，装卸速度相对较慢。

2）侧面停靠型　侧面停靠型站台与正面停靠型站台一样，也是沿仓库出入口直线布置，但货车以侧面靠向站台，通过货车侧面箱门装卸货物（图 3-26）。这种布局形式的优点是车辆装卸工位较长，装卸速度相对较快；其缺点是车辆占用站台面积较大，能停靠的车辆较少。这种形式一般适用于侧面开门的货车，或者考虑仓库出入大门和停车场地的布局，只适宜顺向停车的场合。

图 3-25　正面停靠型站台

图 3-26　侧面停靠型站台

3）锯齿形停靠型　锯齿形停靠型站台与仓库出入口方向呈锯齿形布置，货车以其尾部和侧面同时靠向站台（图 3-27）。这种形式的优点在于车辆调转纵深较浅，并且装卸货可以从两面或三面（锯齿深的形成港池型）同时进行；但缺点是车辆占用站台面积较大，停靠车辆较少，而且建筑结构较复杂。锯齿形停靠型站台一般适用于外部场地较小的场合。

2. 仓库站台周边布局形式

考虑到仓库装卸作业效率、空间布局和作业安全，站台的周边布局形式有内围式、平齐式和开放式三种。

1）内围式 内围式结构是把站台布置在库房之内，进出货车辆直接通过仓库大门开入库房装卸货。这种形式对货物的保护性好，装卸作业不受风雨影响，但车辆进出作业不方便，一般应用较少。

2）平齐式 平齐式结构是把站台设在仓库出入口里面，其外侧与仓库出入口外墙平齐，整个站台与库房成为一体。这种结构货物作业处在仓库里面，受风雨影响较小，对货物的保护性较好（但不如内围式），车辆进出和装卸作业方便安全。保温冷藏仓库一般采用这种站台布置形式，保温效果较好。

图3-27 锯齿形停靠型仓库站台

3）开放式 开放式站台就是把站台设在仓库外面，与仓库出入口连通（参见图3-25）。开放式站台作业时货物不受遮掩保护，为此通常需要搭建防雨檐遮挡。但车辆进出和装卸作业方便安全，所以应用比较广泛。

3. 仓库站台高度调节设备

仓库站台的作用是使叉车和托盘搬运车等装卸设备能够方便地进入车厢进行装卸作业，所以理想的仓库站台高度应当与车辆货台高度一致，使车厢底板与站台处于同一平面。但是，仓库站台高度通常都是固定的，而货车车厢底板高度有高有低，没有统一标准。因此，为了车辆在站台上能够顺利进行装卸作业，需要配置相应的站台高度调节装置，用以协调仓库站台与货车装载平面的高度差，以便于装卸设备能够顺利进车装卸。常用的仓库站台高度调节设备主要有以下几种类型：

（1）仓库站台登车桥

仓库站台登车桥也称为仓库站台升降平台或站台高度调节板，如图3-28所示，它安装在站台上仓库出入门口处，当货车底板平面与货场站台平面有高度差时，可以通过其顶面平板的仰俯升降调整站台的高度，使站台高度与车底板高度一致，以便于叉车和托盘搬运车等设备无障碍地进入车厢内装卸货物。

图3-28 仓库站台升降平台

（2）货车升降平台

货车升降平台是用于调整货车后轮或整车的高度，使车底板高度与站台高度一致，以便于货物装卸的一种举升装置，如图3-29所示。这种升降平台一般多用于平齐式仓库站台。

（3）车尾附升降台

车尾附升降台装置是货车尾部的专用卸货平台。在货物装卸作业时，可利用此平台将货物装上货车或卸至仓库站台。升降台可延伸至仓库站台上，用于协调车厢底板与仓库站台的高度差；也可以直接倾斜放至地面，适用于无站台设施的场所装卸货物（图3-30）。

图 3-29　货车升降平台

图 3-30　车尾附升降台

4. 移动式登车桥

移动式登车桥实际上是一种移动式出入库装卸货站台，其桥板后端着地，前端下方有可升降的支腿和行走滚轮，可以方便地在地面上移动，并且可以调整前端的高度，如图 3-31 所示。进行装卸作业时，将其前端搭接在货车底板上，叉车和搬运小车即可沿桥板登进车厢内装卸货物。它作为移动式装卸货站台，适用于没有固定仓库站台的场合进行装车卸车作业，并且可以根据作业需要方便地更换作业场地。

图 3-31　移动式登车桥

二、连续输送机出入库装卸系统

一般仓库货物的出入库装卸，大多数是利用叉车和托盘搬运车等装卸搬运设备，通过仓库站台直接进车装卸。这种装卸作业方式属于间歇式作业方式，货物通常需要多个作业环节、多次起落搬运，而且人员和设备都需要反复往返运动，作业效率较低，劳动消耗较大。而如果采用连续输送设备进行出入库装卸作业，则通过连续输送机将仓库出入口与车辆连接起来，利用输送机连续运动的优势，可以减少货物的搬动作业环节和作业次数，从而可以提高出入库装卸作业速度和效率。特别是对于采用自动化分拣和出入库输送系统的现代仓库，仓库中分拣输送设备的出口端可以与仓库出入库站台合二为一，货车停靠在站台端部，分拣输送设备分选的货物可以通过输送设备直接输送到货车中，完成无缝化连续装卸作业，可以使出入库装卸作业速度和效率大大提高。常用的连续输送机出入库装卸系统主要有以下几种类型：

1. 伸缩式皮带输送机出入库装卸系统

伸缩式皮带输送机出入库装卸系统是指采用伸缩皮带输送机进行装卸作业的系统（图 3-32）。伸缩式皮带输送机，又称为伸缩式装车机，它可以在长度方向上自由伸缩，任意调整输送机的长度；它可以双向运转输送物料，也可以与其他输送设备和物料分拣系统配合使用，实现物料出入库或车辆装卸的自动化作业。进行作业时，伸缩式皮带输送机伸进货车车厢内，由人工在车内作业，将货物从皮带机上取下并在车内堆码，或将卸车的货物装到皮带输送机上。皮带输送机可由车内人员进行操作控制。

图 3-32 伸缩式皮带输送机出入库装卸系统

伸缩式皮带输送机出入库装卸系统一般用来装卸普通包装货物，其优点是操作简单，使用方便，不工作时，输送机容易缩回，占地面积较小，在各行业中均得到了广泛的应用。

2. 移动式输送机出入库装卸系统

移动式输送机出入库装卸系统采用移动式输送机进行车辆装卸，它可以方便地更换作业场地，以适应不同仓库出入库位置的需要（图3-33）。该装卸系统可以用于普通仓库出入库装卸，也可以与仓库自动分拣线输出系统进行衔接，仓库内分拣完成后的货物可以通过其内部的输送装置输出，然后通过移动式输送机将货物直接送入货车上；卸车的过程与此相反。移动式输送机出入库装卸系统可以采用带式输送机、辊子输送机或链板式输送机。

3. 悬挂输送机装卸系统

图 3-33 移动式输送机出入库装卸系统

悬挂输送机装卸系统一般用于邮政包裹、服装、冷鲜肉食品等货物的装载，也可用于其他非托盘货物（如环状货物等）的装载。装卸作业时，用一根可伸缩的轨道将仓库内的输送系统与货车连起来，将货物直接送入车厢内。

三、仓库门封和门罩及其他辅助设备

门封和门罩是仓库出入口的附属装置，用来封闭货车和仓库出入口之间的间隙（图3-34）。仓库门封和门罩可以有效地控制装卸环境，保护货物，对于保温和冷藏作业环境（如冷库和冷藏车装卸），还能够减少能量消耗，提高安全性。

a) 门封　　　　　　　　　　b) 门罩

图 3-34 仓库门封和门罩

仓库的其他辅助设备还包括计量设备、养护设备及安全设备等。

复习思考题

1. 仓储技术装备有何功用？它具有哪些特点？
2. 简述仓库的概念及功能。
3. 仓库的种类有哪些？简述常见仓库的结构形式及适用范围。
4. 简述货架的功用和分类。
5. 常用货架有哪些类型？试述常用货架的结构特点及适用范围。
6. 何谓自动化立体仓库？它具有哪些特点？
7. 自动化立体仓库由哪些部分构成？
8. 说明自动化立体仓库总体布置的内容和布局形式。
9. 仓库出入库站台的作用是什么？有哪些布局形式？
10. 仓库站台高度调节装置有哪些类型？简述其作用原理。
11. 仓库出入库连续输送机装卸系统有哪些类型？

第四章

装卸搬运设备

----- **本章学习目标**: --

1. 理解装卸搬运的概念及作业特点，熟悉装卸搬运设备的分类；
2. 掌握常用起重设备的主要类型、基本结构、主要技术参数及其应用；
3. 掌握常用连续输送设备的主要类型、基本结构及其应用；
4. 掌握叉车的基本结构和主要技术参数，熟悉常用叉车的结构类型及其应用；
5. 熟悉巷道堆垛机的功用、主要类型和基本结构。

第一节 概 述

一、装卸搬运的概念及特点

1. 装卸搬运的概念

装卸是指物品在指定地点以人力或机械载入或卸出运输工具的作业过程；搬运是指在同一场所内，对物品进行空间移动的作业过程。通常所指的装卸搬运则是在同一物流节点内（如仓库、车站或码头等），以改变货物存放状态和空间位置为目的的作业活动。"装卸"主要是以垂直位移为主的货物运动形式，"搬运"则是以水平方向为主的位移。有时候或在特定场合，单称"装卸"或单称"搬运"也包含了"装卸搬运"的完整含义。

物流的各环节和同一环节的不同活动之间，都必须进行装卸搬运作业。在运输的全过程中，装卸搬运时间占全部运输时间的 50% 左右。装卸搬运作业把物流活动的各个阶段连接起来，成为连续的流动过程。

2. 装卸搬运的作业特点

装卸搬运作业具有以下特点：

1）装卸搬运作业量大 物流过程中的每一个环节基本上都包含着货物的装卸搬运作业，特别是装卸搬运作业总是伴随着货物运输而发生，而且装卸作业量会随运输方式的变更、仓库的中转、货物的集疏以及物流的调整等有大幅度增加。

2）装卸搬运方式复杂 在物流过程中，货物是多种多样的，它们在性质上、形态上、重量上、体积上以及包装方法上都有很大的区别。即使是同一种货物，在装卸搬运前的不同处理方法，也可能会产生完全不同的装卸搬运作业。单件装卸与集装化装卸、水泥袋装装卸搬运与散装装卸搬运都存在着很大的差别。从装卸搬运的结果来看，有些货物经装卸搬运要进行储存，而有些经装卸搬运后则进行运输。不同的储存方法、运输方式在装卸搬运的设备运用和装卸搬运方式的选择上，都提出了不同的要求。

3）装卸搬运作业不均衡　在生产领域，由于生产活动要有连续性、比例性和均衡性，企业内部装卸搬运相对也比较均衡。然而，物资进入流通领域后，由于受到产需衔接和市场机制的制约，物流量有较大波动。从另一方面看，各种运输方式由于运量和运速的不同，使得港口、码头及车站等不同物流节点也会出现集中到货或停滞等待的不均衡装卸搬运。

4）装卸搬运对安全性的要求较高　装卸搬运作业需要与设备、货物及其他劳动工具相结合，工作量大，情况变化多，作业环境复杂，这些都导致了装卸搬运作业中存在着不安全的因素和隐患。装卸搬运同其他物流环节相比，导致出现不安全问题的因素较多。装卸搬运的安全性，涉及人员、物资和设备的安全。在装卸搬运中，机毁人亡等事故已屡见不鲜，造成的货物损失数量也是巨大的。因此，必须高度重视装卸搬运的安全作业问题，创造适宜装卸搬运作业的作业环境，改善和加强劳动保护，对任何可能导致不安全的现象都应设法根除，防患于未然。

二、装卸搬运设备的作用

装卸搬运设备是指用来装卸、升降、搬移和短距离输送货物的机械设备。它是物流过程中非常重要的机械设备，可以用于完成船舶与车辆货物的装卸，库场货物的堆码、拆垛和移运，以及舱内、车内和库内货物的起重搬运与输送等作业。装卸搬运设备在物流活动中的作用，主要体现在以下几个方面：

① 实现装卸搬运作业机械化、自动化甚至智能化，减轻工人的劳动强度，改善劳动条件，节约劳动力。

② 提高装卸搬运作业速度，缩短装卸搬运作业时间，加速运输工具的周转，全面提高物流速度。

③ 提高装卸搬运作业的质量，保证货物安全，减少货物损坏。

④ 提高装卸搬运作业的效率，降低装卸搬运作业成本。装卸搬运设备的应用可以有效地提高装卸搬运作业效率，使每吨货物分摊到的作业费用相应地减少，从而使作业成本降低。

⑤ 充分利用仓库和货场的货位，加速货位的周转，提高空间利用率，减少货物堆码的场地面积。采用机械设备作业，货物堆码高度高，而且装卸搬运速度快，可以及时腾空货位，减少场地占用面积。

三、装卸搬运设备的分类

装卸搬运设备所处理的货物来源广泛，种类繁多，而且外形和特性各不相同，如箱装货物、袋装货物、桶装货物、散货、易燃易爆货物及有毒物品等。为适应各类货物的装卸搬运和满足装卸搬运过程中各个环节的具体要求，装卸搬运设备的种类也是多种多样，因而分类方法也很多。常按以下方法进行分类：

1）按照主要用途和结构特征分类　按照主要用途和结构特征的不同分类，装卸搬运设备可分为起重设备、连续输送设备、装卸搬运车辆和专用装卸搬运设备等类别。其中，专用装卸搬运设备是指带专用取物装置的装卸搬运设备，如船舶专用装卸搬运设备、集装箱专用装卸搬运设备和托盘专用装卸搬运设备等。

2）按照作业方向分类　按照作业方向的不同分类，装卸搬运设备可分为：

① 水平方向作业的装卸搬运设备。这类装卸搬运设备的主要特点是沿地面平行方向实现货物的空间转移，如各种机动、手动搬运车辆，以及各种皮带式、链板式输送机等。

② 垂直方向作业的装卸搬运设备。这类装卸搬运设备所完成的是货物沿着地面垂直方向的

上、下运动，如各种升降机和堆垛机等。

③ 混合方向作业的装卸搬运设备。这类装卸搬运设备综合了水平方向和垂直方向两类装卸搬运设备的特点，在完成一定范围垂直作业的同时，还要完成水平方向的移动，如门式起重机、桥式起重机、叉车和巷道堆垛起重机等。

3）按照被装卸搬运的货物形态分类 按照被装卸搬运货物特点的不同分类，装卸搬运设备可分为：

① 包装成件货物的装卸搬运设备。包装成件货物一般是指怕湿、怕晒、需要在仓库内存放并且多用棚车装运的货物，如日用百货、五金器材等。这种货物的包装方式很多，主要有箱装、筐装、桶装、袋装和捆装等。该类货物一般采用叉车，并配以托盘进行装卸搬运作业，还可以使用场地牵引车和挂车、带式输送机等解决包装成件货物的搬运问题。

② 长大笨重货物的装卸搬运设备。长大笨重货物通常是指大型机电设备、大型钢材、原木和混凝土构件等，具有长、大、重且结构和形状复杂的特点。这类货物的装卸搬运作业通常采用轨道式起重机和自行式起重机进行搬运。在长大笨重货物运量较大并且货流稳定的货场和仓库中，一般配备轨道式起重机；在运量不大或作业地点经常变化时，一般配备自行式起重机。

③ 散装货物的装卸搬运设备。散装货物通常是指成堆搬运、不能计件的货物，如煤、焦炭、沙子、白灰和矿石等。散装货物一般采用抓斗起重机、装卸桥、链斗装车机和输送机等进行装卸搬运作业。

④ 集装箱货物的装卸搬运设备。集装箱一般采用专用的装卸搬运设备进行作业，例如集装箱船的装卸采用岸边集装箱装卸桥，集装箱堆场一般采用轮胎式集装箱门式起重机或集装箱正面吊运起重机进行装卸搬运作业，还可采用专用集装箱叉车和集装箱跨运车等进行装卸搬运作业。

随着物流现代化的不断发展，装卸搬运设备将会得到更为广泛的应用。发展多类型的、专用的装卸搬运设备，以适应货物的装卸搬运作业要求，是今后装卸搬运设备的发展方向，并要通过采用新技术、新材料和新设备，逐步实现装卸搬运设备的系列化、标准化、通用化和集成化，增大装卸搬运设备作业的范围，提高装卸搬运作业的机械化程度。

第二节 起 重 设 备

一、概述

1. 起重设备的概念和基本工作过程

起重设备是用来吊起货物、垂直升降货物或兼作货物小范围水平移动的机械。起重设备是一般重型货件搬运的主要设备，广泛应用于港口、车站、仓库、工厂及建筑工地等生产和物流作业场所。

一般起重设备的基本工作过程为：取物装置从取物点抓取货物，起升机构提起货物垂直起升，运行机构或旋转机械将货物进行水平运移，到达指定位置将货物垂直降落并卸下，接着进行反向运动，使取物装置返回到原位，以便进行下一轮工作循环，即吊取货物—垂直提升—水平运移—垂直降落—卸下货物—空吊返回。

由此可见，起重设备的运动是间歇的、往复循环式的运动，每一个工作循环中都包括载货行程和空返行程。在两个工作循环之间，一般有短暂的停歇。所以，起重设备工作时，各机构经常是处于起动与制动、正向与反向等相互交替的运动状态之中。

2. 起重设备的分类

起重设备按其起重量及结构特征的不同可分为三大类。

1）轻小型起重设备　轻小型起重设备一般只有一个升降机构，使货物作升降运动，在某些场合也可作水平运输。轻小型起重设备主要有手拉葫芦、电动葫芦和卷扬机等。它们具有轻小简练、使用方便的特点，适用于流动性和临时性的作业，手动的轻小型起重设备尤其适宜在无电源的场合使用。

2）桥式起重机　桥式起重机配有起升机构、大车运行机构和小车运行机构。依靠这些机构配合动作，可在整个长方形场地及其上空作业，适用于车间、仓库和露天堆场等场所。桥式起重机包括通用桥式起重机、门式起重机、桥式堆垛起重机、装卸桥和冶金专用起重机等多种类型。

3）臂架式起重机　臂架式起重机配有起升机构、旋转机构、变幅机构和运行机构，液压起重机还配有伸缩臂机构。依靠这些机构的配合运作，可以在圆柱形场地及上空作业。臂架式起重机可装在车辆上或其他运输工具上，构成运行臂架式起重机，这种起重机具有良好的机动性，可适用于码头、货场和矿场等场所。臂架式起重机主要包括汽车起重机、轮胎起重机、履带式起重机、塔式起重机、门座式起重机、浮式起重机和铁路起重机等。

4）其他起重设备　除了上述起重机以外，升降机也可用于起重，如电梯、液压升降机等。

物流装卸搬运作业中常用起重设备的分类详见图4-1。

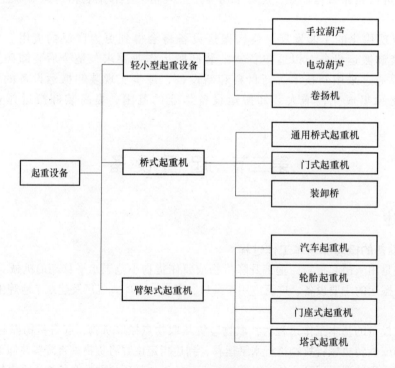

图4-1　起重设备的分类

3. 起重设备的使用特点

① 起重设备通常具有庞大的金属承载结构和比较复杂的起重工作机构，能完成比较复杂的复合运动，作业过程中通常是几个不同方向的运动同时操作，技术难度较大。

② 所吊运的货物种类多，载荷变化的范围大。

③ 有些起重设备，需要载运人员直接在导轨、平台或钢丝绳上作升降运动，存在许多潜在的危险因素，其可靠性直接影响人身安全。

④ 起重设备的工作环境非常复杂，大多数起重设备需要占用较大的作业空间。作业场所常常会遇有高温、高压、易燃易爆和输电线路等危险因素，对设备和作业人员形成威胁。

⑤ 起重设备在作业时通常需要多人配合、共同协作才能完成一项作业，因此，要求相关作业人员必须密切配合、动作协调。

二、轻小型起重设备

常用的轻小型起重设备主要有手拉葫芦、电动葫芦和卷扬机等。

1. 手拉葫芦

手拉葫芦（图 4-2）是以焊接环链作为挠性承载件的起重工具，可单独使用，也可与手动单轨小车配套组成起重小车，用在手动梁式起重机或架空单轨运输系统中。手拉葫芦的构造及传动形式很多，有二级正齿轮式手拉葫芦和行星摆线针齿轮式手拉葫芦，二级齿轮式手拉葫芦用得最多。常用的手拉葫芦为 HS 型和 HSZ 型（重级）。

图 4-2 手拉葫芦

2. 电动葫芦

电动葫芦是将吊具、钢丝绳、卷筒、电动机、减速器及制动器等部件集合为一体的轻小型起重设备。它结构紧凑、自重轻、操作方便，可以单独作为起重设备使用（图 4-3a）。另外，电动葫芦也可以作为单轨梁式起重机、桥式起重机和龙门式起重机等各式起重机的起升机构，是起重机的核心装置（图 4-3b）。

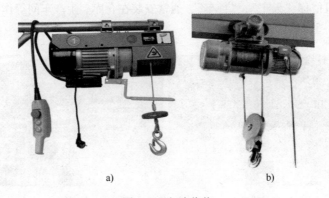

a)   b)

图 4-3 电动葫芦

根据承重构件的不同，电动葫芦有钢丝绳式电动葫芦、环链式（焊接链式）电动葫芦及板链式电动葫芦三种类型。根据应用场合的不同，电动葫芦除一般用途的类型外，还有防爆、防蚀及冶金专用型。电动葫芦工作类型一般为中级，当需要重级工作类型时，必须单独设计，在结构上也应作相应的考虑，如采用双制动器等。电动葫芦的操纵方式，多数采用地面跟随操纵，也有采用驾驶室操纵或有线、无线遥控操纵。

钢丝绳电动葫芦因工作平稳、安全可靠，且起重量、起升高度及起升速度均较大，故应用最普遍。

3. 卷扬机

卷扬机也称为绞车，是由动力驱动的卷筒通过挠性件（钢丝绳、链条）起升、运移重物的起重设备（图4-4）。在起重设备中，卷扬机通常作为臂架式起重机的起升装置使用。卷扬机按用途可分为建筑用卷扬机、林业用卷扬机、船用卷扬机和矿业用卷扬机；按卷筒数量可分为单筒卷扬机、双筒卷扬机和多筒卷扬机；按速度可分为快速卷扬机、慢速卷扬机和多速卷扬机。

图4-4　电动卷扬机

三、桥式起重机

桥式起重机的基本结构特点是都具有一个横跨于厂房两边墙壁立柱或露天货场两端运行轨道之上的桥架式金属结构，故称为桥式起重机。常用的桥式起重机包括通用桥式起重机、门式起重机和装卸桥等类型，主要适用于厂房车间、仓库和露天货场等固定作业场所进行物料装卸和吊运作业。桥式起重机的基本结构一般都是由金属结构、起重小车（包括起升机构和小车运行机构）、大车（整机）运行机构和电气控制设备四个部分组成。

桥式起重机的基本运动包括起升机构垂直升降运动、起重小车沿主梁横向水平运动和大车沿两侧轨道纵向水平运动，故这类起重机的工作范围是一个矩形立体空间，这三个运动的相互配合，可以保证吊起的货物在矩形立体作业空间内任意移动。

1. 通用桥式起重机

通用桥式起重机俗称"天车"、"行车"，通常安装在仓库、生产车间等作业场所的两侧墙壁立柱的上方，如图4-5所示。

a) 单梁式　　　　　　　　　b) 双梁式

图4-5　通用桥式起重机

（1）通用桥式起重机的基本结构

通用桥式起重机由金属结构、起重小车、大车运行机构和电气控制设备四个部分组成。

1）金属结构　起重机的金属结构部分是起重机的机架，它主要用于安装其他各部分工作装置，承受吊重、自重和大车、小车制动停止时产生的惯性力等各种负荷。

通用桥式起重机的金属结构由水平主梁及其两端的端梁构成。主梁横跨于厂房两边墙壁立柱的上方，两端的端梁底部装有滚轮，通过滚轮支承在两端的大车运行轨道上。

通用桥式起重机的主梁有单梁式（图4-5a）和双梁式（图4-5b）两种类型。单梁式通用桥式起重机结构简单，承载能力较低，适用于货件重量较小的场合；双梁式通用桥式起重机结构较复杂，承载能力较强，适用于起吊重型货件。

2）起重小车　起重小车安装在起重机的主梁上，能够沿着主梁上的小车运行轨道横向往返移动搬运货物。

起重小车由起升机构、小车运行机构和小车架等部分组成。起升机构由吊具、钢丝绳、卷筒以及电动机和减速器组成，是起重机最基本、最主要的工作机构，担负货物起吊上升和下降的工作。

小车运行机构由小车滚轮、电动机、减速器和制动器以及主梁上的小车运行轨道等组成，能驱动起重小车沿着主梁水平横向往返移动。单梁式通用桥式起重机一般以主梁底部翼板构成小车运行轨道，起重小车吊挂安装在起重机的主梁上（图4-6a）；双梁式通用桥式起重机都是以两条主梁顶平面构成小车运行轨道，起重小车横跨安装在两条主梁上方（图4-6b）。所以，双梁式通用桥式起重机的起重小车本身的承载能力高于单梁式通用桥式起重机。

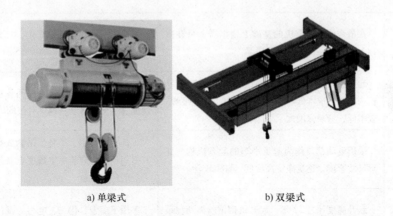

a) 单梁式　　　　　　　　b) 双梁式

图4-6　起重小车

3）大车运行机构　起重机大车就是指起重机整机。大车运行机构由安装在桥架两端端梁底部的车轮、电动机、减速器、传动器和制动器以及大车运行轨道等组成，能够驱动起重机整机沿着大车运行轨道水平纵向往返移动吊运货物。通用桥式起重机的大车运行轨道布置在仓库、车间两边墙壁或者立柱的顶部。

4）电气控制设备　通用桥式起重机的电气控制设备包括大车和小车集电器、保护盘、控制器、电阻器、电动机、照明设备、电气线路及各种安全保护装置。

（2）通用桥式起重机的主要类型与用途

常用通用桥式起重机的主要类型及其用途参见表4-1。

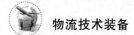

表 4-1 常用通用桥式起重机的主要类型及其用途

类　别	特　点	用　途
吊钩桥式起重机	取物装置是吊钩或吊环，起重量超过 10t 时，常设主、副两套起升机构。各机构的工作速度根据需要可用机械或电气方式调速	适用于机械加工、修理、装配车间或仓库、料场做一般装卸调运工作。可调速的起重机用于机修、装配车间的精密安装或铸造车间的慢速合箱等
抓斗桥式起重机	取物装置常为四绳抓斗，起重小车上有两套起升装置，可同时或分别动作以实现抓斗的升降和开闭	适用于仓库、料场和车间等进行散装物料的装卸吊运工作
电磁桥式起重机	取物装置是电磁吸盘，起重小车上有电缆卷筒将直流电源用挠性的电缆送至电磁吸盘上，依靠电磁吸力吸取导磁物料。其吊运能力随物料性质、形状、块度大小而变化	适用于吊运具有导磁性的金属材料，一般只用于吊取 500℃ 以下的黑色金属
两用桥式起重机	取物装置是抓斗和电磁吸盘，或是抓斗和吊钩，或是电磁吸盘和吊钩。起重小车上有两套各自独立的起升机构，分别驱动取物装置，但两个取物装置不能同步工作	适用于吊运物料经常变化，且生产率要求较高的场合
三用桥式起重机	在吊钩桥式起重机的基础上根据需要可在吊钩上套挂电动抓斗或电磁吸盘	适用于吊运物料经常变化，且生产率要求较高的场合
手动桥式起重机	起升、运行机构均由人力拉动传动链来驱动。机构简单、成本低、维修保养方便。但速度慢、效率低，劳动强度大	适用于小水电站、机修车间等很少使用且要求速度慢、便于吊装物调整对位的场合
电动葫芦桥式起重机	采用电动葫芦作为起重小车的起升机构。外形尺寸紧凑，建筑净空高度低，自重较轻	可部分替代中、小吨位吊钩式桥式起重机，尤其适用于厂房建筑净空高度低及想要提高起重能力的老厂房改造
大起升高度桥式起重机	起升高度超过 22 米，起升机构钢丝绳卷绕系统采用了特殊方案	多用于冶金、化工、电力等部门需起升高度较大的检修、安装场合
双小车桥式起重机	在桥架上安放两台起重量相同的小车，可同时或单独使用。起升机构根据需要可变速	适用于水电站安装、检修发动机组、机车车辆安装和仓库料场吊运垂直于起重机大车轨道方向的长形物料
挂梁桥式起重机	取物装置为数个均匀安装在挂梁上的吊钩或电磁吸盘。挂梁与起重小车有挠性和刚性两种连接方式。挂梁有垂直和平行于起重机大车轨道方向两种。这种起重机对重载荷的重心偏移范围有一定的要求	适用于钢厂和仓库，搬运长形物料和板材的作业

（3）通用桥式起重机的特点

① 通用桥式起重机安装在仓库、生产车间等作业场所的上空，因而节省了占地面积，而且运行时不妨碍同一作业场地的其他工作。

② 通用桥式起重机本身无支腿，稳定性好，起重能力较大，工作速度较高，单机生产率高。

③ 除了在仓库、生产车间等室内使用以外，通用桥式起重机也可以在室外场合使用，但需要在装卸作业场地修建立柱或桥墩。

2. 门式起重机

门式起重机也称为龙门起重机或龙门吊。门式起重机的基本构造和组成与通用桥式起重机相同，二者的主要区别在于：门式起重机的金属结构由主梁及其两端下方的支腿组成，构成门形框架结构；支腿的下方装有刚性滚轮，可以在地面轨道上纵向运行，构成大车运行机构。

门式起重机的大车运行机构的行走方式大多数是轨道式的，也有部分门式起重机采用轮胎式行走方式，其支腿下方装有充气轮胎式车轮，可以在坚硬地面上行走，不需要铺设轨道。为了增加作业面积，有的门式起重机的主梁两端在支腿以外向外延伸，形成悬臂式外伸端。门式起重机具有场地利用率高、作业范围大、适用性广及通过性好等特点，在港口、车站、货场和码头得到了广泛的应用，其使用数量仅次于通用桥式起重机。

（1）门式起重机的分类

门式起重机按照主梁结构形式的不同可分为单梁门式起重机（图 4-7a）和双梁门式起重机（图 4-7b）。单梁门式起重机具有结构简单、制造和安装方便、自重轻，但整体刚度较弱，承载能力较小；双梁门式起重机具有承载能力强、跨度大、整体稳定性好，但结构较复杂，自重较大，造价较高。

a) 单梁式 　　　　　　　　　　　　　　 b) 双梁式

图 4-7 门式起重机

一般情况下，起重量在 50t 以下，跨度在 35m 以内，无特殊使用要求，宜选用单梁门式起重机；如果要求门腿宽度大，工作速度较高，或经常用于吊运重型货件、长大型货件，则宜选用双梁门式起重机。同时，企业在选用门式起重机时还应注意，由于跨度是影响门式起重机自身重量的重要因素，因此，在满足设备使用条件和符合跨度系列标准的前提下，应尽量减小门式起重机的跨度。

（2）门式起重机的特点

① 与通用桥式起重机相比，门式起重机的走行轨道直接铺设在作业场地，并且走行轨道面

的高度可与作业场地在同一平面上，因此，门式起重机下的货位面积和通道等能得到充分利用。

②门式起重机没有固定的永久性建筑物（只有走行轨道的基础埋置于地表面以下），可适应货场改建、变迁。

③大多数门式起重机两端带有一定长度的悬臂，不仅作业面积增大，货位得到充分利用，而且还可以对汽车与铁路车辆之间直接进行装卸和换装，提高了装卸效率，加速了车辆和货位的周转。

④轮胎式门式起重机不受轨道限制，具有一定的机动性。

3. 装卸桥

装卸桥是一种特殊的大型门式起重机，具有高大的桥架、较大的跨度和较长的悬臂，其跨度一般大于35m，起重量在40t以上。装卸桥主要用在港口码头、铁路车站、电厂和林区货场等场合，用于装卸煤炭、矿石、钢材和木材等大批量的散状物料，故其取物装置以双绳抓斗或其他专用吊具为主。装卸桥通常用于车辆和船舶的装卸作业，所以要求其具有较高的工作速度和生产率。装卸桥的起升机构和小车运行机构是工作性机构，速度较高，起升速度大于60m/min，小车运行速度在120m/min以上，最高达360m/min。为减小冲击力，常在小车上设置减振器。大车运行机构是非工作性机构，为调整装卸桥工作位置而运行，速度相对较低，一般为25m/min左右。

装卸桥的桥架结构形式有桁架式（图4-8a）和箱形门架式（图4-8b）两种。采用桁架结构可减小整机自身重量；而采用箱形门架式结构便于制造，结构强度更高。

a) 桁架式　　　　　　　　　　　　　　b) 箱形门架式

图 4-8　装卸桥

专门用于港口散货码头装卸船舶的岸边装卸桥如图4-9所示，又称为桥式抓斗卸船机，它是一种专门桥式起重机，其特点是在高大的门架上装设有轨桥架，使载重小车沿桥架运行。作业时，抓斗自船舱抓取散货并提升出舱后，载重小车（抓斗小车）向岸方运行，将散货卸入前门框内侧的漏斗内，经胶带输送系统送到货场。

另外，还有一种专门用于港口集装箱码头装卸船舶的岸边装卸桥，通常称为岸边集装箱桥式起重机（俗称

图 4-9　岸边装卸桥

桥吊），是集装箱码头船舶装卸的专用设备，在集装箱专用码头上得到广泛的应用。

门式起重机与装卸桥的主要分类及用途详见表4-2。

表4-2　门式起重机与装卸桥的主要分类及用途

分　类		特　点	用　途
门式起重机	通用门式起重机	门架机构有单主梁、箱形双梁和桁架等多种类型。取物装置分吊钩、抓斗和电磁吸盘，也可两用（吊钩＋抓斗、吊钩＋电磁吸盘、抓斗＋电磁吸盘）或三用（吊钩＋抓斗＋电磁吸盘）等	吊钩式起重机适用于车站、码头、工矿企业及物资部门的货场和露天仓库，装卸、搬运各种成件物品；抓斗门式起重机适用于煤、矿石和砂等各种散状物料的搬运；电磁门式起重机适用于冶金厂、机械厂装卸搬运钢材、铁块、废钢铁及铁屑等物料；两用及三用门式起重机用于物料经常变化的场合
	轨道式集装箱门式起重机	配有集装箱专用吊具或简易吊具，专用吊具可回转180°～360°	用于集装箱码头后方堆场和铁路集装箱枢纽站
	轮胎式集装箱门式起重机	采用柴油机-电动机驱动，每个充气轮胎均可绕其垂直轴旋转90°，还可绕一个车轮组旋转360°，并设有自动直线行驶系统	主要用于集装箱堆场的堆码、装卸和场内移动
装卸桥	通用装卸桥	用抓斗或其他抓具作取物装置，跨度大，起升和小车运行速度高，大车为非工作机构	用于电站煤场、矿场及木材场等
	岸边集装箱桥式起重机	前伸缩臂较长，吊具可伸缩、偏转、防摇等	用于集装箱码头岸边，作为集装箱装卸货船专用设备
	抓斗卸船机	前伸臂较长，采用独立的移动式司机室。操作方式分手动、半自动和自动三种	用于港口、内河岸边，作为煤矿石和粮食等散装物料的专用卸船或装船设备

4. 桥式起重机主要技术参数

起重机的技术参数是表明起重机工作性能的指标，是起重机正确选用的技术依据。桥式起重机的主要技术参数包括起重量、工作类型、起升高度、跨度及工作速度等。

（1）起重量（G）

起重量是起重机安全工作所允许起吊的最大重量，称为额定起重量，单位为kg或t，通常用G表示，它是表示起重机工作能力的重要参数。起重量不包括吊钩、动滑轮组及钢丝绳等基本吊具的重量，但抓斗、起重电磁铁等重型吊具的重量包括在内。

起重量较大的起重机一般都有两个起升机构：起重能力大的称为主起升机构，俗称主钩；起重量较小的称为副起升机构，俗称副钩。副钩的起升速度大于主钩，这样可以提高装卸轻货的工作效率。主副钩的起重量用分数形式表示，例如20/5，分子表示主钩的起重量为20t，分母表示副钩的起重量为5t。

（2）工作类型

工作类型也称为工作制度，是表明起重机工作繁重程度的参数，它关系到起重机金属结构、零部件、电动机和电气设备的选型，主要体现在繁忙程度和载荷变化程度两个方面。

对起重机整体来说，工作繁忙程度是指一年时间内起重机实际运转时数与总时数之比；

对起重机的工作机构来说，则是指某一机构在一年时间内运转时数与总时数之比。在起重机的一个工作循环中，某机构运转时间所占的百分比称为该机构的负载持续率，用 JC（％）表示。

在按额定起重量设计的桥式起重机实际作业中，起重机所起吊的载荷往往小于额定起重量，这种载荷的变化程度用起重量利用系数 K 表示，它等于起重机在全年实际起重量的平均值与起重机额定起重量之比。

根据桥式起重机工作繁忙程度和载荷变化程度的不同，起重机的工作类型可以划分为轻级、中级、重级和特重级四种级别。

表4-3详细地列出了起重机工作类型主要指标的平均值。在选用起重机以及检修起重机时，都要注意各机构的工作类型。机构的工作类型不同，所需要的零部件也有所不同。例如，同是15t门式起重机的起升机构，中级的工作类型用22（25％）kW 的电动机，而重级工作类型则要用48（40％）kW 的电动机。其他零部件也有类似的问题。

表4-3　起重机工作类型主要指标的平均值

工作类型 \ 划分指标	起重机及机构繁忙程度		载荷变化程度		机构工作特点
	起重机一年工作时数	机构负载持续率 JC（％）	起重量利用系数 K	机构每小时开动次数	
轻级	1000	15	0.25	<0.6	无载或轻载，速度低，JC 小，开动次数少，停留时间长
中级	2500	25	0.5	60 ~ 120	起吊不同大小的载荷下工作速度一般，JC 值和开动次数中等
重级	5000	40	0.75	120 ~ 240	较多的接近额定载荷，JC 值和开动次数都相应较高
特重级	7500	60	1	300	用抓斗装卸的起升机构，满载，高速，周转循环接近连续程度

（3）起升高度

起升高度是指起重机工作地面或运行轨道与吊钩起升到最高位置时的距离。一般门式起重机的起升高度为 11 ~ 33m，其主钩起升高度不超过 16m；通用桥式起重机的起升高度为 12 ~ 36m，每2m 为 1 级，12m 是标准起升高度。

（4）跨度

跨度是指起重机大车轨道中心线之间的距离，它表明桥式起重机的工作范围。通用桥式起重机（50t 以下）的跨度为 7.5m、10.5m、13.5m、16.5m、19.5m、22.5m、25.5m、28.5m、31.5m 等多种。门式起重机的工作范围由跨度和悬臂长 L 共同决定。悬臂长度有 5.6m、6.75m、7.5m、9m、10m 等几种。

（5）工作速度

起重机的工作速度包括起升速度和运行速度两方面。起升速度是指取物装置或物品的上升

（或下降）速度，有快速、慢速和微速之分，单位采用 m/min。仓库装卸用起重机的起升速度一般在 8~40m/min 之间。运行速度是指起重机大车或起重小车的行走速度，起重小车的运行速度一般为 35~45m/min，大车的运行速度在 40~80m/min 之间。

起重量大的起重机工作速度一般低些，起重量小的起重机工作速度要高些。起升速度和运行速度要协调，这样才能提高起重机的劳动生产率。

四、臂架式起重机

臂架式起重机的基本结构特点是均具有一个金属结构的臂架，起升机构吊起货物之后，通过臂架的伸幅变化和绕着垂直轴线旋转运动而实现货物的升降和水平运移，完成装卸搬运作业。

臂架式起重机的基本组成一般包括金属构架、起升机构、变幅机构、旋转机构、运行机构和电气控制设备等部分。其中，起升机构用以吊取货物并进行提升或降落；变幅机构可以改变起重机的作业半径，变幅方式主要是通过改变臂架的仰俯角度或者通过起重小车在臂架上的移动来实现；旋转机构可以使臂架绕着垂直轴线进行旋转，通常是由臂架相对底座或门座进行转动，实现货物水平运移；运行机构属于非工作性机构，对于移动式臂架起重机，主要是用来变换作业场地位置。运行机构的类型有轨道式、轮式和履带式。

臂架式起重机的基本运动包括起升机构的垂直升降运动、变幅机构的仰俯或伸缩运动和旋转机构的水平旋转运动。所以，臂架式起重机的工作范围是一个圆柱形的立体空间。这些运动的相互配合，可以灵活地使货物在圆柱形立体作业空间范围内任意移动。

臂架式起重机的基本结构可分为固定式、移动式和浮式三种类型。固定式臂架起重机直接安装在码头或库场的墩座上，只能原地工作，其中有的臂架只能俯仰、不能回转，有的臂架既可俯仰、又可回转；移动式起重机可沿着轨道或在地面上运行，根据运行方式的不同，移动式起重机主要有轮胎起重机、门座式起重机、汽车起重机和履带式起重机等；浮式起重机是安装在专用平底船上的臂架起重机，广泛应用于海、河港口的水域进行水上装卸作业。

1. 臂架式起重机

图 4-10 所示为散货料场广泛使用的固定式臂架起重机。其立柱固定在货场的墩座上，臂架下端与立柱铰接，臂架上端通过钢丝绳与立柱相连。臂架能够绕铰接点实现俯仰运动，整机也可以绕着立柱进行回转运动。

图 4-11 所示为立柱式臂架起重机，这是一种轻型的固定式臂架起重机。其立柱固定在作业场地，臂架与转轴固定为一体，通过轴承的支撑可以绕着立柱作整周或扇面转动，但臂架不能作仰俯运动，起吊装置的作业半径可以通过起重小车（即电动葫芦）在臂架轨道上的移动予以改变。这种起重机主要适用于起重量不大、作业范围较小的场合。

2. 汽车起重机

汽车起重机是在普通载重汽车底盘或专用汽车底盘上，装设全旋转臂架式起重工作装置及设备所构成的起重机，俗称为汽车吊，如图 4-12 所示。该起重机的臂架一般为多节伸缩式，作业时伸长臂架可以提高举升高度，并且配合臂架的仰俯运动来改变其工作半径，臂架可以通过转台作整周旋转运动。

汽车起重机和普通汽车一样，在其前面设有汽车驾驶室，驾驶操纵其在不同的作业场地之间运行。一般汽车起重机在转台上设有起重机的操纵控制室，操纵控制起重机工作装置进行起吊作业。

图 4-10　固定式臂架起重机

图 4-11　立柱式臂架起重机

由于汽车起重机采用了汽车底盘，因而它具有汽车的行驶速度快、通过性好、机动灵活、可快速转移作业地点以及到达目的地能快速投入工作等优点，所以，汽车起重机特别适用于作业场所不固定的流动性装卸搬运作业条件。由于汽车底盘都是弹性悬架，其稳定性较差，因此，汽车起重机在进行起吊作业时必须放下支腿将汽车支撑稳固（图 4-12b），而且不允许吊着货物行驶。

a) 专用汽车底盘式　　　　　　b) 起重作业状态

图 4-12　汽车起重机

3. 轮胎起重机

轮胎起重机是将臂架式起重工作装置和设备装设在专用的轮胎底盘上而构成的起重机，如图 4-13 所示。

由于轮胎起重机的底盘是专门设计的，因此，其轴距、轮距以及外形尺寸等均可根据总体设计的要求合理布置。轮胎起重机与汽车起重机的主要区别见表 4-4。

图 4-13　轮胎起重机

表 4-4　轮胎起重机与汽车起重机的主要区别

项　目	汽车起重机	轮胎起重机
底盘	普通汽车底盘或专用汽车底盘，悬架弹性较大	轮胎起重机专用底盘，悬架弹性较小
行驶速度	汽车原有速度，一般 50km/h 以上	一般不超过 50km/h
起吊性能	使用支腿吊重，吊重时一般不能行走，在侧面和后方作业	在一定范围内能吊重行走，四周方向均能作业
发动机	中小型用汽车原有发动机，大型的在回转平台上加一台发动机	不论大中小型，只用一台发动机，设在回转平台上，或在底盘上，其功率以满足起重作业为主
驾驶室	除汽车原有驾驶室外，回转平台上再设一间操纵室	只有一个驾驶室，一般设在回转平台上
支腿位置	前支腿位于前桥后方	支腿一般位于前、后轮外侧
行驶性能	转弯半径大，越野性差，载重机动性差，轴荷符合道路运输法规要求	转弯半径小，机动性好
使用特点	能经常作较长距离转移	工作场地相对固定，在公路上移动较少

4. 门座式起重机

门座式起重机是装在沿地面轨道行走的门形底座上的全回转臂架起重机，如图 4-14 所示。门座式起重机可以沿着铺设在码头、车站和货场的地面轨道运行，其门座跨度可以跨越 1 ~ 2 条铁路线。它是港口码头前沿的通用装卸设备之一，能够以较高的生产率完成船—岸、船—车、船—船之间多种装卸和转载作业。

门座式起重机的工作机构包括起升机构、回转机构、变幅机构和运行机构四大机构。通过起升、变幅和旋转三种运动的组合，并通过运行机构调整整机的工作位置，故可以在较大的作业范围内满足货物装卸和运移的需要。门座式起重机具有以下特点：

① 门座式起重机的起重能力范围较大，一般门座式起重机的额定起重范围一般为 5 ~ 100t。

② 门座式起重机有较快的运动速度，其起升速度可达 70m/min，变幅速度可达 55m/min。

③ 门座式起重机具有高大的门架和较长的伸臂，因而具有较大的起升高度和工作幅度，能满足港口码头船舶和车辆的机械化装卸、转载的要求，并且能够充分利用作业场地。

④ 因为门座式起重机工作时须要带着货物变幅，所以其起重特性被设计成额定起重量不随取物装置位置的改变而变化，即在其全工作幅度范围内均能达到最大起重能力。

门座式起重机的缺点是造价高，需用钢材多，需要较大的电力供给，需要坚固的地基，并且附属设备也较多等。

5. 浮式起重机

浮式起重机是指在专用浮船上安装的臂架起重机（图4-15），它以浮船作为支承和运行装置，浮在水上进行装卸作业。浮式起重机广泛应用于海河港口，可单独完成船岸之间或船船之间的装卸作业。浮式起重机按照航行方式的不同可以分为自航浮式起重机和非自航浮式起重机；按其工作装置工作特性的不同，可分为全回转浮式起重机（起重装置可绕回转中心线相对浮船作360°以上连续转动）、非全回转浮式起重机（起重装置只能绕回转中心线相对于浮船作小于360°的回转）和非回转浮式起重机三种类型。

图4-14　门座式起重机

自航浮式起重机是可独立航行的浮式起重机。它具有独立的内燃机发电机组，供自航、起重作业以及辅机、生活用电。自航浮式起重机的机动性好，但增加了对动力装置的投资和营运管理工作。

非自航浮式起重机依靠拖船拖航，起重动力靠船上发电或岸上供电，作业中的移位借助装在浮船甲板上的绞缆机牵引。

浮式起重机的主要优点是能在水上进行装卸，自重不受码头地面承载能力的限制；可以从一个码头移到另一个码头进行装卸作业，设备利用率较高，配合浮码头工作可不受水位差影响，因而适用于码头布置比较分散、货物吞吐量不大以及重大货件的装卸作业，对水位变化大的内河港口则更为适宜。浮式起重机的缺点是造价较高，需要的管理人员较多。

图4-15　浮式起重机

五、起重机常用吊具

吊具即取物装置，是起重机上直接提取货物的部件，其性能对提高生产率、减轻工人劳动强度和安全生产都有直接关系。吊具必须安全可靠，适应种类繁多的货物特点，并尽量满足自重轻、结构简单、尺寸紧凑、牢固耐用以及能迅速或自动、半自动地取物和卸货的要求。

吊具种类繁多，根据适用的货物装卸搬运形态的不同，可以分为吊运成件货物、吊运散粒货物和吊运液态货物的吊具三种类别。吊运成件货物的有吊钩、吊环、夹钳和扎具等；吊运散状货物的有抓斗、料斗和电磁铁等；吊运液态货物的有盛桶等。其中吊钩和吊环是起重机里应用最广的两种取物装置，常与动滑轮组合成吊钩组。

1. 吊钩

吊钩是应用最广的通用取物装置，按其形状的不同可分为单钩、双钩和带鼻吊钩等多种类型（图4-16）。单钩的制造和使用均较方便，适于中小起重量。在港口装卸船舶时，为防止吊钩钩住船舱口等障碍物以及悬挂绳脱钩，通常采用带凸出鼻状的凹口深槽形的带鼻吊钩。双钩的受力情况比较有利，因而在吊同样重货时其自重较轻，适于大起重量。为使吊钩强度高、韧性好，可用优质低碳钢整体锻造；大起重量的吊钩为制造方便，也可由钢板铆合制成片式钩，但它比锻造式的吊钩笨重。

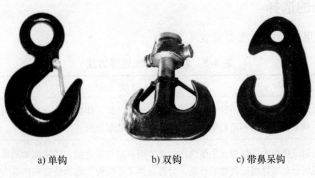

a) 单钩　　　　b) 双钩　　　　c) 带鼻呆钩

图4-16 起重吊钩

2. 抓斗

抓斗（图4-17）主要用来装卸散货，有时也用来抓取长形材料。由于港口散货装卸量大，而抓斗的装卸货过程完全是由起重机驾驶员操纵、依靠机械的力量自动进行的，避免了人工装卸的繁重体力劳动，节省了挂摘钩的辅助时间，大大提高了装卸效率和劳动生产率。因此，抓斗在港口装卸作业中起着十分重要的作用，得到了极其广泛的应用。

3. C形吊钩

C形吊钩是一种吊运卧放卷形材料的专用吊具，如图4-18所示。使用时只要将C形吊具的承载梁插入卷材即可。当达到指定货位后，松下吊钩，承载梁与卷材脱离，随着吊车钩头平移，承载梁即可自行退出。

a) 液压双瓣型抓斗　　　　b) 液压多瓣型抓斗

图4-17 起重抓斗

4. 电磁吸盘

电磁吸盘是靠电磁力自行吸取导磁物品的取物装置，通常靠线圈通电励磁吸料，断电去磁卸料。图4-19所示的电磁吸盘由铸钢外壳和装在其内的线圈组成。电磁吸盘以用直流电为宜，因为直流电工作可靠，磁力损失及漩涡损失小，电感影响也较小。

| 图 4-18 C 形吊钩 | 图 4-19 电磁吸盘 |

六、起重设备的选择

选择不同类型起重设备的方法参见表 4-5。

表 4-5 起重设备的选择方法

项　目	选 型 方 法
类型	常根据装卸搬运的场所、货种和作业性质进行选择。如工作场所为仓库、车间，则应主要选择通用桥式起重机；对货场、车站和造船生产线，则应选择门式起重机
结构形式	首先考虑起重机的主体结构。主体结构性能方面要求有合适的工作速度和动作平稳性。然后，根据起重机的应用场合和装卸搬运货物的种类，合理选择工作机构、取物装置和操纵方式。对起重机的结构要充分考虑到设计规范规定的标准，当受到场地或作业环境所限必须选用非标准结构时，用户应与设计制造厂对设计方案进行共同论证
性能参数	一般根据使用场合、作业性质进行选择
	常以起重机可能遇到的最大起吊货物来确定起重量，同时考虑转载工作的条件或工艺过程的要求。起重机不允许超载使用，因此在起吊货物经常发生变化的场合，起重机应考虑一定的余量
	起升高度要考虑越过障碍物高度和吊具本身所占的高度进行选择，一般与室内和厂房高度有关，大致为 16m 左右，室外不限
	起重机的跨度，按厂房的跨度或工作需要（如场地大小）选择。起重机的幅度，按工作范围或者船舶尺寸大小等因素选择
	工作速度直接影响起重机的生产率，对于装卸用的起重机一般起升速度、小车运行速度都较高，安装作业要求的起重机的起升速度较低
	起重机工作级别是一个综合参数，根据起重机的利用等级和载荷状况选择合适的工作级别
数量	确定起重机台数时，要考虑企业经营规划和目标、货物年装卸量、生产作业任务、现场起重机械布置和配置方案、起重机台班定额产量等因素

七、起重设备安全技术要求

① 对于露天工作的起重机，为防止风力过大时起重机被吹倒或移动而发生事故，要求起重机上设置有夹轨器或锚固等防风装置。

②为防止由于驾驶员疏忽或机构故障使起重机吊钩卷扬造成事故，起重机上要求装设起升高度限位器；为防止起重机超负荷，要求装有重量限制器。

③用吊索捆绑货物时，应牢固可靠，吊索间的夹角不应太大，一般不超过120°，多根吊索合力的作用线必须通过货物的重心，以保证吊运过程中货物的平稳性。

④对于起重机的钢丝绳，应每天进行日常检查，钢丝绳应保持良好的润滑状态。当钢丝绳出现直径严重减小、磨损或腐蚀严重、断丝较多、麻芯外露及打死结等情况时，就应当及时报废处理。

⑤正常使用的起重机每班都要对制动器进行检查，发现制动器的零件有裂纹、制动带摩擦片严重磨损等情况时应当立即报废。

第三节　连续输送设备

一、概述

1. 连续输送设备的概念

连续输送设备是以连续的方式按一定的线路从装货点到卸货点输送散装货物和成件货物的机械设备，通常简称为输送机。所谓"连续"，就是指输送机的货物输送装置是连续运动的，没有工作行程和空行程之分，因而使"装货—输送—卸货"等环节连续不断地进行，没有间隔和停歇。

由于连续输送设备能在规定的时空内连续输送大量货物，搬运效率较高，而且其使用成本较低，搬运时间可比较准确地进行控制，货流稳定，因而，被广泛用于现代散货和小型件杂货物流系统中。从国内外大量的散货港口码头、集散车场、冶金矿山基地、建材化工工厂、大型货场、自动化立体仓库和物流配送中心来看，它们大部分都拥有连续输送机械组成的搬运系统，如转运货场、进出库输送系统、自动分拣输送系统和自动装卸输送机系统等。到目前为止，连续输送设备不仅是生产加工过程中组成机械化、自动化、智能化和连续化的流水线中不可缺少的组成部分，也是物流众多环节中装卸搬运作业最常用的基本设备。

2. 连续输送设备的特点

由于连续输送设备适用于输送松散密度为 $0.5 \sim 2.5 t/m^3$ 的各种块状、颗粒状、粉末状等散装货和小型件杂货，因此，对应散装货和小型件杂货的特性连续输送设备具有以下特点：

①连续输送机械的输送路线固定，加上散料本身具有连续性，所以装货、输送、卸货可以连续进行；输送过程中极少紧急制动和起动，因此可以采用较高的工作速度，输送效率很高，而且对输送距离远近的适应性也较好。

②由于输送路线预先设定且比较固定，运动方式和调速简单，因此能够较容易地实现自动控制。

③连续输送设备的专用性比较强，一种连续输送设备一般仅适用于相对固定的几个类型的货物；而且对于单件重量很大的货物来说，普通连续输送机械都是不适用的。

④一般连续输送设备的性价比比较好，设备耐用性也较好，较经济。

3. 连续输送设备的分类

（1）按照结构和传动特点分类

按照结构和运动特点的不同，连续输送设备可分为挠性传动构件输送设备、刚性传动构件输送设备和气力传动输送设备三种类型。

1）挠性传动构件输送设备 挠性传动构件输送设备的工作特点是物料在具有挠性的传动构件的牵动作用下进行移动，通过传动构件的连续运动，使货物向一定方向连续不断地输送。挠性传动构件通常也称为牵引构件，具有封闭的环形结构（如环形胶带、链条），其运动是一种周转循环式运动，即在一定的运动区间内，沿着一定的方向周而复始地循环转动，从而连续不断地牵动着货物从装货端运动到卸货端。常用的挠性传动构件输送设备主要有带式输送机、链式输送机和斗式提升机等。

2）刚性传动构件输送设备 刚性传动构件输送机的工作特点是物料在刚性传动构件的驱动作用下进行移动，通过传动构件的连续运动，使货物向一定方向连续运送。刚性传动构件（如辊子、螺旋）的运动是定轴转动，始终按照一定的方向旋转，从而驱动着货物从装货端到卸货端连续不断地运动。常用的刚性传动构件输送设备主要有辊道输送机和螺旋输送机等。

3）气力传动输送设备 气力传动输送设备的工作特点是通过气力的驱动作用使物料在一定的管道内连续不断地进行输送。常用的气力传动输送设备有气力输送机和气力卸船机等。

（2）按照设备安装方式分类

按照连续输送设备安装方式的不同，连续输送设备可分为固定式输送机和移动式输送机两大类。

1）固定式输送机 固定式输送机是指整个设备固定安装在一个作业场所，不能进行移动。它主要适用于专用码头货场、仓库、工厂生产车间和自动分拣线等固定场所。固定式输送机一般具有输送量大、效率高等特点。

2）移动式输送设备 移动式输送设备是指整个设备安装在可移动的车轮上，可以根据需要方便地移动到不同的作业场所进行作业。移动式输送设备具有机动性强、使用率高以及能及时调配输送作业线路等特点，设备单体较小、输送量不太大，输送距离不长，适用于装卸作业量较小而且不太固定的应用场合。

二、带式输送机

1. 概述

带式输送机（图 4-20）是以封闭无端的输送带作为传动构件和承载构件的连续输送机械。输送带有橡胶带、帆布带、塑料带和钢芯带四大类，其中以橡胶输送带应用最广，采用橡胶带的输送机一般称为胶带输送机。带式输送机根据工作要求，有工作位置不变的固定式输送机和工作位置可以变化的移动式输送机，有输送方向能改变的可逆式输送机，还有机架伸缩以改变输送距离的可伸缩式带式输送机等不同的结构类型。

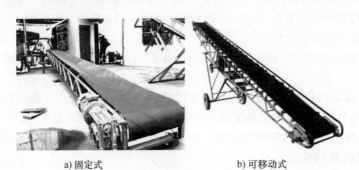

a) 固定式   b) 可移动式

图 4-20 带式输送机

带式输送机主要用于在水平方向或坡度不大的倾斜方向连续输送散粒货物，也可用于输送重量较轻的大宗成件货物，其应用场合遍及仓库、港口、车站、工厂、矿山和建筑工地等。但一般情况下带式输送机不能自动取货，当货流变化时，需要重新布置输送线路，另外输送的倾斜角度也不大。

　　带式输送机系统便于联网作业，特别是大型库房，更能充分发挥作用。库区地面平坦、有铁路专用线站台、库房面积在 800m² 以上且库房比较集中的仓库，使用带式输送机系统从火车车厢、站台装卸，或从库区输送到库房内上下垛，可形成机械连续作业网；库区无铁路专用线或库区专用线距库房较远的，可使用汽车或牵引拖车输送，与库房内的水平带式输送机系统连接，形成连续输送作业线，将货物直接输送到运输工具上，或从运输工具直接输送到仓库内。

　　带式输送机的主要特点是输送距离大，输送能力强，生产率高；结构简单，基建投资少，营运费用低；输送线路可以呈水平、倾斜布置，或在水平方向、垂直方向弯曲布置，受地形条件限制较小；操作简单，工作平稳可靠，易实现自动控制。

2. 带式输送机的基本构造和工作原理

　　一般带式输送机的基本构造主要由输送带、驱动装置、支承托辊、下托辊、制动装置、装载装置、卸载装置、清扫装置、机架以及电动机和减速装置等组成，如图 4-21 所示。输送带套装在机架两端的驱动滚筒和张紧滚筒上，并由张紧滚筒将其拉紧，使输送带与滚筒之间形成一定的压紧力，以产生足够的摩擦力；输送带的上边利用若干支承托辊支承，用以承载货物；输送带的底边也由若干平托辊支承，以保证其平稳运行。输送机工作时，由电动机经过减速装置使驱动滚筒旋转，依靠滚筒与输送带之间的摩擦力驱动输送带进行循环周转运动，从而把货物从装货端连续地输送到卸货端。

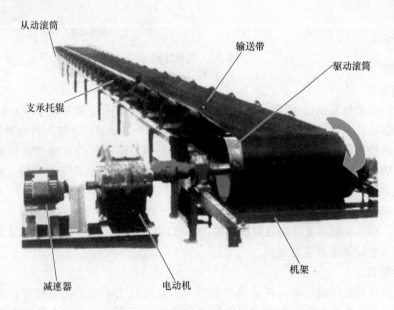

图 4-21　带式输送机的基本构造

（1）输送带

　　输送带用来传递牵引力和承载被运货物。它既是传动构件又是承载构件，因此要求输送带强度高、抗磨耐用、挠性好、伸长率小且便于安装修理。

　　输送带按照用途的不同可分为强力型、普通型和轻型等类型。强力型用于输送密度较大、冲击力较大、磨损较严重的物料；普通型用于输送密度在 2.5t/m³ 以下的物料；轻型用于输送密度和磨损性较小的物料，如谷物、纤维、粉末及包装件等。

普通橡胶带应用最为广泛，适于工作环境在 –15°～40°之间、物料温度不超过 50°的场合使用。

塑料输送带与橡胶带基本相似，只是其覆盖材料是塑料，有多层芯和整芯两种。多层芯塑料输送带的强度和普通橡胶带相似，整芯塑料输送带比多芯带强度高、成本低、质量好。

输送带从结构上可分为平带、槽形带、波纹带和挡边带等多种类型。

（2）支承托辊

支承托辊的作用是支承输送带及带上的物料，减少输送带的垂度，保证物料稳定输送。支承托辊从结构上分为平形托辊和槽形托辊两种（图 4-22）。平形托辊主要用在平带输送机上，适用于成件货的输送。而且，各种带式输送机的下托辊都采用平形托辊；槽形托辊用在槽形带输送机上，适用于输送干散货物。槽形带中间形成凹槽后，可以增大输送带的载货横断面，可防止物料洒落，并可防止输送带跑偏；但其缺点是输送带弯曲应力增加，使用寿命缩短。

a) 平形托辊   b) 槽形托辊

图 4-22 支承托辊

（3）驱动装置

驱动装置的作用是驱动输送带运动，实现货物运送。通用固定式和功率较小的带式输送机都采用单滚筒驱动，由电动机通过减速器和联轴器带动一个驱动滚筒运转。当功率较大时，可配以液力耦合器或粉末联轴器，使装置起动平稳。用于长距离输送的带式输送机可采用多级滚筒驱动，对于大功率电动机可采用绕线式电动机，它便于调控，可使长距离带式输送机平稳起动。

（4）制动装置

对于倾斜布置的带式输送机，为了防止满载停机时输送带在货重的作用下发生反向运动，引起物料倒流，应在驱动装置处装设制动装置。制动装置有滚柱逆止器、带式逆止器、电磁瓦块式制动器和液压电磁制动器等类型。

（5）张紧装置

张紧装置的作用是使输送带保持必要的初张力，以免其在驱动滚筒上打滑，并保证相邻两个托辊之间输送带的垂度在规定的范围以内。张紧装置主要有螺旋式、小车重锤式和垂直重锤式三种结构类型。

（6）改向装置

改向装置有改向滚筒和改向托辊组两种，用来改变输送带的运动方向。改向滚筒适用于带式输送机的平形托辊区段，如尾部或垂直重锤张紧装置处的改向滚筒等。改向托辊组是指若干沿所需半径弧线布置的支承托辊，它用在输送带弯曲的曲率半径较大处，或用在槽形托辊区段，使输送带在改向处的横断面仍能保持槽形。

（7）装载装置

装载装置的作用是使输送带均匀装载，防止物料洒落，并尽量减少物料对输送带的冲击和磨损。当物料下滑到输送带上时，应保持尽可能小的冲击速度和尽量接近于带速的切向分速度。

（8）卸载装置

带式输送机可在输送机端部卸料，此时物料直接从滚筒处抛卸；也可在中间卸料，此时可采用卸载挡板或卸载小车。

3. 带式输送机布置形式

带式输送机整机的布置有五种基本形式，如图4-23所示。

1）水平布置形式　水平布置形式适用于物料的水平输送。在不需要使物料有提升高度的情况下，一般选用水平布置形式。

2）倾斜布置形式　如果需要将物料输送到一定的高度，则需要采用倾斜式布置形式，对于一般平带输送机，倾斜角不能大于18°。

3）带凹弧曲线的布置形式　如果物料需要先经过一段水平运动，再进行提升运动才能到达目的地，则应采用带凹弧曲线的布置形式。

4）带凸弧曲线的布置形式　如果物料需要先经过一段提升运动，再进行水平运动才能到达目的地，则应采用带凸弧曲线的布置形式。

5）带凹凸弧曲线的布置形式　如果物料需要先经过一段水平运动，再进行提升运动，然后进行水平运动才能到达目的地，则应采用带凹凸弧曲线的布置形式。

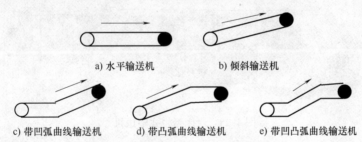

a) 水平输送机　　　　b) 倾斜输送机

c) 带凹弧曲线输送机　　d) 带凸弧曲线输送机　　e) 带凹凸弧曲线输送机

图4-23　带式输送机整机的布置形式

4. 新型带式输送机

随着带式输送机技术的不断发展，许多新型带式输送机得到了广泛的应用，常见的类型有气垫带式输送机、磁垫带式输送机和封闭型带式输送机等。

（1）气垫带式输送机

气垫带式输送机（图4-24）是用带孔的气垫平槽替代圆托辊，由薄气膜形成气垫以支承输送带。气垫带式输送机上装有专用的压气泵，向输送带下方的气室中供送具有一定压力的空气。

与托辊式输送机相比较，气垫带式输送机的突出优点是输送量大，运行阻力小，功率消耗低；便于密闭输送，不洒料，能避免粉尘飞扬，保护环境；运行平稳，工作可靠，许用输送倾角增加；皮带磨损小，使用寿命长。但该种方式的气垫较难控制，仅适用于连续均匀轻载，并不适合间歇式运输。

（2）磁垫带式输送机

磁垫带式输送机是利用磁铁磁极同性相斥、异性相吸的原理，将胶带磁化成磁弹性体，则此磁性胶带与磁性支承之间产生斥力，使胶带悬浮。

图 4-24　气垫带式输送机

磁垫带式输送机的优点在于它在整条带上能产生稳定的悬浮力，工作阻力小且无噪声，设备运动部件少，安装维修简单；其缺点是需专用磁性胶带，而且需要保证胶带横向磁性可靠。另外，该输送机物料的输送范围受到一定的限制，铁磁货物不能输送，所以一般应用较少。

（3）封闭型带式输送机

封闭型带式输送机（图 4-25）是在托辊带式输送机的基础上加装封闭罩而构成的一种带式输送机，其最大的优点是可以密闭输送物料，在输送途中物料不飞扬、不洒落，能减少污染。另外，还有的封闭型带式输送机把输送带改成圆管状（或三角形、扁圆形等）断面的封闭型带，托辊采用多边形托辊组环绕在封闭带的周围。其中，圆管输送机应用圆管状环形托辊将特制的胶带圈成圆管状，极大地提高了运载能力，减少了粉尘飞扬污染。但其机架较高、体积较大。

图 4-25　封闭型带式输送机

（4）波状挡边带式输送机

波状挡边带式输送机如图 4-26 所示，它能以任意倾角连续输送各种散料，实现了普通带或花纹带所不能达到的输送角度，输送量较大、使用范围较广，占地小、无转运点、土建投资少、维护费用低。

三、链式输送机

链式输送机是用封闭无端的环形链条作为传动构件输送货物的输送设备。链式输送机的基本结构是把环形链条套装在若干链轮上，其中驱动链轮在电动机的带动下旋转，通过轮齿与链节的啮合将圆周牵引力传递给链条，使链条沿着一定的方向循环周转运动；货物可以直接由链条承载，但大多数是在链条上固接着其他承载构件，在链条连续不断地周转运动的作用下，把货物连续地从装货端输送到卸货端。

图 4-26　波状挡边带式输送机

链式输送机根据其承载构件的不同又可分为链板输送机、刮板输送机和埋刮板输送机等类型。

1. 链板输送机

链板输送机（图4-27）就是以链条作为传动构件，在链条上固定安装着一定规格的板片作为承载构件而构成的链式输送机。链板输送机的结构和工作原理与带式输送机相似，二者的区别在于：带式输送机用输送带牵引和承载货物，靠摩擦驱动并传递牵引力；而链板输送机则用链条牵引、用固定在链条上的板片承载货物，靠啮合驱动并传递牵引力。

图4-27 链板输送机

链板输送机主要适用于输送成件货物，广泛应用于仓库、配送中心及自动分拣线等各种物流作业场所。与带式输送机相比，其主要优点是板片上能放较重的货件，链条挠性好、强度高，可采用较小直径的链轮和传递较大的牵引力，而且比较便于布置曲线输送；其缺点是自重、磨损和功率消耗都较带式输送机大。

2. 刮板输送机

刮板输送机是利用相隔一定间距而固定在牵引链条上的刮板，沿敞开的导槽刮运散货的机械（图4-28）。刮板输送机的机体上可设有多个工作分支，上分支供料比较方便，可在任一点将物料供入敞开的导槽内；下分支卸料比较方便，可打开槽底任意一个洞孔的闸门，让物料在不同位置流出。

刮板输送机适于在水平方向或小倾角方向上输送煤炭、沙子、谷物等粉粒状和块状物料，其优点是结构简单牢固，对被输送物料的块度适应性强，输送长度改变较方便，可在任意一点装载或卸载；缺点是物料与料槽之间以及刮板与料槽之间都有较大的摩擦，使料槽和刮板的磨损较快，输送阻力和功率消耗较大。因此，它常用于生产率不高的短距离输送场合，在港口可用于散货堆场或装车作业。

图4-28 刮板输送机

3. 埋刮板输送机

埋刮板输送机是由刮板输送机发展而来的一种链式输送机，工作时，与链条固接的刮板完全埋在物料之中，刮板和链条沿着封闭的机槽运动，以充满机槽整个断面或大部分断面的连续物料流形式进行输送。

埋刮板输送机主要用于在水平方向和垂直方向输送粉粒状物料。常用的通用埋刮板输送机根据其输送方向的不同分为三种类型，即水平或小倾角倾斜的 MS 型、垂直或大倾角倾斜的 MC 型以及从水平到垂直再转到水平的 MZ 型，如图 4-29 所示。

埋刮板输送机的物料可由加料口加入，也可以从机槽的开口处由运动着的刮板从料堆自行取料。因此，埋刮板输送机不仅可用于一般场合的散料输送，还常用作港口的散货卸船机。

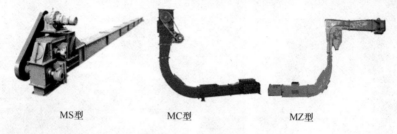

MS型　　　　　MC型　　　　　MZ型

图 4-29　埋刮板输送机

埋刮板输送机适宜输送粉状、粒状和小块状物料，物料松散密度为 $0.2 \sim 1.8 t/m^3$，物料温度一般低于 100℃，湿度以用手捏团后仍能松散为宜，水平输送最大长度一般为 $80 \sim 120m$；垂直提升高度一般为 $20 \sim 30m$。该装置不宜输送磨损性强、块度过大、粘性大、腐蚀性强、坚硬的和易破碎而又不允许破碎的物料。

埋刮板输送机的主要优点是密封性能好，灰尘不外扬，防止了输送物料被污染，改善了工人的劳动条件；进、卸料装置简单，可以多点进料、多点卸料；布置灵活、方便，可用于不同方向物料的输送。其缺点是刮板链条和机槽易磨损，输送含水分较高的粉状物料时，易造成粘附和压实，易发生浮链。

4. 悬挂式输送机

悬挂输送机是链式输送机的一种特殊形式，它是在车间上空架设着运行轨道，在轨道上装有若干承载滑架，承载滑架的下端装有吊具，可以把货物悬挂吊起，其上端装有滚轮，可以沿着轨道滚动，所有承载滑架都通过链条的传动在整个轨道上周转运行并输送货物。悬挂输送机的常见类型有普通悬挂输送机和推式悬挂输送机两种。

1）普通悬挂输送机　普通悬挂输送机有一条由工字钢一类的型材组成的架空轨道，在轨道上安装的承载滑架与牵引链条连接在一起，由链条牵引着在轨道上连续运动输送货物，如图 4-30a 所示。如果货件太重，可以用平衡梁把货物同时挂到两个或四个滑架上。

2）推式悬挂输送机　推式悬挂输送机如图 4-30b 所示，其特点是承载滑架不固定在牵引链条上，而是由链条上的推头推动滑架上的推杆实现其运动。推杆伸出时与推头啮合，推杆缩下时与推头脱开，从而可以使滑架的运动得到控制。推杆在前爪重力的作用下始终处于伸出的状态，只要把前爪拾起即可使推杆缩下。如果有一个滑架已经停止，那么当后面的滑架在继续前进时，其前爪被前一个滑架的后爪抬起即能自动停止运行；当前一个滑架被释放后，后一个滑架的前爪又使推杆自然伸出，于是后一个滑架跟随前进。因此，这种悬挂输送机又称为积放式悬挂输送机。

a) 普通悬挂输送机

b) 推式悬挂输送机

图 4-30　悬挂式输送机

悬挂输送机被广泛地应用于大批量流水生产的各行业中，如机器制造业、汽车制造业、冶炼业、建材工业、邮政业及食品工业等行业，主要用来连续地运送毛坯、机器零件、半成品、成品及邮件等各种成件物品和装在容器内的散装物料。悬挂输送机具有以下特点：

① 能够形成空间线路，可根据生产工艺流程的要求组成平面或空间的封闭线路。

② 能够长距离输送，其长度范围可从数十米到数百米，若采用多机驱动，则可达数千米。

③ 在厂房屋架上悬挂布置，能够不占用地面生产面积，因而可提高车间面积的利用率。

④ 可以实现高度机械化和自动化，进行连续、有节奏的生产。

⑤ 可以用于制品的暂存，即将物料在悬挂输送机上暂时存放一段时间，直到生产或装运为止。

悬挂输送机的缺点是制造成本较高，输送机出现故障时将影响全线生产。

四、辊道输送机

辊道输送机是（图 4-31）以一系列按一定间距排列的刚性辊子作为传动构件和承载构件的连续输送机械。它利用辊子连续不断的旋转运动，使货件从装货端移动到卸货端，可用于沿水平方向或小倾角倾斜方向输送成件货物。为了能顺利输送货物，货物的底部必须有沿输送方向的连续支承面，而且该支承面至少应能同时接触 4 个辊子。所以，辊道输送机适宜输送具有较坚硬的平直底面的货物，如托盘、箱类容器、板材和规则型材等，以及具有平底的各种工件。

辊道输送机在连续生产流水线和自动分拣线中大量采用，它不仅可以连接生产工艺过程，而且可以直接参与生产工艺过程，因而在机械制造、电子、化工、轻工、家电、食品、纺织及邮电等行业和部门的物流系统中，尤其在各种加工、装配、包装、储运和配送等流水生产线中得到了广泛的应用。

辊道输送机可以进行直线输送，也可以改变输送方向进行曲线方向或者直线交叉方向的货物输送。用于曲线传动时，通常采用锥形辊子布置成扇形，在有的场合也有使用滚轮形辊子。

1. 辊道输送机的分类

（1）按照运动方式分类

按照运动方式的不同，辊道输送机可分为无动力式辊道输送机和动力式辊道输送机两大类。

1）无动力式辊道输送机　无动力式辊道输送机自身无驱动装置，辊子转动呈被动状态，物品依靠人力、重力或外部推拉装置的作用进行移动。它有水平和倾斜两种布置形式。水平布置形式依靠人力或外部推拉装置移动物品。其中，人力推动用于货件重量较轻、输送距离短、工作不频繁的场合；外部推拉可采用链条牵引、胶带牵引、液压动力装置推拉等方式，可以按要求的速度移动物品，便于控制运行状态，用于货件重量较大、输送距离较长、作业比较频繁的场合。倾斜布置式依靠物品自身重力沿斜面下滑进行输送，这种形式结构简单，经济实用，但不易控制物品运行状态；物品之间易发生撞击，不宜输送易碎物品；适用于重力式高架仓库及工序间短距离输送。

2）动力式辊道输送机　动力式辊道输送机以电动机为动力，并通过一定的传动方式使所有的辊子都进行旋转，货物在辊子的圆周力推动下向前移动，辊子的转动呈主动状态。动力式辊道输送机可以严格控制物品运行状态，按规定的速度精确、平稳、可靠地输送物品，便于实现输送过程的自动控制。链传动辊道输送机是最常用的动力式辊道输送机，其承载能力大，通用性好，布置方便，对环境适应性强，可在经常接触油、水及湿度较高的条件下工作。但在多尘环境中工作时，链条容易磨损，高速运行时噪声较大。

一般动力式辊道输送机的所有的辊子都是以同样的转速旋转，为了适应辊道输送机线路中需要物品暂时停留和积存的需要，在货物积存的区段可以采用积放式辊道输送机（也称为限力式辊道输送机）。

积放式辊道输送机在辊子的周向或径向装有摩擦环，当物品受阻停滞或积存时，可使摩擦环打滑，允许在驱动装置照常运行的情况下，使物品在辊道输送机上暂时停留和积存，而运行阻力无明显的增加。

（2）按照辊子的形状分类

按照辊道输送机中辊子形状的不同，辊道运输机可分为圆柱形辊道输送机、圆锥形辊道输送机和滚轮形辊道输送机等类型。

1）圆柱形辊道输送机　圆柱形辊道输送机的辊子形状为圆柱形，它通用性好，可以输送具有平直底部的各类物品，允许物品的宽度在较大范围内变动，一般用于输送机线路的直线段（图4-31a）。

2）圆锥形辊道输送机　圆锥形辊道输送机的辊子形状为圆锥形，它主要用于输送机圆弧段曲线输送线路，多与圆柱形辊道输送机直线段配合使用，可以避免物品在圆弧段运行发生滑动和错位现象，保持正常方位（图4-31b）。

a) 圆柱形辊子　　　　　　　　　　　b) 圆锥形辊子

图4-31　辊道输送机

3）滚轮形辊道输送机　滚轮形辊道输送机的辊子形状是滚轮，它通常是在同一根轴上安装若干个滚轮，如图4-32所示。滚轮形辊道输送机可用于直线输送线路，也可以用于曲线输送线路。滚轮形辊道输送机的辊子自重轻，运行阻力小，便于安装布置，多用于生产流水线和自动分拣线等输送线路的主线与支线衔接处（图4-32a），或线路转弯处（图4-32b）。

a)　　　　　　　　　　b)

图 4-32　滚轮形辊道输送机

2. 动力式辊道输送机的驱动方式

动力式辊道输送机辊子的驱动方式主要有以下五种：

① 每个辊子都配备一个电动机和一个减速器，单独驱动，辊子一般采用星形传动或谐波传动减速器。由于每个辊子都组成一个独立的系统，因此更换维修比较方便，但费用较高。

② 每个辊子轴上装两个链轮，相邻两个辊子链轮由一个链条相互连接。首先由电动机、减速器和链条传动装置驱动第一个辊子，然后由第一个辊子通过链条驱动第二个辊子，这样逐次传递，实现全部辊子的转动。

③ 用一根链条通过张紧轮驱动所有辊子（图 4-33）。当货物尺寸较长、辊子间距较大时，这种方案比较容易实现。

④ 用一根纵向的通轴，在通轴上，对应每个辊子的位置开着凹槽，用环形传动带扭成"8"字形分别套在通轴和辊子上，当通轴在电动机的驱动下旋转式，通过传动带把驱动力传递给辊子，使所有辊子一起转动。当货物较轻，对驱动力的要求不大时，可以采用这种方案驱动方式。

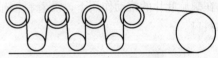

图 4-33　单链条驱动

⑤ 在辊子底下布置一条胶带，用压辊顶起胶带，使之与辊子接触，靠摩擦力的作用，当胶带向一个方向运行时，辊子的转动使货物向相反方向移动。把压辊放下使胶带脱开辊子，辊子就失去了驱动力。有选择地控制压辊的顶起和放下，即可使一部分辊子转动，而另一部分辊子不转，从而实现货物在辊道上的暂存，起到工序间的缓冲作用。

3. 辊道输送机的基本特点

① 布置灵活，可以采用直线和曲线输送线路布置，可根据需要组成分支、合流等各种形式的输送线路，并且输送线路易于封闭。

② 衔接方式简单紧凑，可以利用升降台补足工艺和设备的高差要求，组成立体输送线路，便于与生产工艺设备的衔接配套。

③ 功能多样，在输送线路上可完成货件的回转和升降，以满足工艺流程的要求；而且可以并排组成大宽度的输送机，运送大型货件。

④ 输送平稳，便于对输送过程中的物品进行加工、检验和装配等各种工艺操作。

⑤ 容易实现精确定位，适合于组成各种自动化生产流水线。

⑥ 结构简单，运转可靠，使用方便、经济、节能。

但由于辊子间距较小，使得输送线路上辊子数较多，在输送距离相同的条件下，其设备投资较其他输送方式（如带式输送机）要高。

五、螺旋输送机

1. 概述

螺旋式输送机是利用带有螺旋叶片的螺旋轴的旋转运动，推动物料沿着料槽向前运动进而实现物料连续输送的机械。螺旋式输送机是以刚性的螺旋轴作为传动构件，所以，它是一种刚性传动构件式连续输送机械。螺旋式输送机又称为绞龙，主要适用于输送粉末状、颗粒状和小块状散货，如谷物、化肥、矿砂和水泥等，是港口散货码头、化工企业中应用较为普遍的输送设备。

螺旋输送机既可以水平或小倾角输送散料，也可以垂直输送散料；既可以固定安装，也可以制成移动式。螺旋输送机的输送量通常为 $20 \sim 40m^3/h$，最大可达 $100m^3/h$；常用的输送长度为水平 50m，最长不超过 70m，垂直 10m 的范围内。

螺旋输送机的主要优点是结构简单、紧凑，占地少，无空返，操作安全方便，可多点装卸物料，制造成本低，维修方便；但由于螺旋输送机是利用螺旋叶片的旋转而推动物料运动的，在输送物料时螺旋叶片与物料之间始终相互摩擦，因而其缺点是叶片和料槽易磨损，物料在输送过程中易被磨碎而发生堵塞，而且功率消耗较大，对超载比较敏感。

螺旋输送机的主要类型有水平式螺旋输送机、直立式螺旋输送机及弯曲弹簧螺旋输送机等。

2. 水平式螺旋输送机

水平式螺旋输送机（图 4-34a）是指用于水平方向或倾角小于 20°的倾斜方向输送物料的螺旋输送机。水平螺旋输送机的基本结构如图 4-34b 所示，主要由螺旋轴、料槽（机体）、进料口、出料口和驱动装置等部分组成；当带有螺旋叶片的螺旋轴在料槽内旋转时，装入料槽内的物料在螺旋叶片的推动作用下，沿着料槽轴线方向向前移动，连续不断地把物料从进料口输送到出料口。

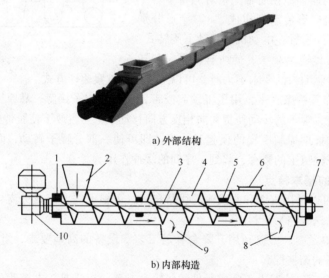

a) 外部结构

b) 内部构造

图 4-34　水平式螺旋输送机

1—首端轴承　2—进料口　3—螺旋槽　4—料槽　5—中间轴承　6—中间装载口
7—末端轴承　8—末端出料口　9—中间出料口　10—驱动装置

根据机体功能结构的不同，螺旋输送机大致可以分为头节、中间节和尾节三部分，其中头、尾两节的长度基本固定，中间节的长度可以根据实际需要选定。进料口和出料口也并非一定要装于首尾两端，而且进料口和出料口的数量也可以按需设置。料槽将输送机整体封闭，以防灰尘飞扬。

螺旋轴是由螺旋叶片和轴两部分焊接而成。由于叶片的形式不同，螺旋可以分为实体螺旋型、带式螺旋型、叶片螺旋型和齿形螺旋型四种类型，其结构如图4-35所示。四种类型各有各的优点，如实体型螺旋结构简单，适用于流动性好、干燥的粉末状和颗粒状散料，而且效率较高；带式螺旋适用于粉末状或小块状物料；叶片式螺旋应用较少，适用于易被压紧和粘度较大的物料，它可以在输送过程中起到搅拌和混合的作用，使物料松散；齿式螺旋是带式和叶片式两种螺旋的综合，一般具有二者的优点。螺旋可以制成左旋和右旋，也有少量制成左右旋，从而通过旋向改变输送的方向。

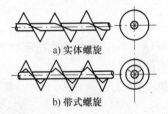

a) 实体螺旋

b) 带式螺旋

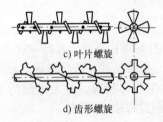

c) 叶片螺旋

d) 齿形螺旋

图4-35 螺旋输送机的结构

3. 直立式螺旋输送机

直立式螺旋输送机（图4-36），是指用于垂直方向或接近垂直方向输送物料的螺旋输送机。与水平螺旋输送机在结构上基本相同。

直立式螺旋输送机的主要优点是结构简单，占空间位置小，易于密闭输送，制造费用较低；其缺点是输送量小，输送高度小。直立式螺旋输送机适合于输送各种粘性较小的粉末状和颗粒状物料。

图4-36b所示为一种螺旋卸船机，它是大型直立式螺旋输送机的应用实例，适用于化肥、谷物、水泥等多种物料的装船和卸船作业。其优点是对物料破损小、环境污染小、结构简单，自重较轻、易损件少、工作可靠、维修保养简单，能源能耗量较低。

a) 普通直立式螺旋输送机　　b) 螺旋卸船机

图4-36 直立式螺旋输送机

4. 柔性螺旋输送机

柔性螺旋输送机也称为弹簧螺旋输送机，它是用柔性螺旋弹簧作为传动构件，再配以不同形状的弹性料槽而构成的一种螺旋输送机，如图4-37所示。

弹簧弯曲螺旋输送机与水平、垂直螺旋输送机的主要不同之处是螺旋与料槽都具有柔性，螺旋弹簧叶片（其截面形状可以是方形或圆形）与料槽接触，用电动机直接带动旋转而输送物料。驱

a) 工作示意图　　　　　b) 实物图

图4-37 柔性螺旋输送机

动电动机可以安装在头部，也可以安装在尾部。一根螺旋弹簧可以按不同要求弯成任意形状，从而达到空间多方位输送物料的目的。这种输送机通常用于粘性较小的粉末状和颗粒状散料的输送。

与普通的螺旋输送机相比，弯曲螺旋输送机的主要优点是结构简单，外形尺寸小，制造和使用费用低；工作时噪声较小，且耐腐蚀；可以实现空间任意弯曲，实现多向输送；料槽密闭性能好，可防止物料泄漏。该装置的主要缺点是输送量小，输送距离短，不适宜输送粘性大的物料。

六、气力输送机

1. 概述

气力输送机（图4-38）是利用具有一定速度和压力的空气，带动粉末状和颗粒状物料在密闭的管道内，沿设定的管路方向进行输送的设备。它常用于港口、仓库、工厂等场所，对大批量的粮食、矿砂、煤粉等散装物料进行输送。

1）气力输送机的结构原理　气力输送机一般主要由鼓风机、供料器、输送管道、分离器、卸料器和除尘器等组成。鼓风机是气力输送机的动力装置，用来使管道两端产生一定的压力差；供料器用来使物料与气流进行混合；分离器和卸料器用来将物料与空气流分离并将物料卸出；除尘器用来收集和清除输送过程中产生的粉尘。

图4-38　气力输送机（混合式）

气力输送机的输送过程完全由空气的动力特征来控制，遵循气相和固相两相流的基本原理，在垂直管路中当空气速度处于特定临界范围时，物料呈悬浮状态，即物料的重力与空气的动力达到平衡；低于临界范围，物料下沉；高于临界范围，物料被输送。不同粒度和密度的粉粒所运用的空气流动速度和压力有很大不同，所以气力输送机的专用性较强，通用性较差。

2）气力输送机的特点　气力输送机的主要优点是采用密封的管道输送物料，粉尘和热量的散发大为减少，对环境的污染小；设备简单，管道输送布置比较灵活，占地面积小；使用投资少，见效快。该装置的缺点是动力消耗较大，而相应的输送物料量不够大；输送的物料较潮湿时，容易造成管道堵塞，进而影响输送效率；工作时有一定的噪声。

2. 气力输送机的类型

根据气力输送机管路内空气压力特点的不同，可以将输送机分为吸送式、压送式和混合式三种基本类型。

（1）吸送式气力输送机

吸送式气力输送机的主要特点是通过鼓风机从整个管路系统中抽气，使管路内的空气压力低于大气压，形成一定的负压来吸送物料。如图4-39所示，物料在吸嘴处与空气混合，由于管路内的负压作用而被吸入输送管道内并沿管路输送，到达预定卸料点后，经空气分离器将空气与物料分离，物料通过卸料器卸出，空气经除尘、消声处理之后排入预定空间的大气中。

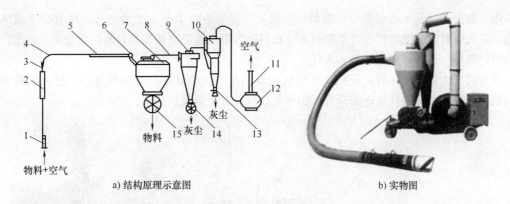

图 4-39　吸送式气力输送机

1—吸嘴　2—垂直伸缩管　3—软管　4—弯管　5—水平伸缩管　6—铰接弯管　7—分离器
8—风管　9、10—除尘器　11—消声器　12—鼓风机　13、14—卸灰器　15—卸料器

吸送式气力输送机的最大优点是进料方便，可以由一根或几根吸料管，从一个或几个供料点同时吸进物料，而且浮尘较少。其缺点是对输送颗粒的粒度和密度有较大限制，且输送不能太长。其管路系统应该严格密封，以免影响管路气压。另外，弯头和接头越多，可靠性与安全性越差。

图 4-40 所示为一种吸送式气力卸船机，它是吸送式气力输送机典型的应用实例，广泛用于粮食、化肥和水泥等散货运输船卸船作业。

图 4-40　吸送式气力卸船机

（2）压送式气力输送机

与吸送式气力输送机不同，压送式输送机管路内的气压高于大气压。如图 4-41 所示，空气经鼓风机压缩后进入输送管路，物料由料斗通过供料器进入管路，与空气混合后沿管路被吹送至卸料点经分离器分离，物料由分离器下方排出，空气经除尘、消声处理之后排入大气。

压送式气力输送机的最大优点是输送距离长，可连续加压；其缺点是供料器结构复杂，必须考虑粉粒的密度、粒度和供料器中粉料的透气性，因为供料器要将物料送入高压管路中，则必须防止管路内的高压空气冲出。压送式气力输送机在粮食、散装水泥的装卸作业中应用较多。

（3）混合式气力输送机

混合式气力输送机是由吸送和压送两部分联合构成的气力输送机。如图 4-42 所示，物料从吸嘴进入进料管被吸送至第一级分离器，通过其下方的卸料器（它同时又起着压送部分供料器的作用）卸出，并送入压送部分的输料管，而从分离器中除尘器出来的空气经风管送至鼓风机压缩后进入输料管，把物料压送至卸料点，物料经过第二级分离器和卸料器再次分离并卸出，空气最终经除尘、消声处理之后排入大气。

混合式气力输送机具有吸送式和压送式的共同优点，但其缺点是结构复杂，进入压送部分鼓风机的空气大部分是从吸送部分分离出来的，所以含尘量较高。

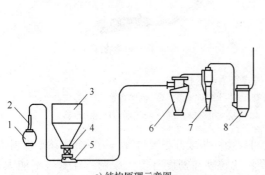

a) 结构原理示意图   b) 工作实例

图 4-41　压送式气力输送机

1—鼓风机　2—消声器　3—料斗　4—供料器　5—喷嘴　6—分离器　7、8—除尘器

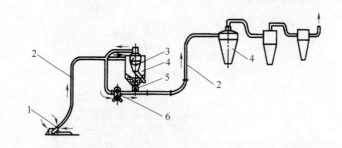

a) 结构原理示意图

1—吸嘴　2—管道　3—分离器　4—除尘器　5—风机　6—旋转式供料器

b) 移动型混合式气力输送机

图 4-42　混合式气力输送机

七、斗式提升机

1. 斗式提升机的组成和类型

斗式提升机是在垂直或接近垂直的方向上连续提升粉粒状物料的输送机械，一般由牵引构件（胶带或链条）、料斗、机头、机身、机座、驱动装置和张紧装置等组成，如图 4-43 所示。它的牵引构件（胶带或链条）绕过上部和底部的滚筒或链轮，牵引构件上每隔一定距离装一料斗，由上部滚筒或链轮驱动，形成具有上升的有载分支和下降的无载分支的无端闭合环路。物料从有载分支的下部供入，由料斗把物料提升至上部卸料口卸出。

斗式提升机的料斗固定在胶带（或链条）上，其类型通常有深斗、浅斗和三角斗三种。深斗适合于松散物料，浅斗适合于粘性较大的物料，三角斗适合于相对密度较大且呈块状的物料。整个设备外壳全部封闭，以免输送过程中灰尘飞扬。外壳上部称为机头，内装有驱动装置、传动装置（减速器、传动带或链条）和止逆器（制动器或滚动止逆器）；中间为机身，通常为薄钢板焊接而成的方形罩壳，其长度可根据实际提升高度进行调节，机身中装有传动传感报警器，一旦胶带或链条跑偏即会报警，机头端设有防爆孔；下部为机座，装有张紧装置（或链轮）；机座上设有进料口，机头上设有出料口。

图 4-43 斗式提升机

斗式提升机的结构类型有垂直式和倾斜式两种，一般情况下多采用垂直式斗式提升机。因为倾斜式斗式提升机结构较为复杂，只有在垂直式斗式提升机不能满足特殊装卸工艺时，才采用倾斜式斗式提升机。

斗式提升机的安装方式有固定式和移动式两种，前者安装于工厂生产车间、仓库等处，生产能力较大；后者使用方便灵活，多作为粮仓的装卸设备。按照牵引构件的不同，斗式提升机可分为带式和链式两种，物料温度低于 60℃ 时适合用前者，反之用后者。

2. 斗式提升机的特点和应用

斗式提升机的主要优点是：结构比较简单，横向尺寸小，因而可节约占地面积；可以在全封闭的罩壳内工作，能够减少灰尘对环境的污染；必要时还可以把斗式提升机底部插入货堆中自行取货；工作阻力较小，因而耗用动力较小；提升高度可达 60～100m，而且输送效率高。该装置的主要缺点是对过载较敏感，可输送的物料受到一定的限制。

斗式提升机的应用范围极其广泛，特别适用于煤炭、水泥、石子、石灰、砂、粘土、矿石及粮食等货物的垂直输送，在煤炭、建材、粮食等加工和储运行业以及港口散货装卸作业中都有大量的应用。

链斗卸船机是斗式提升机的典型应用，主要用于港口码头煤炭、矿石等散货船的装卸作业。常用的链斗卸船机有两种，一种是悬链式（图4-44a），链斗在取料段没有刚性支架，是悬垂的，落在舱面上作业的料斗在船舶颠簸时，可以随着舱面上下浮动，所以料斗可以紧贴舱面工作且有清仓能力；另一种是L形链斗卸船机，如图4-44b所示，链斗把物料挖出，并提升到顶上，通过螺旋漏斗卸料器，将物料卸在臂架带式输送机上，运送到后方。L形链斗卸船机的取料头可以旋转，臂架可以俯仰及旋转，通过自动控制，可以保证取料头按一定的路线移动。

a) 悬链式　　　　　　　　　　　　　　b) L形

图4-44　链斗卸船机

第四节　叉　　车

一、叉车的概念

叉车是指具有各种叉具，并且能够对货物进行升降、移动以及装卸作业的搬运车辆。它是一种无轨、轮胎行走式装卸搬运车辆，广泛应用于港口码头、货运站场、物流中心和配送中心等场所，并可进入船舱、车厢和集装箱内，对成件、包装件以及托盘、集装箱等集装件进行装卸、堆码、拆垛和短途搬运等作业。特别是在托盘和其他集装单元化物流作业中，叉车是必不可少的装卸搬运设备。

叉车以货叉为主要工作属具，随着叉车的广泛应用，叉车属具的类型也越来越多。当叉车在换装其他属具后，可以用于对散堆货物、非包装货物以及长大件货物等进行装卸作业和短距离搬运作业。叉车作业时，仅仅依靠驾驶员的操作就能够完成货物的装卸、堆垛、拆垛和搬运等各种作业活动，而无需装卸工人的辅助劳动。

二、叉车的使用特点

① 叉车通用性好，在各行业的不同作业场所都有广泛应用；并且还可以与不同结构类型的叉车属具配合使用，适应不同货物的装卸搬运要求，具有"一机多用"的特点。

② 叉车机动灵活性好，可以在作业区域内任意调动使用；而且还可以很好地与其他起重机械、运输设备配合作业，提高设备的利用率。

③ 叉车具有装卸和搬运双重功能，作业时仅仅利用叉车就能够实现货物的装卸、搬运、堆垛和拆垛等多种作业，从而减少了操作环节，提高了作业效率。

④ 叉车作业安全性能好，可以减少货物破损；叉车作业效率高，可以加快装卸搬运作业速度。

⑤ 叉车与其他大型装卸机械相比，投资少，成本低，而且使用费用也较低。

三、叉车的基本结构组成

不同的叉车虽然在功能上有一定的差异，但基本结构大致都相同，一般由动力装置、起重装置、叉车底盘和电气设备组成。

1. 动力装置

动力装置的作用是为叉车的各工作机构提供动力源，保证叉车工作装置装卸作业和叉车正常运行所需要的的动力。叉车动力装置的基本类型有内燃机叉车和电动叉车两种。

（1）电动叉车

电动叉车是以蓄电池为电源，通过电动机驱动叉车运行及进行装卸作业。电动叉车一般外形尺寸较小，具有运转平稳、操纵简单、检修容易、营运费用较低以及噪声小、无废气污染、环保性好等优点。其缺点是由于蓄电池容量的限制，电动机功率较小，因而起重能力较小、车速和爬坡能力都较低；需要配置充电设施，基本投资较高，而且充电时间较长，一次充电后的连续工作时间较短；另外，蓄电池怕冲击振动，对路面要求高。因此，电动叉车主要适用于室内作业以及通道较窄、搬运距离不长、路面好、起重量较小、车速要求不太高以及环保性要求较高的作业场合。通常情况下，在物流仓库、工厂车间等室内进行装卸搬运作业所用的叉车都采用电动叉车。

（2）内燃机叉车

内燃机叉车是以柴油机或汽油机等内燃机作为动力装置的叉车。内燃机叉车最大的优点是功率大，爬坡能力强，作业持续时间长，对路面要求低，维修方便，备件供应充足，基本投资少；其缺点是运转时噪声和振动较大，而且向周围环境排放废气，营运费用较高。因此，一般情况下，在室外作业、路面不平、起重量较大、作业繁忙、搬运距离较长的作业场合主要选择内燃机叉车。在内燃机叉车中，采用柴油机作为动力源的叉车应用较为普遍，起重量为3t以上的叉车基本上都采用柴油机，主要原因是柴油机耗油低，柴油价格较便宜，排出的废气中所含的有害成分较少。但柴油机比较笨重，振动和噪声比较大；起重量较小的叉车可选用汽油机，它体积小、重量较轻，但油耗高、汽油价格贵，废气中有害成分较多。在石油气供应比较丰富的地方还可用液化石油气叉车，或利用汽油机改造燃用液化石油气，其燃料价格低，排出的废气也较少。

2. 起重装置

起重装置由直接进行装卸作业的工作装置及液压控制系统组成。

（1）工作装置

叉车工作装置的作用是完成货物的叉取、卸放、升降和堆码作业，主要由门架、叉架、货叉、链条和导向滑轮等组成。

1）门架　叉车的门架由内门架和外门架组成，承受着货物的全部载荷。外门架下端铰接在叉车的车架上，并由倾斜油缸推动使外门架绕铰点作前倾或后倾运动。内门架与起升油缸、升降滑轮和叉架相连，可沿外门架内侧导轨上下运动，带动货叉升降，从而实现货物的升降。

2）叉架　叉架是安装货叉及各种属具的支承部分，直接与起升链条相连，叉架上有滚轮沿着内门架滚动。

3）货叉　货叉是叉车最常用的属具，是叉车重要的承载构件，其形状呈L形，水平段用来叉取并承载货物。其上表面平直、光滑，下表面的前端略有斜度，叉尖较薄、较窄，两侧带有圆弧。货叉水平段的长度一般是载荷中心距的 2 倍左右。

4）链条 链条是带动叉架上升的传动件，要求相对伸长率低、承载能力大。

5）导向滑轮 升降链轮只起支承链条及改变链条传动方向的作用。

（2）液压控制系统

液压控制系统的作用是把发动机（或电动机）的能量传递给叉车的工作装置，以便实现货物的起升和门架的前、后倾斜。

液压传动系统主要由油泵、安全阀、分配阀、工作油缸、节流阀、燃油箱、滤清器和油管等组成。其中，油泵是将机械能转换成液体压力能的装置；油缸是将液体压力能转换成机械能的装置；安全阀、分配阀、节流阀是控制液体的压力、流量和流动方向的装置；燃油箱、滤清器和油管是保证液压系统可靠、稳定、持久工作的装置。通过这些装置实现液压油路不同的工作循环，从而满足叉车各项工作性能的要求。

3. 叉车底盘

叉车底盘主要包括传动系统、转向系统、制动系统和行驶系统等组成部分。

（1）传动系统

传动系统的主要作用是将动力装置输出的动力高效、经济和可靠地传给驱动车轮。为了能适应叉车行驶的要求，传动系统必须具有改变速度、转矩和行驶方向等功能。

（2）转向系统

叉车转向系统的作用是改变叉车的行驶方向或保持叉车直线行驶。叉车多在仓库、货场等场地狭窄、货物堆放很多的地方进行作业。叉车在行驶中，需要频繁地进行左右转向，要求转向系统动作灵活，操作省力。

叉车是依靠转向轮在路面上偏转一定角度来实现转向的，叉车转向的形式有机械式转向、液压助力转向和全液压转向三种。一般起重量在 1t 以下的都采用构造简单的机械式转向，起重量大于 2t 的叉车，为操纵轻便，多数采用液压助力转向或全液压转向。

机械式转向机构一般由转向器和转向传动机构组成。转向器的作用是增大转向盘传递到转向轮的力，并改变力的传递方向。转向传动机构的作用是把转向器所传出的力传递给转向车轮，使其偏转而实现叉车的转向。液压助力转向机构与机械式转向机构的主要区别是增加了一个液压转向助力器，因而驾驶员只需很小的力就可以进行操纵，实现转向。全液压转向与机械式转向和液压助力转向的不同之处在于它从转向器开始到转向梯形机构之间完全用液压元件代替了机械连接，因而具有操纵轻便、安装容易、重量轻、体积小、便于总体布局等优点。

（3）制动系统

叉车制动系统的作用是使叉车能够及时地减速或停车，并使叉车能够稳定地停放在适当的地方，防止溜车。

叉车的制动系统一般包括行车制动系统和驻车制动系统两套独立的制动装置。行车制动系统保证叉车在行驶过程中适当减速或停车，它的每个车轮都装有车轮制动器，其操纵装置可分为机械式、液压式和气压式。驻车制动系统保证叉车原地停驻，并有助于在坡道上起步。驻车制动系统还可在紧急制动时与行车制动系统同时使用，或当行车制动系统失灵时紧急使用。

（4）行驶系统

行驶系统承受并传递作用在车轮和路面之间的力和力矩，缓和路面对叉车的冲击，以及减轻叉车行驶时的振动。一般叉车的行驶系统由车桥、车架、车轮和悬架等组成。

4. 电气设备

叉车电气设备包括电源设备和用电设备，主要由蓄电池、发电机、起动机、电动机、照明和仪表等组成。其中，蓄电池和发电机为电源设备，为叉车用电设备提供电能。对于电动叉车，蓄电池是其动力装置，为电动机提供电能以驱动叉车行驶和作业。

四、叉车的类型

叉车的类型有很多种，通常按照叉车动力类型的不同可分为内燃机叉车、电动叉车和人力叉车；按照叉车操纵方式的不同，可分为车上坐驾操纵式、车上站立操纵式和车下步行操纵式叉车等；按照叉车结构和作业特点的不同，可分为平衡重式、插腿式、前移式、侧叉式、拣选式以及其他特种叉车等。

1. 平衡重式叉车

平衡重式叉车如图4-45所示，其结构特点是：具有前后两排车轮，前轮为驱动轮，后轮为转向轮；货叉处在前轮之外，伸向车身的正前方，货叉叉取货物之后，货物重心处于前轮支点以外。因此，货物重力将会以前轮为支点产生一倾翻力矩。为了平衡货物重量产生的倾翻力矩，保持叉车的纵向稳定性，车体后部配有一定重量的平衡重块，故称为平衡重式叉车。

图4-45 平衡重式叉车

平衡重式叉车是叉车中应用最广泛的结构类型，所有重型叉车都属于平衡重式叉车。平衡重式叉车的主要优点是承载能力大，运行性能和稳定性能好，作业适应能力强，能够搬运各种类型的货件，可以用于港口、车站、货场等各种室外作业场所。电动平衡重式叉车可以用于仓库、工厂车间等各种室内作业场所进行货物装卸搬运作业，其起重能力范围非常宽，轻型的有1~2t，重型的起重量可以达到45t。平衡重式叉车的缺点是自身重量和体积较大，需要较大的作业空间，机动性和操作性能相对较差。

2. 插腿式叉车

图4-46所示为插腿式叉车，其结构特点是：叉车前方沿货叉的方向有两个带有小轮子的支腿，叉货作业时支腿与货叉一起插入货物的底部，由货叉将货物叉起提升一定高度，支腿依靠滚轮在地面行走。由于货叉处于支腿的上方，货物重心位于前、后车轮所确

图4-46 插腿式叉车

定的支承平面范围之内，因此，叉车不会形成倾翻力矩，不需要配置平衡重，具有良好的稳定性。这类叉车一般采用蓄电池作为动力，起重量在2t以下。

插腿式叉车比平衡重式叉车结构简单，自重轻，外形尺寸小，机动性能好，便于操作，适合在狭窄的通道和室内进行堆垛和搬运作业，特别适合单面型托盘货物的搬运作业。插腿式叉车的明显缺点是由于有支腿的阻挡，货叉不能直接插入平底货物的底部，需要使用单面型托盘或用垫板将货物垫起，以便支腿插入货物底部；另外，插腿式叉车承载能力较小，运行速度较低，而且由于行走车轮直径较小，对地面的平整度要求较高。

3. 前移式叉车

前移式叉车是在插腿式叉车的基础上发展而来的，是一种特殊类型的插腿式叉车。它可以使货叉沿支腿方向向前移动，伸出支腿之外，以便于货叉直接插入货物的底部，从而克服了普通插腿式叉车的不足。与普通插腿式叉车相比，前移式叉车的支腿较高，前轮较大。

前移式叉车根据货叉的移动方式可分为两种类型：一种是门架前移式，另一种是叉架前移式。门架前移式叉车在进行叉取作业时，由门架带着货叉沿支腿内侧的轨道向前移动伸出支腿之外（图4-47a），叉取货物之后稍微起升一个高度，门架又缩回到原来位置，然后带货运行。货叉前移式叉车的叉架与门架之间装有铰接式伸缩机构（图4-47b），在进行叉取和卸下货物时，门架不动，叉架借助伸缩机构前移和后退，从而使货叉向前伸出和向后缩回。这两种叉车作业时支腿都不能插入货物的底部，而是通过货叉的移动方便地实现货物的叉取和卸下。与普通插腿式叉车一样，货叉回到原位之后，货物的重心即处于支腿的支点之内，从而保证叉车可以稳定地带载运行。

a)门架前移　　　　　　　　　　b)货叉前移

图4-47　前移式叉车

前移式叉车一般都是由蓄电池作为动力源，起重量在3t以下。当门架向前升至顶端时，载荷重心落在支点的外侧，此时其相当于平衡重式叉车；当货叉完全收回时，载荷重心落在支点的内侧，此时其相当于电动堆垛机。两种性能的结合，使得这种叉车具有操作灵活和高载荷的优点，并且这种叉车还具有车身小、自重轻、机动性好的特点。由于是以蓄电池作为动力源，因此这种叉车不会污染周围的空气。但这种叉车的行走速度较低，所以只适用于在车间、仓库内工作。

4. 侧叉式叉车

侧叉式叉车的门架和货叉位于车体中部的侧面，货叉的伸出方向垂直于车体的纵向轴线方向，而且车体同侧还设有一个载货平台（图4-48）。货叉不仅可上下升降，还可前后伸缩。叉货作业时，门架前移将货叉向外伸出，叉取货物后，货叉起升，门架后退到原位，然后货叉下降，将货物放置在叉车侧面的载货平台上，叉车即可承载着货物行驶。其货物沿叉车纵向放置，可减少长大货物对道路宽度的要求，同时，货物重心位于车轮支承平面之内，使叉车的行驶稳定性较好，运行速度较高，驾驶员视野性也比平衡重式叉车好得多。但是，由于门架和货叉只能向一侧伸出，当需要在载货平台对侧卸货时，叉车必须掉头以后才能卸货，这是该类叉车的不足之处。侧叉式叉车主要适用于搬运长大件货物，特别是便于搬运长大件货物通过仓库大门和较狭窄的作业通道（图 4-48b）。

　　由于侧叉式叉车的作业对象多是长大笨重货物，且这些货物一般情况下都在露天货场堆放，因而要求这种叉车的动力性和承载能力较强，因此，此类叉车多以柴油机为动力装置，起重量一般在 2.5t 以上。

a)　　　　　　　　　　　　　　b)

图 4-48　侧叉式叉车

5. 拣选叉车

　　拣选是按订单或出库单的要求，从储存场所拣选出物品，并放置在指定地点的作业。拣选作业是物流配送中心活动中最繁忙的业务之一，为减轻拣选作业的劳动强度、提高拣选作业效率并适用不同场合的拣选叉车应运而生。拣选叉车就是用于配送中心进行货物拣选作业的叉车，主要工作是对非整盘货物（即单件或少量货物）进行人工拣取或存放。

　　拣选叉车按照其作业高度的不同，可分为高位拣选叉车和低位拣选叉车两大类，但目前还没有具体的分类标准。低位拣选叉车的工作高度一般在 2m 左右，高位拣选叉车的工作高度可以达到 10m。

　　1）高位拣选叉车　高位拣选叉车主要用在物流中心和配送中心高层货架区的窄通道内进行货物拣选和存取作业，其操作人员可以站在拣货台上，随拣货台一起上下升降，在不同的高度位置对两侧货架中的货物进行拣取，如图 4-49a 所示。出于人员安全的考虑，此类叉车高度受到限制，而且运行速度很低，对地面的平整度要求较高。另外，也有的窄巷道高位拣选作业采用三向堆垛叉车，其操作性能和安全性能都比较优越。

a) 高位拣选叉车　　　　　　　　b) 低位拣选叉车

图 4-49　拣选叉车

113

2）低位拣选叉车　图4-49b所示为低位拣选叉车，其作用与高位拣选叉车一样，也适用于人工从货架中进行少量货物拣选，只是作业位置较低。其操作人员可以站在地面拣货，需要时也可以乘立在货叉后面的平台上拣货。

6. 其他类型叉车

（1）自由起升叉车

自由起升叉车是指具有自由起升功能的叉车，这种叉车适用于在低矮的作业空间内（如船舱、车厢和集装箱内）进行装卸和堆码作业。具有全自由起升功能的叉车，当叉架起升到内门架顶端时，叉车的总高度仍然不变，因此它可以在叉车总高不变的情况下将货物堆码到与叉车总高大致相同的高度；具有部分自由起升功能的叉车，只要门道的净空高度不低于门架全缩时的叉车总高，叉车就能通过，如图4-50所示。

图4-50　自由起升叉车

（2）集装箱叉车

集装箱叉车是指装有专用集装箱吊具，专门用于吊运集装箱的叉车（图4-51），它主要用于港口集装箱码头、铁路集装箱办理站和公路集装箱中转站等场所，进行集装箱装卸搬运和堆垛作业。

（3）三向叉车

一般叉车的货叉只能朝一个方向叉取货物。三向叉车的货叉则可以在左、前、右三个方向叉取货物。其叉取方向的改变有两种方式：一种是通过门架相对于车体旋转改换方向（图4-52a），称为转柱式三向叉车；另一种是通过叉架相对于门架旋转改换方向（图4-52b、c），称为转叉式三向叉车。

转叉式三向叉车也称为三向堆垛叉车，即VNA（Very Narrow Aisle）叉车，主要用于高层货架仓库的狭窄巷道内进行货物存取作业（因此又称为高架叉车或无轨巷道堆垛机）。其中，机上操作式适用于人工进行单件或少量货物拣选作业，属于一种高位拣选叉车；机下操作式适用

图4-51　集装箱叉车

于整盘货物存取作业。由于货叉可以三向旋转，叉车在通道内不必转弯就可以直接从两侧货架上存取货物，因此这类叉车所需的作业空间很小，特别适用于高层货架仓库的狭窄巷

道内作业，可以使仓库的空间得到高效利用，大大提高了仓库储存面积利用率。

a) 转柱式　　　　　b) 机上操作转叉式　　　　　c) 机下操作转叉式

图 4-52　三向叉车

（4）伸缩臂叉车

伸缩臂叉车是一种带伸缩臂的多用途叉车（图 4-53）。伸缩臂叉车的叉具安装在伸缩臂的顶端，通过伸缩臂的仰俯运动来实现货物的升降运动；可以换装货叉、吊具、工作平台、铲斗等多种工作属具，实现一机多用。这种叉车起升高度为 6~30m，承载能力可达 20t，而且具有良好的越野行驶性能，适用于钢材木材货场、建筑工地、林场、矿区等场所进行多用途物料装卸搬运。

（5）托盘搬运叉车

托盘搬运叉车是专门用来搬运托盘单元货件的叉车，广泛用于各种配送中心、仓库等物流场所，多用于出入库货物的搬运作业。托盘搬运叉车的类型非常多，一般按照其驱动形式的不同可分为电动式和人力推动式两大类。

托盘搬运叉车的货叉一般与行走滚轮做成一体，滚轮支腿可以在液压作用下起升和降落来改变货叉的高度，以便于货叉插入托盘和拖带托盘行走。工作时，货叉插入托盘的叉孔内，通过电动或手动手柄上下摇动，液压装置即可使货叉升高，使托盘随之离地，然后由电力驱动或人力推动使之行走；待货物运到目的地后，踩动踏板，货叉落下，即可放下托盘货物。

图 4-53　伸缩臂叉车

电动式托盘搬运叉车通过蓄电池电力驱动，操作人员可以站立在机上操作，叉取货物和拖带托盘运行，其运行速度较快，操作比较灵活方便，是一般仓库货物出入库搬运作业的主要设备（图 4-54a）。

手拉式托盘搬运叉车是利用人力推拉运行的简易轻巧型搬运设备（图 4-54b），是物料搬运中不可缺少的辅助工具，在各种物流作业场所都得到了广泛应用。一般手拉式托盘搬运叉车的额定起重量可达 1~3t，货叉最大起升高度为 120mm，货叉最低离地高度为 100mm。

115

（6）手拉液压堆高车

手拉液压堆高车（图4-55）是利用人力推拉运行的简易式叉车。根据起升机构的不同，手拉液压堆高车可分为手摇机械式、手动液压式和电动液压式三种，适用于工厂车间及仓库内对效率要求不高但需要有一定堆垛和装卸高度的场合。其额定起重量可达500～1000kg，货叉起升高度能够达到1～3m。

a) 电动式　　　　　　　　b) 手拉式

图4-54　托盘搬运叉车　　　　　　　图4-55　手拉液压堆高车

五、叉车属具

叉车属具是指叉车作业时用于取货的附属装置。叉车最基本的属具是货叉，但是为了适应叉车对不同种类货物装卸搬运作业的需要，可以采用不同类型的专用属具，从而提高叉车的作业能力，扩大叉车的使用范围，提高叉车的通用性能和作业效率，并且还能够提高叉车作业安全，减少货物损伤，减轻工人的劳动强度。

叉车属具是先进物料搬运机械的重要标志，它使叉车成为具有叉、夹、升、旋转、侧移、推拉或倾翻等多种功能。常用的叉车属具主要有货叉、夹抱器、推拉器、串杆、吊钩等，不同的作业任务可选用不同的属具。图4-56所示为常见的叉车属具。

1）货叉　货叉是叉车最常用的属具，是以叉取方式对货物进行搬运作业。货叉的类型很多，普通货叉（图4-56a）是最主要的叉车属具，有两个向前伸出的叉齿，叉齿的间距可以在叉架上左右移动进行调节，以适应大小不同的货件，可用于各种作业场合、各类货物的搬运作业。双托盘货叉（图4-56b）主要用于托盘货件搬运作业，它由两组普通叉齿组成，可同时叉取两组托盘货件，可以成倍提高托盘货件装卸搬运作业速度和效率。笼型货叉（图4-56c）由纵横多组叉齿组成，可用于袋类、箱类或其他成组货物的搬运。

2）夹抱器　夹抱器是以夹抱方式搬运货物的属具，针对不同形状或性质的货物，可以采用不同类型的夹抱器。例如：平板夹抱器（图4-56d）主要用于纸箱、塑料箱等方形货物的搬运，特别是对于成组箱形货物的夹抱搬运，可以极大地提高作业速度和效率；弧形夹抱器（图4-56e）主要用于筒形或成卷的货物夹抱搬运；木材夹抱器（图4-56f）主要用于木材、大型管件等的搬运作业。

3）推拉器　推拉器（图4-56g）是专门配合滑板托盘搬运叉车使用的一种专用属具，它通过下方的钳夹装置夹持滑板托盘的翼边，通过伸缩机构的推拉运动可以将滑板托盘货件整体拉上货叉和推出卸下。

4）串杆　串杆（图4-56h）是专门用于各类带有中心孔的货物搬运的属具，常用于钢板卷、钢丝卷、纸卷、电线卷等卷状和环状货件的搬运作业，可以根据货物大小和重量的不同选择不同长度和直径的串杆。

5）吊钩　叉车吊钩（图4-56i）是一种悬臂吊式叉车属具，主要用于集装袋、集装网等特殊包装货物的吊装和搬运作业。

图4-56　常见的叉车属具

六、叉车的主要使用性能和技术参数

1. 叉车的主要使用性能

1）装卸性能　装卸性能是指叉车的起重能力和装卸搬运速度快慢的性能。装卸性能的好坏对叉车的生产率有直接的影响。表示装卸性能的主要技术参数有：额定起重量、载荷中心距和叉车工作装置的速度等。

2）动力性　动力性是指叉车行驶和驱动能力的性能，通常用行驶速度、加速能力和爬坡能力等指标表示。

3）制动性 制动性是指叉车在行驶中根据要求降低车速及停车的能力，通常以在一定行驶速度下制动时的制动距离来表示，制动距离越小则制动性能越好。叉车的制动性能反映了叉车的工作安全性。

4）机动性 机动性是指叉车机动灵活的性能。表示机动性的主要技术参数有最小转弯半径、直角交叉通道宽度和直角堆垛通道宽度等。最小转弯半径、直角交叉通道宽度和直角堆垛通道宽度越小，表示叉车的机动性越好。

5）通过性 叉车的通过性是指叉车克服道路障碍而通过各种不良路面的能力。影响通过性的主要技术参数有叉车的外形尺寸和最小离地间隙等。外形尺寸越小、最小离地间隙越大，叉车的通过性越好。另外，叉车起升机构的结构类型也影响叉车的通过性，如具有自由起升高度的叉车通过性较好，在车厢内作业的叉车通常考虑选择具有自由起升高度的叉车，以便叉车能通过较低矮的通道口。

6）操纵稳定性 叉车的操纵稳定性是指叉车抵抗倾覆的能力。操纵稳定性是保证叉车安全作业的必要条件。为了保证叉车的安全作业，必须使叉车具有可靠的纵向稳定性和横向稳定性。

7）经济性 叉车的经济性主要从购置费用和营运费用来考虑，包括初始购买价格和日常的使用管理费用等。应当以全寿命周期费用最低为原则。

2. 叉车的主要技术参数

1）额定起重量 额定起重量是指当门架处于垂直位置、货物的重心处于载荷中心距以内时，允许叉车举起的最大质量。叉车作业时，如果货物的实际重心超过了载荷中心距，或者当起升高度超过了一定数值时，为了保证叉车的稳定性，最大起重量就要相应地减小，否则叉车就有倾翻的危险。

2）载荷中心距 载荷中心距是叉车设计规定的，在货叉上放置额定起重量的标准货件的重心至货叉垂直段前壁之间的水平距离（图4-57）。货物的重心往往随着货物的形状、体积及在货叉上的放置位置等多种因素而有所变化，因此，叉车在作业过程中叉取的货物实际重心位置超出载荷中心距越远，则允许的最大起重量越小。

3）门架倾角 门架倾角是指叉车在平坦、坚实的路面上，门架相对于垂直位置所能进行的前、后倾斜的最大角度（参见图4-57）。门架前倾角的作用是便于对货物的叉取和卸放，一般前倾角 β 为 3°～5°；门架后倾角的作用是当叉车载货行驶时，防止货物从货齿上滑落，并可以增加叉车载货行驶时的纵向稳定性，一般后倾角 θ 为 10°～12°。

4）最大起升高度 最大起升高度是指叉车在额定起重量下，门架垂直地把货物举升到最高位置时，货叉水平段的上表面到地面的垂直距离。它是叉车的重要性能参数，往往与仓库的货架类型相匹配。

5）最大起升速度 最大起升速度是指叉车在额定起重量下货物起升的最大

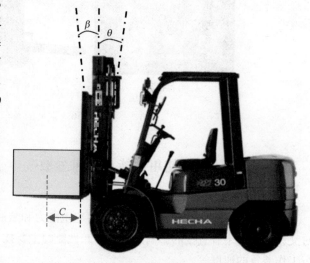

图 4-57 叉车载荷中心距与门架倾角

速度。叉车的最大起升速度，直接影响叉车的作业效率，是决定叉车装卸搬运工作效率的重要因素之一。

6）最高行驶速度 最高行驶速度是指叉车在平直、干硬的路面上满载行驶时所能达到的最高速度。叉车的运行速度一般较低。

7）最大爬坡度 最大爬坡度是指叉车在良好的干硬路面上能够爬上的最大坡度，以垂直位移和水平位移的百分比表示。

8）最小转弯半径 最小转弯半径是指叉车在无载低速行驶状态下，转向轮偏转最大角度时车体的最外侧至转向中心的最小距离。最小转弯半径越小，叉车在直角通道上转向和在直角堆垛时所需的通道宽度也越小。

9）最小离地间隙 最小离地间隙是指叉车车体最低点与地面之间的间隙。最小离地间隙用来表示了叉车无碰撞地越过地面凸起障碍物的能力。离地间隙越大，通过性越好，但离地间隙过大会影响叉车的稳定性。

七、叉车的选用原则与技术维护

1. 叉车的选用原则

叉车的种类繁多，型号规格各异，为充分发挥叉车的使用价值，在选择和配置叉车时应遵循以下两条基本原则。

1）满足必要的使用性能 选用叉车时首先要考虑其性能要满足使用要求，即应合理地确定叉车的技术参数，如额定起重量、工作速度、起升高度和门架倾角等。同时还要考虑叉车的通过性能是否满足作业场地及道路要求，如最小转弯半径和最小离地间隙等。除此之外，选用叉车还要考虑其工作安全可靠，无论在什么作业条件下，都要具有良好的稳定性。

2）保证最佳的经济性能 选择叉车除考虑叉车应具有良好的技术性能外，还应有较好的经济性。所谓经济性，是指叉车全寿命周期费用要低，即不仅要考虑叉车的购买价格，还要考虑叉车的运行费用，如燃料消耗、维护保养费用等。可采用重量利用系数对叉车的经济性进行定量化的比较。重量利用系数是指叉车的额定载重量 Q 与自重 G 的比值，它综合反映了叉车的设计制造水平。减轻叉车自重，不但节省原材料，降低生产成本，而且能够减少运行过程中燃料的消耗和轮胎的磨损。在满足性能要求的情况下，宜选择重量利用系数好的叉车。

2. 叉车的技术维护

为保证叉车能够以良好的技术状态安全可靠地工作，充分发挥其工作潜力，延长其使用寿命，在使用过程中必须对叉车进行维护和保养。叉车的维护保养通常分为日常维护、一级技术保养和二级技术保养等三级维护保养作业。为保持叉车的技术性能，延长其使用寿命，叉车在使用过程中，应按规定进行定期维护和保养。

第五节　巷道堆垛机

一、概述

巷道堆垛机是用于立体仓库对高层货架进行货物存取作业的专用起重搬运设备，其主要功能是在立体仓库高层货架的巷道内来回穿梭运行，将位于巷道口的货物存入货格，或者取出货格内的货物送到巷道口，从而完成出入库作业。

巷道堆垛机是立体仓库中最重要的标志性搬运设备。随着计算机控制技术和自动化立体仓库的发展，巷道堆垛机的应用越来越广泛，技术性能越来越好，作业高度也在不断增加，可达40m以上，额定载重量从几十千克到几吨，行走速度为 4 ~ 120m/min，提升速度为 3 ~ 30m/min。

现代立体仓库所应用的巷道堆垛机主要有两大类：一类是无轨巷道堆垛机（图 4-58a），也称为高架叉车，它是专门用于立体仓库高层货架存取货物的高举升叉车，通过叉车车轮在高层货架的巷道内运行进行作业（详见高架叉车相关内容）；另一类是有轨巷道堆垛机（图 4-58b），它是通过机体上的滚轮在巷道内专设的轨道上

a) 无轨式(高架叉车)　　　　　b) 有轨式

图 4-58　巷道堆垛机

穿梭运行进行作业。这两种巷道堆垛机在现代立体仓库中都有广泛的应用。一般来说，无轨巷道堆垛机购置和使用都比较灵活，适用于中、低高度的中小型立体仓库；有轨巷道堆垛机自动化程度比较高，功能专一，适用于大型高层自动化立体仓库。两种巷道堆垛机的主要性能比较见表 4-6。下面主要介绍有轨巷道堆垛机的结构、原理及其应用。

表 4-6　有轨巷道堆垛机和无轨巷道堆垛机的主要性能比较

设备名称	巷道宽度	作业高度	作业灵活性	自动化程度
有轨巷道堆垛机	小	>12m	只能在货架巷道内固定轨道上运行作业，必须配备出入库设备	可以手动、半自动、自动及远距离多机集中控制
无轨巷道堆垛机	大	5 ~ 12m	可以在多个巷道内运行作业，并可以完成巷道以外的作业	主要由人工单机操纵，可以实行半自动、自动控制

二、有轨巷道堆垛机的分类

1. 按照支承方式分类

1）地面支承式堆垛机　地面支承式堆垛机的运行轨道铺设在高层货架巷道内的地面上，堆垛机通过下部的滚轮支承在轨道上并驱动运行。上部通过导轮支承在巷道上方的天轨上，防止堆垛机倾倒或摆动，在遥控时可兼作信号电缆吊架的导轨。与悬挂式相比，地面支承式堆垛机金属结构的立柱要求具有较高的弯曲强度，因此需要加大堆垛机立柱的结构尺寸，从而增加了自身质量。地面支承式堆垛机承载能力较强，而且由于驱动装置均装在底部横梁上，维修和保养都比较方便。地面支承式堆垛机应用比较广泛，适用于起重量较大的各种高度的立体仓库。

2）悬挂式堆垛机　悬挂式堆垛机通过滚轮悬挂在巷道上方的轨道下翼缘上运行。其运行机构安装在堆垛机门架的上部。在地面上也铺设有导轨，通过门架下部的导轮夹持在导轨的两侧，以防堆垛机运行时产生摆动和倾斜。堆垛机的载货台（包括伸缩货叉和驾驶室）沿门架上下升降的动作是由安装在门架上部的升降装置来实现的。另外，堆垛机的集电装置也安装在门架的上部，通过电缆将电力输入到驾驶室电气控制系统中。

悬挂式堆垛机的优点是自重较轻，加、减速时的惯性和摆动较小，稳定静止所需的时间较短；其缺点是运行、升降等驱动机构安装在堆垛机的上部，保养、检查和修理必须在高空作业，既不方便也不安全，而且仓库的屋顶或货架要承担堆垛机的全部移动荷重，从而增加了屋顶结构和货架的质量。

2. 按照结构类型分类

1）单立柱堆垛机 单立柱堆垛机的金属结构由一根立柱和下横梁组成，如图4-59a所示。这种堆垛机的自重轻，但刚性较差，承载能力较低，一般用在起重量2t以下且起升高度不大于45m的场合。单立柱堆垛机的行走速度最高可达160m/min，载货台的升降速度最高可达60m/min，货叉伸缩速度最高可达48m/min。

2）双立柱堆垛机 双立柱堆垛机的金属结构由两根立柱和上下横梁组成，如图4-59b所示。这种堆垛机刚性好，起重量可达5t，运行速度高，能快速起动并迅速制动，适用于各种起升高度的仓库，能用于大件货物的作业，但其自重较大。

3. 按作业方式分

1）单元式堆垛机 单元式堆垛机是对托盘单元货物进行出入库作业的堆垛机，它完全由取货装置进行货物存取作业。

2）拣选式堆垛机 拣选式堆垛机是由操作人员从货架货格的托盘或容器中存入或取出少量货物，进行出入库作业的堆垛机，其特点是没有货叉。

3）拣选—单元混合式堆垛机 拣选—单元混合式堆垛机是具有单元式和拣选式综合功能的堆垛机，其载货台上既有货叉装置，又有驾驶室，可满足两种作业方式的要求。

各种类型有轨巷道堆垛机的结构特点及其用途参见表4-7。

表4-7 各种类型有轨巷道堆垛机的结构特点及其用途

类 型		结 构 特 点	用 途
按照结构分类	单立柱巷道堆垛机	机架结构由一根立柱和下横梁组成一个框架；机构刚度比双立柱差	适用于起重量在2t以下、起升高度在16m以下的仓库
	双立柱巷道堆垛机	机架结构由两根立柱、上横梁和下横梁组成一个矩形框架；结构刚度比较好；起重质量比单立柱大	适用于各种起升高度的仓库；一般起重量可达5t，必要时还可以更大；可用于高速运行
按照支承方式分类	地面支承式巷道堆垛机	支承在地面铺设的轨道上，用下部的车轮支承和驱动；上部导论用来防止堆垛机倾倒；机械装置集中布置在下横梁，易保养维修	适用于各种高度的立体仓库；适用于起重量较大的仓库；应用广泛
	悬挂式巷道堆垛机	在悬挂于仓库屋架下弦装设的轨道下翼缘上运行；在货架下部两侧铺设下部轨道，防止堆垛机摆动	适用于起重量和起升高度较小的小型立体仓库；使用较少；便于转巷道
按照作业方式分类	单元式巷道堆垛机	以托盘单元或货箱单元进行出入库作业；自动控制时，堆垛机上无驾驶员	适用于各种控制方式，应用广泛；可用于"货到人"式拣选作业
	拣选式巷道堆垛机	在堆垛机上的操作人员从货架内的托盘单元或货物单元中取少量货物，进行出库作业；堆垛机上装有驾驶室	一般为手动或半自动控制；用于"人到货"式拣选作业

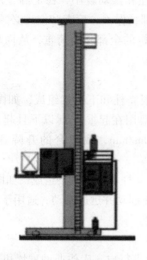

a) 单立柱式

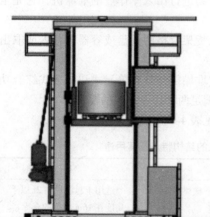

b) 双立柱式

图 4-59　单立柱与双立柱式有轨巷道堆垛机

三、有轨巷道堆垛机的作业方式及特点

有轨巷道堆垛机对货物的存取作业有两种基本方式，即单一作业方式和复合作业方式。单一作业方式即堆垛机从巷道口出入库台，取一个单元货物送到选定的货位，然后返回巷道口的出入库台（单入库）；或者从巷道口出发到某一给定货位取出一个单元货物送到出入库台（单出库）。复合作业方式即堆垛机从出入库台取一件单元货物送到选定的货位，然后直接转移到另一个给定货位，取出其中的货物单元，再回到出入库台出库。为了提高作业效率，大多数采用复合作业方式。

有轨巷道堆垛机具有以下特点：

① 因为高层货架的高度和货架巷道之间的距离狭窄，有轨巷道堆垛机整体结构高而窄。

② 有轨巷道堆垛机的金属结构要求的刚度和精度比较高。

③ 有轨巷道堆垛机配备特殊的取物装置，常用的有伸缩货叉、伸缩平板和可对特殊形状货物作业的机械手等。

④ 有轨巷道堆垛机的电力拖动系统要求同时满足工作速度快、起动和制动迅速以及平稳且准确等方面的要求。

⑤ 人工操作安全要求高。

四、有轨巷道堆垛机的基本组成

有轨巷道式堆垛机主要由机架、运行机构、升降机构、载货台及存取货机构、电气设备、安全保护装置等组成，如图4-60所示。

（1）机架

机架由立柱和上、下横梁连接而成，是堆垛机的承载构件。机架有单立柱和双立柱两大类。单立柱结构的机架只有一根立柱和一根下横梁。这种结构的重量比较轻，制造工时和消耗材料少，堆垛机运行时，驾驶员的视野性比双立柱好，但刚度较差，一般适应于高度不大、荷重较轻的堆垛机。

双立柱的机架是由两根立柱和上、下横梁组成的一个长方形框架，这种结构的强度和刚度都比较好，适用于起重量较大或起升高度较高的堆垛机。立柱是载货台垂直升降的支承构件，在立柱两侧装有导轨，使载货台沿导轨上下运行；立柱上还装有上下极限位置开关、上下自动认址装置和传感器等，通常做成箱形结构。上横

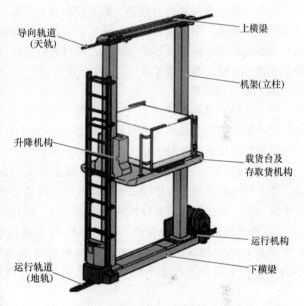

图 4-60　有轨巷道式堆垛机的基本组成

梁通常用工字钢、型钢或钢板焊接而成，横梁两侧装有定滑轮，起升机构的钢丝绳通过定滑轮与载货台上的动滑轮连接。地面支承式有轨巷道堆垛机的下横梁装有行走驱动装置以及主、从动车轮和认址装置，电气控制柜一般也固定在下横梁上。在下横梁的两端还装有缓冲器，以防堆垛机在巷道两端因失控而产生很大的碰撞力。

（2）运行机构

运行机构是堆垛机水平运行的驱动装置，一般由电动机、联轴器、制动器、减速器和行走车轮组成。按照所在位置的不同，运行机构可以分为地面运行式、上部运行式和中间运行式等。其中地面运行式使用最广泛，这种方式一般通过两个或四个车轮沿铺设在地面上的单轨运行。在堆垛机的顶部有两组水平导向滚轮，沿着固定在屋架下的导向轨道运行。如果堆垛机车轮与金属结构通过垂直销轴铰接，堆垛机就可以沿曲线轨道行走从一个巷道转移到另一个巷道作业。上部运行的堆垛机悬挂在位于巷道上方的工字钢下翼缘上运行，下部同样有水平轨道导向。

（3）升降机构

堆垛机的起升机构由电动机、制动器、减速器、卷扬机或链轮以及钢丝绳和起重链等柔性件组成，实现载货台的上下运动。电机转动带动卷扬机，然后钢丝绳牵引载货台作升降运动。常用

的减速器有齿轮减速器,需要较大的传动比时可以选用蜗轮蜗杆减速器和行星齿轮减速器。为了尽量使升降机构尺寸紧凑,常使用带制动器的电动机,载货台的运行速度可以通过调速控制,一般工作速度为 12~48m/min。

(4) 载货台及存取货机构

载货台是堆垛机承载货物的装置。对于托盘单元式堆垛机,具有载货台和存取货机构;对于只需要从货格拣选一部分货物的拣选式堆垛机,则载货台上不设存取货机构,只有平台供放置盛货容器使用。存取货机构可以是伸缩式货叉,也可以是一块可伸缩的取货板,或者是其他类型的伸缩机构,载货台在辊轮的支承下沿立柱上的导轨沿垂直方向运行。

(5) 电气设备

电气设备主要包括电力拖动、检测控制和安全保护等装置。在电力拖动中,控制电动机的转速常用涡流调速、交流变频调速、交流变极调速和可控硅直流调速。对堆垛机的自动控制一般采用可编程控制器、单片机和单板机等,同时进行工作过程和状态的检测控制和安全保护,确保堆垛机快速、平稳、准确地工作。

(6) 安全保护装置

由于巷道式堆垛机是在又高又窄的巷道内快速运行的设备,对它的安全必须予以特别的重视。除一般起重机常备的安全装置(如各机构的终端限位保护和电动机过热和过电流保护、控制电路的零位保护等)外,还应结合实际需要增加以下各项保护措施。

1) 运行保护 在运行和升降方向距终端开关一定距离处设强制减速开关,以确保及时减速。货叉伸缩机构只有在堆垛机运行机构和升降机构不工作时,才能起动。反之,如果货叉已离开中央位置,那么堆垛机运行机构便不能起动,而升降机构则只能以慢速工作。

2) 钢丝绳过载和松弛保护 起升机构钢丝绳过载装置是控制堆垛机载货台受载情况的保护装置,其作用是当载货台上承受载荷超过最大或最小允许值时,通过钢丝绳的拉力大小调节装置中的弹簧产生不同行程,从而切断升降装置电动机回路电源,使装置及时停止运转。

3) 钢丝绳断绳保护 对于驾驶室随载货台升降的堆垛机,必须装设断绳捕捉器。断绳保护装置是由螺杆、压缩弹簧、左右安全钳及连杆机构等组成,主要原理是在载货台滑轮组的 U 形板连接座下安装螺杆和压缩弹簧,当起升钢丝绳受载货台和货物质量的作用力时,使压缩弹簧处于压缩状态,一旦当钢丝绳断裂,滑轮组即失去载货台和货物的重力作用,同时压缩弹簧释放使连杆机构动作,进而使安全钳中的楔块向上运动,在楔块的斜面作用下使断绳保护装置夹紧在升降导轨上,从而保证载货台在断绳时不致坠落。

4) 下降超速保护 不论什么原因,一旦载货台下降发生超速现象,那么该保护装置就立刻将载货台夹住。

5) 其他保护装置和措施 对于自动控制的堆垛机,除上述各种保护以外,还需增设下列安全装置:

① 货格虚实探测装置。在入库作业中,货叉将货物单元送入货格之前,先用一个机械的或者光电的探测装置检查一下该货格内有无货物。如果无货,则伸出货叉将货物存入货格;如果已有货,则报警,并停止进行后续的运作。

② 出库检测装置。在出库作业中货叉伸进货格完成取货动作之时,如果在货位上检测不到有货物存在,则立即报警。

③ 伸叉受堵保护。货叉伸出受阻时,伸缩机构传动系统中装设的安全离合器即打滑进行保护。如果延续一定时间后,货叉尚未伸到头,则立即报警。

④ 货物位置和外形检测。如果货物单元在载货台上位置偏差超过一定限度，或者倒塌变形，则检测装置立即报警，堆垛机不能继续工作。

⑤ 货叉升降行程限制。货叉在货格内作微升降时，用检测开关限制微升降行程或限制其动作时间，以防货叉微升降过度而损坏货物、机构或货架。

⑥ 关键检测器件软件自检。对系统中的关键检测器件，如货位探测开关和货叉原位开关等采用软件自检措施，以及时发现并更换失灵器件。

⑦ 堆垛机开动警告。堆垛机开动前发出声光警告。

五、巷道堆垛机的控制方式

（1）手动控制方式

手动控制是堆垛机最基本的控制方式。这种方式由操作人员在驾驶室内，用手柄或按钮来操作纵横运行、升降、货叉伸缩等动作，认址、变速和对准等则全部靠驾驶员来完成。该方式控制设备简单、经济，驾驶员劳动强度较大，作业效率较低，适用于出入库频率不高、规模不大的仓库。

（2）半自动控制方式

半自动控制方式是由手动控制方式改进而成的。不同型号的半自动控制巷道堆垛机，自动化程度各不相同，但基本功能都是：机构所配置的检测装置自动发出停车信号，控制堆垛机自动停准。这种方式可显著提高堆垛机的作业效率，减轻驾驶员的劳动强度。自动停准功能是半自动控制方式的主要功能。除自动停准功能外，有的堆垛机还有自动换速、自动认址、自动完成货叉伸缩存取货物的功能。这种控制方式，其控制设备除手动操纵盘外，一般还设有简单的继电器逻辑控制装置，它具有经济实用、便于维修等优点，适用于出入库比较频繁、规模不大的仓库。

（3）全自动控制方式

全自动控制方式的主要特点是堆垛机上不需要驾驶员。在机上便于地面操作的部位装有设定器，操作人员站在巷道口的地面上，通过机上设定器设定出入库作业方式和地址等数据。机上装有自动认址装置和运动逻辑控制装置，在操作人员设定完毕并按下起动按钮后，堆垛机开始自动运行升降、认址、停准及存取货物等作业，从而实现堆垛机的自动操作。

机上控制装置可以是电子式或继电器式的专用或通用顺序控制装置，也可以是单板微型计算机。设定器可以采用数字按钮、选择开关、拨码开关及读卡器等。读卡器可使用专用的，在专用卡片上穿有对应于货格地址的信息孔，通过专用读卡器进行地址设定。自动控制方式具有操作简单、作业效率高等优点，适用于出入频率高、起重机台数不多且未配置输送机的中小规模仓库（货位一般不超过 2000 个）。

（4）远距离集中控制

远距离集中控制堆垛机的出入库作业的控制装置和地址设定器安装在地面集中控制室内。操作人员通过设定器设定出入库地址和作业方式，并输入到地面或机上的控制装置（包括计算机）中，经过计算和判断，发出堆垛机运行的控制命令，从而实现堆垛机的远距离集中控制。由于地面控制装置远离巷道和堆垛机，因此堆垛机和地面控制室内需要配备信息传送系统，传输方法常用的有电缆传输和感应传输两种。远距离集中控制方式适用于出入库频繁、规模较大、有多台起重机和输送机、有较大容量（货格数在 2000 个以上）的仓库，特别是低温、黑暗、有害等特殊环境的仓库，这样可以节省人力，改善劳动条件，提高仓库作业效率，但初始投资和维护费用较高。

复习思考题

1. 简述装卸搬运的概念和作业特点。
2. 装卸搬运设备的作用是什么？
3. 通用桥式起重机有哪些类型？说明其结构特点及应用。
4. 简述门式起重机与装卸桥的主要种类、结构特点及用途。
5. 臂架式起重机有哪些类型？说明常用臂架式起重机的结构特点及应用。
6. 何谓连续输送机械？它主要分为哪些类型？
7. 试述带式输送机的结构、组成和工作原理。
8. 辊道式输送机有哪些类型？其驱动方式有哪几种？
9. 分析比较各类连续输送设备的结构特点及适用范围。
10. 叉车的基本结构主要由哪些部分组成？其主要性能参数有哪些？
11. 常用叉车主要有哪些类型？说明其结构特点及应用。
12. 简述巷道堆垛机的功用、结构及组成。

第五章

包 装 设 备

----- 本章学习目标: ---

1. 理解包装的概念和作用;
2. 掌握包装设备的作用和基本结构组成;
3. 熟悉包装设备的分类;
4. 掌握常用包装设备的类型、基本结构特征及其应用;
5. 掌握包装自动生产线的概念和基本组成,了解典型的包装自动生产线。

第一节 概 述

一、包装的概念和作用

1. 包装的概念

根据国家标准《包装术语第 1 部分:基础》（GB/T 4122. 1—2008）的定义,包装是指为在流通过程中保护产品、方便储运、促进销售,按一定技术方法而采用的容器、材料及辅助物等的总体名称;也指为了达到上述目的而采用容器、材料和辅助物的过程中施加一定技术方法等的操作活动。由该定义可以看出,包装具有两重含义:其一是指包装物,即盛装物品的容器、材料及辅助物品;其二是指包装作业,即对物品进行盛装、裹包和捆扎等的技术活动。

商品包装是现代商品生产过程的重要组成部分,也是现代物流的基本功能和重要作业环节。现代商品包装,不论是包装材料和容器,还是包装作业的技术手段,都是随着工业生产技术和现代科学技术的发展而不断地进步和提高。

2. 包装的作用

（1）保护商品

包装的目的是使商品无损流通,实现所有权转移。它的保护作用体现在如下几个方面:

1）防止商品破损变形 包装能承受在装卸、运输和储存过程中各种外力的作用,如冲击、振动、颠簸和压缩等,能够抵抗这些外力的破坏,从而对商品起到有效的保护作用。

2）防止商品发生化学变化 包装能在一定程度上阻隔水分、溶液、潮气、光线、空气中的酸性气体等,防止环境、气象对商品产生不良影响。

3）防止商品腐朽 包装能有效阻隔真菌、虫、鼠侵入,形成对生物的防护作用。此外,包装还具有防止异物混入、污物污染,防止丢失、散失等作用。

（2）方便储运

商品的运输包装，可以形成包装件的适当大小和形态，便于商品运输、保管、验收和装卸。而且各具特色的包装，能容易地对商品进行区分和计量清点，方便商品的运输、储存和各种物流作业。

（3）促进销售

包装是商品交易促销的重要手段，合理的包装能促进各种商品的销售。一方面，精美的包装能够吸引顾客的注意力，并能把注意力转化为购买兴趣，增加销售机会；另一方面，良好的包装能够提高产品档次，从而可提高产品的价值，唤起人们的购买欲望；再一方面，适当的包装规格便于消费者购买和使用，可以增加商品的销售数量。

二、包装的类别

按照包装在流通领域中的作用，包装可分为销售包装、运输包装、工业包装和商业包装等类别。

1）销售包装 销售包装是以销售为主要目的，与内装物一起到达消费者手中的包装，它具有保护、美化及宣传产品，促进销售的作用。销售包装是直接用于消费者的包装，有的销售包装则作为盛装产品的包装容器，它属于商品的组成部分，伴随着产品的使用过程，既能够保护产品，又便于消费者购买和使用；有的销售包装可以方便消费者携带和保存。所以，销售包装设计主要注重使用，并且重视其装潢美化作用。良好的销售包装可以起到促进产品销售的作用。

2）运输包装 运输包装是以运输储存为主要目的的包装，它具有保障产品的安全，方便储运、装卸，加速交接、点验等作用。在物流过程中所进行的包装大部分属于运输包装，它对产品起一定的保护作用，能防止产品在运输、搬运和保管过程中受到碰撞和挤压而损坏，并且借助外部包装容器，可以方便地利用机械设备进行装卸搬运作业，提高作业速度。

在物流过程中，一种常用的运输包装形式是以托盘为基础的包装，即把包装件或产品堆码在托盘上，通过捆扎、裹包或胶粘等方法加以固定，形成一个搬运单元，以便用机械设备搬运，这种包装形式称为托盘包装。

3）工业包装 工业包装是指对原材料部件从制作商销售到制作商或其他中间商的半成品或成品的包装。工业包装一般发生在生产物流环节，主要是指对生产过程中的原材料和零部件进行的包装，其目的是在产品流通过程中起到保护和便于储运的作用，所以一般主要重视包装的坚固性和防护性。

4）商业包装 商业包装是指包装的数量、类型、质量或设计符合各自贸易要求的包装。商业包装实际上就是在商业领域中，满足商品贸易要求的包装。它主要是某些商品在交易过程中，贸易双方根据商品销售、运输或储存等方面的特殊需要，对商品的包装形式、规格大小及包装质量等规定一些特别的限定条件。特别是在国际贸易中，商业包装常常是重要的交易条件。

在实际应用中，上述几种包装常具有兼容性，例如有些产品的销售包装同时又是运输包装，只是在不同的场合或不同的角度可以将其归属于不同的类别。

三、包装设备及其作用

包装的作业过程一般包括成型、充填、封口、裹包等主要包装工序，以及清洗、干燥、杀菌、贴标、捆扎、集装、拆卸等辅助包装工序。包装设备就是指能够完成全部或部分包装过程的机械。

包装是产品进入流通领域的必要条件，而实现包装机械化和自动化的主要手段是使用包装机械。随着时代的发展、技术的进步，包装设备在包装领域中正起着越来越大的作用，其主要作用有以下几点：

1）可大大提高劳动生产率　机械包装比手工包装快得多，如糖果包装，手工包糖每分钟只能包十几块，而糖果包装机每分钟可达数百块甚至上千块，提高效率数十倍。

2）能有效地保证产品包装规格标准化　机械包装可根据包装物品的要求，按照需要的形态和大小，得到规格一致的包装物，而手工包装是无法保证的。这对出口商品尤为重要，只有机械包装，才能达到包装规格化、标准化，符合集合包装的要求。

3）能实现手工包装无法实现的操作　有些包装操作，如真空包装、充气包装、贴体包装和等压灌装等，都是手工包装无法实现的，只能用机械包装实现。

4）可改善劳动条件，减轻劳动强度　手工包装的劳动强度很大，如用手工包装体积大、重量重的产品，既消耗体力，又不安全；而对轻小产品，由于频率较高，动作单调，易使工人得职业病。采用机械化包装，可以有效地改善劳动条件，减轻工人的劳动强度。

5）有利于工人的劳动保护　对于某些严重影响身体健康的产品，如粉尘严重、有毒的产品和有刺激性、放射性的产品，用手工包装难免危害人体的健康；而机械包装则可避免，且能有效地保护环境不被污染。

6）能可靠地保证产品卫生质量　某些产品，如食品和药品的包装，根据卫生法是不允许用手工包装的，因为会污染产品；机械包装则避免了人手直接接触食品和药品，保证了产品卫生质量。

四、包装设备的分类

包装设备的种类繁多，据统计可达2000多种，而且各种类型的新型包装机械还在不断地涌现。通常，可以按以下方法对包装设备进行分类：

（1）按照包装设备的基本功能分类

按照基本功能的不同，包装设备可分为单功能包装机械和多功能包装机械。

单功能包装机械就是只能完成一种包装工序的包装机械，通常根据其具体功能的不同，可分为充填机械、灌装机械、裹包机械、封口机械、贴标机械、清洗机械、干燥机械、杀菌机械、捆扎机械和集装机械，以及完成其他包装作业的辅助包装机械等类别。多功能包装机械是指在同一台设备上可以完成两个或两个以上包装工序的包装机械。

（2）按照包装设备的作业范围分类

按照作业范围的不同，包装设备可分为专用包装机械、通用包装机械和多用包装机械等类型。

专用包装机械就是专门用于包装某一类产品的包装机械，其功能单一；通用包装机械是指在指定范围内适用于包装两种或两种以上不同类型产品的包装机械；多用包装机械是指通过更换或调整有关机构或零部件后用于包装两种或两种以上产品的包装机械。

（3）按照包装设备的自动化程度分类

按照自动化程度的不同，包装设备可分为半自动包装机械、全自动包装机械和自动包装生产线等类别。

半自动包装机械是指由人工供送包装材料和被包装物品，而由设备自动完成其他包装作业工序的包装机械；全自动包装机械是自动供送包装材料和被包装物品，并自动完成其他包装工序的包装机械；自动包装生产线则是由数个包装机和其他辅助设备连接成的，能完成一系列包

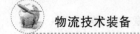

装作业的生产线。

五、包装设备的基本组成

各种类型的包装设备，其外部形状千差万别，其结构有繁有简，但从包装设备的基本工作原理和基本结构来看，一般包装设备通常都由以下部分组成：

1）包装材料整理与供送装置　包装材料整理与供送装置的作用是将包装材料按照一定的规格进行裁剪或整理，并逐个输送到预定工位，有的包装设备在包装材料供送过程中还能完成制袋或包装容器的定型和定位等动作。

2）被包装物品计量与供送装置　被包装物品计量与供送装置的作用是将被包装物品进行计量、整理和排列，并输送到预定工位，有的还可以完成被包装物品的分割、定型等作业。

3）主传送装置　主传送装置的作用是将包装材料和被包装物品由一个包装工位顺序传送到下一个包装工位。全部包装工序在包装机上往往分散成几个工位来协同完成，所以必须有专门的机构来传送包装材料和被包装物品。主传送机构的形式一般决定了包装机的形式，并影响其外形。单工位包装机不具有传送装置。

4）包装执行机构　包装执行机构是指直接完成包装操作的机构，即完成裹包、灌装、封口、贴标和捆扎等操作的机构。它负责实现包装材料和被包装物品的结合，进而形成完整的包装成品。

5）成品输出机构　成品输出机构是把包装好的物品从包装机上卸下、定向排列并输出的机构。有的包装设备的成品输出是由主传送机构完成的或是靠包装物品的自重卸下的。

6）动力装置与传动机构　动力装置是整个包装机械工作的原动力，通常都是由电动机作为动力装置，个别情况也有采用内燃机或其他动力装置的。传动机构的作用是将动力装置的动力与运动传给执行机构和控制系统，使其实现预定动作。包装设备传动机构的传动方式有机械式、电力式、液力式和气力式等多种形式。

7）控制系统　控制系统由各种手动和自动装置组成。包装设备中从动力的输出、传动机构的运转、包装执行机构的动作及相互配合到包装产品的输出，都是由控制系统指令操纵的。现代包装设备的控制方式有机械控制、电气控制、气动控制、光电控制和电子控制等形式，可根据包装设备的自动化水平和生产要求选择。

此外，各种包装设备还具有不同结构形式的机身，用以安装、固定和支承以上各种装置和所有零部件。

第二节　常用包装设备

一、充填机械

充填机械是将产品按照预订量充填到包装容器内的包装机械，它主要用于包装粉末状、颗粒状、小块状的固体物料和膏状物料。

1. 充填机械的类型

充填机械的种类很多。由于各种产品的性质、状态不同，所要求的计量精度各不相同，所采用的充填方法也各有不同，因而形成不同类型的充填机械。

1）按照计量方式分类　按照物料计量方式的不同，充填机械可以分为容积计量式充填机、计数式充填机和称重式充填机三种类别。

2）按照被充填物品的状态分类　按照被充填物品物理形态的不同，充填机械可以分为粉状物料充填机、颗粒状物料充填机、小块状物料充填机和膏状物料充填机等类型。

3）按照充填机械的功能分类 按照充填机械功能的不同，充填机械可分为制袋充填机、成型充填机和仅能完成充填功能的单功能充填机。

2. 常用充填机械

（1）容积计量式充填机

容积计量式充填机是指将物料按预定的容积充填至包装容器内的充填机械。容积计量式充填机结构简单、价格低廉、计量速度快，但计量精度较低，常用于价格较便宜、密度较稳定、体积要求比重量要求更重要的干散物料或膏状物料的充填。

根据物料容积计量方式的不同，容积计量式充填机可分为量杯计量式充填机、螺杆计量式充填机和计量泵计量式充填机等多种类型。

1）量杯计量式充填机 量杯计量式充填机是利用定量量杯来计量物料的容积，并将其充填到包装容器内的包装机。它适用于颗粒较小且均匀的干散物料包装，如图5-1所示。当充填机下料闸门打开时，料斗中的物料靠重力作用自由下落到量杯中，当量杯转到卸料工位时，量杯底盖开启，使物料自由落下充填到其下方的容器中。

2）螺杆计量式充填机 螺杆计量式充填机是利用螺杆螺旋槽的容腔来计量物料，并将其充填到包装容器内的，如图5-2所示。由于螺杆每个螺距之间的螺旋槽都有一定的容积，因此，只要准确控制螺杆的转数或旋转时间，就能获得较为精确的计量值。螺杆计量式充填机结构紧凑，无粉尘飞扬，并可通过改变螺杆参数来扩大计量范围，因此应用范围较广。它主要用于流动性良好的颗粒状和粉状固体物料，例如砂糖、奶粉、盐、味精及化学药粉等，也可用于膏状流体物料，但不宜用于装填易碎的片状物料或密度较大的物料。

图5-1 量杯计量式充填机

图5-2 螺杆计量式充填机

（2）计数式充填机

计数式充填机是指将物料按预定数目充填至包装容器内的包装机械，按照计数方式的不同，可分单件计数式和多件计数式两类；按照物品排列形式的不同，可分为物品规则排列充填机（包括长度计数式、容积计数式和堆积计数式）和物品杂乱无序充填机（包括转鼓式、转盘式和推板式数粒计数充填机）。

1）长度计数式充填机 长度计数式充填机主要用于长度固定的物品的充填，例如饼干等食品的包装，或物品小盒包装后的第二次大包装等，适用于食品和化工等行业。图5-3所示为一种长度计数式充填机，适用于面包、饼干、日用品、工业零件、纸盒或托盘等各类规则物体的包装。

2）容积计数式充填机　容积计数式充填机通常用于等直径和等长度类产品的包装，如钢珠和药丸等产品的充填包装。

3）数粒计数充填机　数粒计数充填机主要有转鼓式、转盘式和推板式，适用于小颗粒产品的计数包装，如胶囊和药片等，图5-4所示为胶囊计数充填机。

图5-3　长度计数式充填机

图5-4　胶囊计数充填机

（3）称重式充填机

称重式充填机是指将物料按预定重量充填到包装容器内的机械。容积式充填机的计量精度不高，对一些流动性差、密度变化较大或易结块物料的包装，往往效果显得更差。因此，对于计量精度要求较高的各类物料的包装，就采用称重式充填机。称重式充填机的结构比较复杂、体积较大、计量速度较低，但是计量精度较高，主要适用于颗粒状、粉末状和块状散装产品的称重充填，例如水泥和粮食等，如图5-5所示。

根据称重对象的不同，称重式充填机可分为毛重式充填机和净重式充填机。毛重式充填机是指对完成充填作业的物料和包装容器一起称重的机器，其结构简单、价格较低，但包装容器的重量直接影响充填物料的规定重量，所以它不适用于包装容器重量变化较大、物料重量占总体重量比例较小的充填包装。净重式充填机是指对物料称出预定重量后再充填入包装容器的机器，其称重结果不受容器重量的影响，是最精确的称重式充填机。

图5-5　称重式充填机

二、灌装机械

灌装机械是指将液体产品按预订量灌注到包装容器内的包装机械，一般称为灌装机。它主要应用于食品领域的饮料、乳品、酒类、植物油和调味品等液体物料的包装，还包括洗涤剂、矿物油以及农药等化工类液体的包装。灌装包装所用的容器主要有玻璃瓶、金属罐、塑料瓶、塑料袋、复合纸袋和复合纸盒等。

1. 灌装机的结构组成

灌装机的基本结构一般由包装容器供给装置、灌装液体供给装置和灌装阀三个部分组成。

1）包装容器供给装置　包装容器供给装置的主要作用是将包装容器传送到灌装工位，并在灌装工作完成后，再将容器送出灌装机。

2）灌装液体供给装置 灌装液体供给装置一般包括储液箱和计量装置，其主要作用是将灌装液体送到灌装阀。

3）灌装阀 灌装阀是直接与灌装容器相接触实现液体物料灌注的部件，其主要作用是根据灌装工艺要求切断或接通储液室、气室和待灌装容器之间液料流通的通道。

2. 灌装机的常用类型

灌装机因包装容器、包装物料、计量方法以及灌装工艺的不同而形成多种多样的结构类型。按照灌装方法的不同，灌装机可分为常压灌装机、负压灌装机、等压灌装机和压力灌装机；按照包装容器传送形式的不同，灌装机可分为直线型灌装机、回转型灌装机；按照计量方法的不同，灌装机可分为定位灌装机、定量灌装机和称重灌装机。

1）常压灌装机 常压灌装机就是指在常压状态下，将储液箱和计量装置处于高位置，依靠物料的自重将液体物料灌装到包装容器内的灌装机（图5-6）。它适宜灌装低粘度、不含气体的液体物料，如牛奶、酱油、矿泉水及日化类产品。常压灌装机能适应由各种材料制成的包装容器，如玻璃瓶、塑料瓶、金属易拉罐、塑料袋及金属桶等。

2）负压灌装机 负压灌装机是指先对包装容器抽气形成负压，然后将液体充填到包装容器内的灌装机。根据灌注方法的不同，负压灌装机分为压差式负压灌装机和重力式负压灌装机。压差式负压灌装机是将储液箱内处于常压，只对包装容器抽气使之形成负压，依靠储液箱与包装容器之间的压力差将液体灌装到包装容器内。重力式负压灌装机是将储液箱和包装容器都抽气使之形成相等的负压，然后使液体依靠自重灌装到包装容器内。

3）压力灌装机 压力灌装机是对液体物料进行加压，依靠压力作用将物料定量地灌注到包装容器内的灌装机。压力灌装机（图5-7）一般采用卡瓶预定位灌装，在灌装转台上设有液体分配器，分配器的一端连接到安装在储液罐中的液泵，另一端用软管连接到各个灌装阀。灌装阀在随灌装转台的回转中沿凸轮下降，当阀嘴与灌装容器口对正并密封时，随之顶开灌装阀，储液罐中的液泵通过灌装机上的分配器向容器供液，灌装至预定容量。液体在灌装容器中的液面高度可以调节，容器内的气体以及灌装满口后的余液经由回流管返回储液罐。

图5-6 常压灌装机

图5-7 压力灌装机

4）直线型灌装机 直线型灌装机（图5-8）的包装容器沿直线灌装台运行，包装容器运行到灌注位置时停下进行灌注，灌注结束再继续运行输出。所以，直线型灌装机属于间歇式作业，其效率较低，但其结构简单，灌装平稳。

5）回转型灌装机 回转型灌装机（图5-9）采用旋转型灌装台，包装容器随转台连续旋转，液体在旋转过程中连续灌注，所以其灌注效率较高。

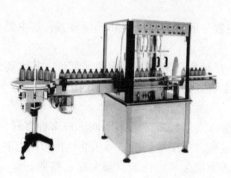

图 5-8　直线型灌装机　　　　　　　　图 5-9　回转型灌装机

三、裹包机械

裹包机械是指用挠性包装材料全部或局部裹包产品的包装机械。常用的挠性包装材料有玻璃纸、塑料薄膜、复合膜、拉伸膜和收缩膜等，主要适用于对块状且具有一定强度的物品进行包装，广泛应用于食品、烟草、药品、日化用品、音像制品以及托盘货件等的包装。

裹包机械的种类很多，结构也比较复杂，常用的裹包机械有折叠式裹包机、扭结式裹包机、接缝式裹包机、覆盖式裹包机、缠绕式裹包机、拉伸式裹包机、热收缩式裹包机和贴体式裹包机等多种类型。

1）折叠式裹包机　折叠式裹包机是将挠性包装材料按照一定的工艺方式折叠封闭的裹包机。折叠式裹包机一般是先将物料置于包装材料上，然后按顺序折叠各边，在折边过程中根据工艺要求，有的在最后一道折边之前上胶粘合，有的用电热熨合，还有的则只靠包装材料受力变形而成型。折叠式裹包机使用广泛，包装外形美观规整，视觉效果好，主要应用于长方体物品（如糖果、巧克力和卷烟等）的包装。

2）接缝式裹包机　接缝式裹包机是指将挠性包装材料按同面粘接的方式加热、加压封闭的裹包机，如图 5-10 所示。它主要应用于各类固定形状物品的单件或多件连续包装，一般能自动完成制袋、充填、封口、切断和成品排出等工序，是应用最广泛、自动化程度最高、系列品种最齐全的一类包装机械。接缝式裹包机能适用于一般块状和筒状规则物品及无规则异形物品等的包装，几乎不限制被包装物的体积和重量。

图 5-10　接缝式裹包机

3）缠绕式裹包机　缠绕式裹包机是指采用成卷的挠性包装材料对产品进行多圈缠绕裹包的裹包机，一般用于单件物品或集装单元物品的裹包包装。图 5-11a 所示为直方体货物缠绕式裹包机，图 5-11b 所示为圆环形货物缠绕式裹包机。托盘裹包机是一种常用的典型缠绕式裹包机。

4）拉伸式裹包机　拉伸式裹包机是指用拉伸膜，在一定张力下对产品进行裹包的裹包机，它常用于大型货件以及托盘单元货件的加固包装，如图 5-12 所示。

5）热收缩式裹包机　热收缩式裹包机是用热收缩薄膜对产品进行裹包封闭，然后进行加热，使薄膜收缩后包裹产品的裹包机械。热收缩式裹包机常见的加热方式有烘道式、烘箱式、柜式、枪式等类型。图 5-13 所示为一种烘道式热收缩式裹包机，用薄膜裹包的物品，从加热烘道中通过之后，即被收缩裹紧。热收缩式裹包机常用于啤酒、饮料等瓶装物品以及其他小型单件物品的集合包装。

6）贴体式裹包机　贴体式裹包机是将产品置于底板上，用覆盖产品的塑料薄片在加热和抽真空作用下紧贴产品，并与底板封闭的裹包机械。贴体式裹包机可把被包装产品紧紧裹包在贴体膜和底板之间，使产品可以防潮、防振，并且有较强的立体感，它广泛用于五金、工量具、电子元件、小型零部件、装饰品、工艺品、玩具以及食品等行业产品的包装，如图5-14所示。

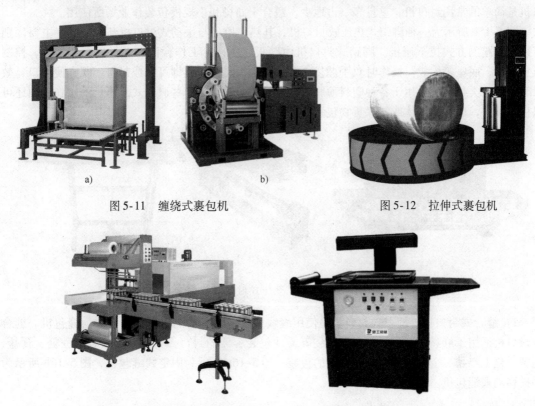

图 5-11　缠绕式裹包机　　　　　　　　　图 5-12　拉伸式裹包机

图 5-13　热收缩式裹包机　　　　　　　　图 5-14　贴体式裹包机

四、封口机械

封口机械是指在包装容器内盛装产品后，对容器进行封口的包装机械。对包装容器进行封口，可以使产品得到密封保存，有效地保护产品，保持产品质量，避免产品流失。包装质量在很大程度上取决于封口质量，而选择合适的封口机以实现封口工序的机械化、自动化操作是提高封口质量的重要保证。

由于包装容器的形状不同，而且制作包装容器的材料也各有不同，所以不同的包装容器常采用不同的封口方式，因而封口机械的类型也十分繁多。常用封口机械主要有以下类型：

1）热压式封口机　热压式封口机是采用加热、加压的方式封闭包装容器的机械，主要应用于各种塑料包装袋的封口。

图5-15a所示为一种热压式塑料薄膜连续封口机，采用可调控电发热原理，使塑料材料牢固地熔合在一起，适合于各种PVC、PE、PP等塑料材料的封合。封口后的包装成品外形美观大方，封口处平整，无皱褶、灼化和压穿现象；还可以根据需要配置压痕印字轮及计数装置，印字清

晰，能提高商品的档次。

图 5-15b 所示为一种简易的手动热压式塑料薄膜封口机，一般采用热板加压封合或脉冲电加热封合，由手柄、压臂、电热带、指示灯、定时按钮等元件组成。使用时根据封接材料的热封性能和厚度，调节定时器按钮，确定加热时间，然后将塑料袋口放在封接面上，按下手柄，指示灯亮，电路自动控制加热时间，时间到后指示灯熄灭，电源被自动切断，1～2s 后放开手柄，即完成塑料袋的封口。具有印字功能的封口机，还可在封口处印上生产日期、生产批号等。手动式封口机是简单的常用封口机，重量轻、占地少，适合于商场和小规模包装作业场所使用。

图 5-15c 所示为一种脚踏式热压式封口机，其热封原理与手动式封口机基本相同，主要区别是采用脚踏的方式拉下压板。脚踏式封口机由踏板、拉杆、工作台面、上封板、下封板、控制板、立柱、底座等构成。操作时双手握袋，轻踩踏板，瞬间通电即可完成封口，既方便封口，效果又好。此类封口机适用于各种塑料薄膜的封口，操作便捷；有些脚踏式封口机的工作台面还可以任意倾斜，以适应液体或粉状货物包装袋的封口。

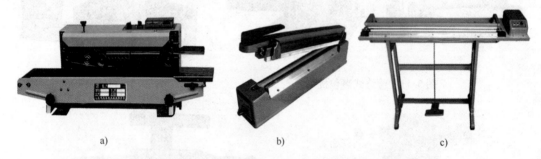

a)　　　　　　　　　　　　b)　　　　　　　　　　　　c)

图 5-15　热压式封口机

2）缝合式封口机　缝合式封口机是使用缝线缝合包装容器的机械，通常称为缝包机。缝合式封口机适用于麻袋、布袋、复合编织袋等柔性包装容器的封口，主要用于粮食、蔗糖、食盐、化肥、化工产品、金属粉剂等粉粒物料的包装。图 5-16a 所示为固定式缝包机，图 5-16b 所示为手提移动式缝包机。

a)　　　　　　　　　　　　b)

图 5-16　缝合式封口机

3）卷边式封口机　卷边式封口机可分为金属容器卷边封口机和玻璃容器卷边封口机两类，分别用于金属罐类和玻璃瓶罐类产品的封装。

金属容器卷边式封口机一般是通过罐身与罐盖凸缘共卷的双重卷边法进行封口，它先通过第一道滚轮将罐盖的卷封凸缘滚挤到罐体的凸缘之下，逐渐产生弯曲并相互钩合成要求的形状；

然后由第二道卷边滚轮对已卷曲的罐体和灌盖凸缘进一步滚压，使其形成更紧密的封口，完成双重卷边封口的整个过程。图5-17所示为金属易拉罐灌装卷边封口机。

玻璃容器卷边封口机是通过压力滚轮将金属盖卷曲与包装容器开口处的凸棱相互钩合将包装容器封闭。玻璃容器采用金属盖作卷边封口时，由于两者的材质性能相差较大，为了使玻璃罐身与罐盖间得到严密可靠的封口，玻璃容器的颈部有供封口用的凸棱，弹性密封胶圈放置于玻璃瓶口凸棱与金属盖之间，用卷封滚压轮对金属盖封口接合部位实施滚压加工，迫使弹性胶圈产生挤压变形，同时把金属盖边缘滚挤到瓶口凸棱之下，构成牢固的机械性勾连结合，在瓶口凸棱与金属盖间变形的弹性胶圈保障玻璃容器封口的密封可靠性。

图5-17 金属易拉罐灌装卷边封口机

4）瓶盖旋合封口机 瓶盖旋合封口机就是对采用螺纹瓶盖的塑料瓶和玻璃瓶容器进行旋合封口的包装机械，主要用于瓶装饮料、植物油、日化用品等的封装。瓶盖可用金属薄板或塑料制成，通常带有单线螺纹，瓶盖内通常衬有弹性密封垫。一般由两个平行且等速但运动方向相反的摩擦带或摩擦轮夹持着瓶身，使瓶身作旋转运动，瓶盖上方由夹爪或压盖板阻止盖转动并能使盖作轴向送进，进而完成旋合封口。图5-18所示为瓶类灌装及旋盖封口机。

图5-18 瓶类灌装及旋盖封口机

5）纸箱封口机 纸箱封口机（图5-19）就是用于对包装纸箱箱口进行封合的包装机械。包装纸箱作为一种外包装容器，用于对各种形式的小型包装件进行集合包装。普通纸板箱或瓦楞纸板箱的箱底和箱顶一般都由四个折片组成，货物装箱之后，需要先将四个折片折合，然后将箱口封合。纸箱封口机的常用类型主要有纸箱黏合封口机、纸箱胶带封口机、捆扎封口机等。纸箱自动封口机可以是一台独立的设备单机作业，也可以与自动流水线配套使用。采用纸箱封口机进行封箱作业，可以同时完成箱底和箱顶的封箱作业，方便快速，容易调整，可随意调节适应不同大小的纸箱，而且封箱平整、规范、美观。纸箱封口机广泛用于家用电器、纺织、食品、百货、医药、化工等各个行业的产品包装。

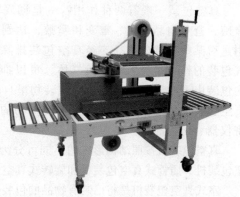

图5-19 纸箱封口机

五、成型—充填—封口机械

成型—充填—封口机械是指完成包装容器的成型，将产品装入包装容器，并完成封口工序的机器，是一种多功能包装机械。按其生产工艺不同可分为容器成型—充填—封口包装机和热成型—充填—封口包装机两种。

1）容器成型—充填—封口包装机　容器成型—充填—封口包装机可分为箱（盒）成型—充填—封口包装机和袋成型—充填—封口包装机，前者就是将片状包装材料经折叠形成箱（盒），然后进行充填和封口的机器；后者是将挠性包装材料制成袋，然后进行充填和封口的机器。容器成型—充填—封口包装机可用来包装液体、膏状、颗粒状和固体物料。

图 5-20 所示为一种袋成型—充填—封口包装机，其基本工作流程是：物料进入包装机的顶部后，计量部分将定好数量的产品依次送入物料通道；包装材料在通过物料通道的外壁时，被成型器卷绕成筒状，纵向封口器将其纵向接缝焊封牢固，横向封口器完成包装袋的顶部封口和下一个包装袋的底部封口，形成两道焊缝。由于下料通道被包装容器裹住，底封口封焊后就可直接向容器内充填物料，随后移动一个工位，完成顶部封口，并用切刀切断，完成包装工序。

2）热成型—充填—封口包装机　热成型—充填—封口包装机是指在加热的条件下，对热塑性片状包装

图 5-20　袋成型—充填—封口包装机

材料进行深冲，形成包装容器，然后进行充填和封口的机器。其工作流程是：成型材料经过热成型制成包装容器，由人工或自动充填装置装入物料后，再将盖封材料覆盖在容器上，用加热的方式与容器四周凸面密封，最后用冲裁装置冲裁成单个的包装盒。

六、真空包装机

真空包装机是将产品装入包装容器后，抽取容器内部的空气，以达到预定的真空度的机器。绝大多数真空包装机通常还具有充气功能，即构成充气包装机。

真空包装一般有两种作用：一是彻底排除包装袋内的空气，从而抑制细菌等微生物的繁殖，避免物品氧化、霉变和腐败，达到保质、保鲜和延长产品储存期的目的；另一种作用是对某些松软的物品，经真空包装排除空气后，可缩小包装体积，便于运输和储存。充气包装的作用是充入不活泼气体，可以抑制微生物繁殖，达到保质的目的；同时，充气后的包装由于内外压力差小，使包装物呈自然状态，外形鲜明、饱满，增加包装物品的美观。真空包装适用于固体、液体及颗粒货物的包装，主要用于食品、化工原料、金属制品、精密仪器、纺织品等产品包装。

真空包装机按照结构形式的不同可分为室式真空包装机、输送带式真空包装机、热成型真空包装机、插管式真空包装机和旋转式真空包装机。

室式真空包装机是将已装有物品的包装袋放入真空室，合盖抽气，达到预定的真空度；需要充气时，在封口前充入气体，再热封合拢封口。室式真空包装机又分为台式真空包装机、单室真空包装机、双室真空包装机（图 5-21a）等类型。

输送带式真空包装机是把输送带作为包装机的工作台，将装有物品的包装袋置于输送带上，随着输送带的步进运动，使其自动完成抽真空、充气、封口、冷却等工序。

热成型真空包装机是采用片状热塑性包装材料在模具中加热成型的方法，在包装机上自制容器，然后完成物料充填、抽真空或充气、封口、切边等工序（图 5-21b）。

a) 双室式   b) 热成型式

图 5-21 真空包装机

七、捆扎机

捆扎机是使用捆扎带对产品或包装件进行缠绕捆扎的包装机械（图 5-22）。捆扎机属于外包装设备，它能够自动把捆扎带缠绕在物品上，然后将其收紧，并通过热效应熔融或使用卡扣等材料将捆扎带两端相连接，从而将物品扎紧或者将多个单件紧紧捆扎在一起。捆扎机在物流过程中应用非常广泛，可以起到减少货件体积、加固单元包装件的作用，从而便于货物装卸、运输和储存。

捆扎机的种类很多，按照自动化程度可分为自动式、半自动式和手动式捆扎机；按照捆扎材料可以分为塑料带、钢带、聚酯带和塑料绳捆扎机。目前我国生产的捆扎机大多数采用聚丙烯塑料带作为捆扎材料，利用热熔连接的方法使塑料带两端加压黏合。

图 5-22 捆扎机

各种类型捆扎机的基本结构相类似，一般都是由机架、导轨、送带机构、收带紧带机构、封接机构和控制装置等部分组成。自动捆扎工作过程主要包括送带、收紧、切烫和粘接四个基本环节。

八、贴标签机械

贴标签机械是将标签贴在包装件或产品上的机器，通常简称为贴标机。标签是贴在包装件或商品上的标志，包括文字和图案，用来说明商品的品名、材料构成、重量、生产日期、质量保证期、产地、厂家联系方式、产品标准号、条码、相关的许可证以及使用方法等信息。贴标机的基本结构一般由供标装置、取标装置、涂胶装置、打印装置等部分组成。

贴标机的种类很多，通常按照标签形式的不同可分为单片式贴标机和套筒状贴标机；按照贴标方法的不同可分为黏合贴标机、不干胶贴标机、收缩式贴标机、订标签机和挂标签机；按照自动化程度的不同可分为半自动贴标机和全自动贴标机；按照容器运行方向的不同可分为立式贴标机和卧式贴标机；按照容器运动形式的不同可分为直线式贴标机和回转式贴标机；按照包装容器材料的不同可分为金属罐贴标机、玻璃瓶罐贴标机和纸质盒罐贴标机等多种类型。

1) 直线式直立黏合贴标机 直线式直立黏合贴标机作业时，被贴容器直立在直线式工作台输送线上，并且由输送机带动物体沿工作台向前作连续的（或间歇的）直线运动；标签在作业过程中由涂胶装置将黏合剂涂敷在其背面，然后由贴标装置将其粘贴到容器的贴标部位。打印装置可以在标签表面上打印出生产日期和批号等即时性信息。这种贴标机适用于瓶类、罐类、箱类产品或其他包装件的局部标签粘贴作业。图5-23所示为一种圆瓶直线式直立黏合贴标机。

2）直线卧滚式不干胶贴标机　直线卧滚式不干胶贴标机作业时，被贴容器横卧在直线式工作台输送线上，由输送机带动其沿工作台向前作连续的直线运动，同时还作圆周滚动；其标签采用不干胶材料印制，即事先已在标签背面涂有黏合剂，在贴标作业时由贴标装置将标签直接粘贴到包装件表面即可。这种贴标机主要适用于圆柱形瓶类、罐类容器的贴标作业，容器在输送线上一边向前移动一边旋转滚动，在旋转过程中完成标签粘贴。这种贴标机一般采用环贴标签，将标签沿容器圆柱表面环贴一周。图5-24所示为一种直线圆瓶卧滚式不干胶贴标机。

图5-23　圆瓶直线式直立黏合贴标机

图5-24　直线圆瓶卧滚式不干胶贴标机

3）回转式贴标机　回转式贴标机的工作台为回转式工作台（图5-25），其主运动为回转运动。在贴标作业过程中，被贴产品的总体运动为绕工作台转动中心的连续回转运动，全部贴标作业是在回转运动过程中完成的。回转式贴标机的标签可以采用即时涂抹黏合剂式标签，也可以采用不干胶式标签，其涂胶过程和粘贴过程与直线式贴标机基本相同。回转式贴标机主要适用于瓶类、罐类等圆柱形容器的贴标作业。

4）收缩式贴标机　收缩式贴标机是采用热收缩或弹性收缩的方法将筒状标签套紧在包装容器上的贴标机。收缩式标签预制成管状或筒状，在贴标时先沿容器外圆柱面套在容器上，然后通过收缩作用与容器

图5-25　回转式贴标机

贴紧。标签可贴于瓶子全身、瓶身中段或瓶子颈部等处，其套贴操作过程比粘贴更简单方便，目前许多玻璃瓶或塑料瓶装产品普遍采用收缩式标签。

热收缩式标签使用具有热收缩性能的材料制成。在贴标作业时，将比容器尺寸略大的筒形标签套到容器上；套上标签的容器由输送带传送穿过由热风回流箱组成的收缩通道，标签受热后即可收缩套紧在容器上（热收缩式贴标机如图5-26所示）。

弹性收缩标签通常采用聚乙烯类具有高弹性的材料制成，弹性收缩式贴标机通常采用成型器或扩张器将筒状标签扩张，然后套到容器上，一旦套上即依靠弹性作用紧贴在容器上。

收缩式标签常用于塑料或玻璃容器上，容器可以是圆形、椭圆形或其他形状，容器上必须有直的及平行的棱线，使标签能紧贴和平整。有些容器表面制成凹凸形，便于标签定位，并防止标签滑动。

九、装箱机

装箱机是指将无包装产品或小包装产品按一定的方式装入包装箱（纸箱或塑料箱）中的一种包装机械（图5-27）。装箱机一般由机械抓手机构、动力装置和控制装置等部分组成，能够准确、可靠地将成组产品抓起，然后放入包装箱中；同时，根据装箱作业的要求，它一般还具有纸箱成型（或打开）、产品整列、产品计量等功能，有些还具有封箱或捆扎功能。装箱机可单机使用，也可以用于自动包装生产线，完成最后的装箱封箱作业。

装箱机按照装箱产品类型的不同可分为瓶类装箱机、盒类装箱机和袋类装箱机；按照产品装入方式的不同可分为顶部装入式装箱机和侧面推入式装箱机；按照自动化程度的不同可分为自动装箱机和半自动装箱机；按照装箱作业运动形式的不同可分为连续式装箱机和间歇式装箱机。

装箱机结构简单、操作方便、工作安全可靠、运行平稳、生产率高、环保和卫生性能好，广泛应用于医药、啤酒、饮料、化工、食品等行业的产品包装。

图 5-26 热收缩式贴标机

图 5-27 装箱机

第三节 包装自动生产线

一、包装自动生产线的概念

包装自动生产线是指按照产品的包装工艺顺序，将数台不同功能的自动包装机、自动供料装置以及其他辅助包装设备，利用一系列输送装置连接成连续的包装作业线，并通过自动控制系统进行全程控制，使被包装物品、包装容器、包装材料、包装辅助材料等按预定的包装要求相互结合，自动完成产品包装全过程的工作系统。

在现代化大规模生产和物流系统中，随着产品包装作业量的不断增加，各种包装设备单机作业的速度和效率远远不能满足生产速度的要求，取而代之的是包装自动生产线。采用包装自动生产线，产品的包装不再是以单机一道一道地完成单个包装工序，而是将各自独立的自动或半自动包装设备和辅助设备，按照包装工艺的先后顺序组合成一个连续的流水线。被包装物品从流水线一端进入，以一定的生产节拍，按照设定的包装工艺顺序，依次经过各个包装工位，通过各工位的包装设备使包装材料与被包装物品实现结合，完成一系列包装工序之后，形成包装成品从流水线的末端不断输出。

采用包装自动生产线，可以全面提高包装作业速度，保证产品包装质量，提高设备利用率，合理利用资源，降低产品包装成本，并且可以改善劳动条件，提高劳动生产率。包装自动生产线适用于少品种、大批量产品的包装作业，是大规模包装生产的重要装备。

从工艺角度来看，包装自动生产线除了具有流水线的一般特征以外，还具有更严格的生产节奏性和协调性。目前在我国各种行业的产品包装中，广泛地应用着各种不同类型的包装自动生产线。

二、包装自动生产线的类型

1. 按照包装机的组合布局形式分类

按照包装机组合布局形式的不同，包装自动生产线可分为串联式、并联式和混联式三种类型。

1）串联式包装自动生产线　串联式包装自动生产线就是将各包装机按工艺流程单向顺序连接，各单机生产节奏相同。这种生产线的结构比较简单，布局比较紧凑，要求各包装机的作业速度比较一致。

2）并联式包装自动生产线　并联式包装自动生产线是指为平衡生产节拍，提高生产能力，将具有相同功能的包装机分成数组平行的包装线，分别共同完成同一包装作业。在此类包装自动生产线之间，一般需要设置一些换向或合流装置。

3）混联式包装自动生产线　混联式包装自动生产线是指在一条包装自动生产线上，同时采用串联和并联两种连接形式，其主要目的是为了平衡各包装机的生产节拍，实现各包装机的生产率匹配。该自动生产线一般较长，机器数量较多，其输送、换向、分流、合流装置种类繁杂。

2. 按照包装机之间的连接特征分类

按照包装机之间连接特征的不同，包装自动生产线可分为刚性包装自动生产线、柔性包装自动生产线和半柔性包装自动生产线三种。

1）刚性包装自动生产线　被包装物在生产线上完成全部包装工序均是由前一台包装机直接传递给下一台包装机，所有机器按同一节拍工作，如果其中一台包装机出现故障，其余各机均应停机。

2）柔性包装自动生产线　被包装物在生产线上完成前道包装工序后，经中间储存装置储存，根据需要由输送装置送至下一包装工序。即使生产线中某台包装机出现故障，也不影响其余包装机正常工作。

3）半柔性包装自动生产线　生产线由若干个区段组成，每个区段内的各台包装机间又以刚性连接，各区段间为柔性连接。目前，刚性和半柔性生产线较常用。

3. 按照被包装产品的类型分类

被包装产品的类型不同，所采用的包装设备也不同，因此其包装自动生产线的组成有较大差异。按照被包装产品的不同类型，可分为液体产品包装自动生产线、粉粒产品包装自动生产线、小块状产品包装自动生产线等多种类型。

1）液体产品包装自动生产线　液体产品包装自动生产线就是对液体产品（包括膏体类产品）进行灌装的包装自动生产线，例如啤酒、饮料等产品的罐式容器包装自动生产线，矿泉水、调味品等产品的瓶类容器包装自动生产线，牛奶、果酱等软袋包装自动生产线等。

2）粉粒产品包装自动生产线　粉粒产品包装自动生产线就是对粉粒产品进行充填包装的包装自动生产线，例如奶粉、蛋白粉、砂糖、精盐、洗衣粉等粉粒产品的罐式容器充填包装、软袋容器包装的包装自动生产线等。

3）小块状产品包装自动生产线　小块状产品包装自动生产线就是对大批量小块状产品进行裹包或充填的包装自动生产线，例如糖果、巧克力、糕点、肥皂、化工产品等产品裹包自动生产线，药片、药丸、胶囊、口香糖等产品充填包装自动生产线。

三、包装自动生产线的组成

各种类型的包装自动生产线的结构类型各有不同，但从原理上讲，各种包装自动生产线一般都由一系列自动包装机、输送装置、辅助工艺设备以及自动控制系统等组成。

1）自动包装机 自动包装机是自动包装生产线最基本的工艺设备，是包装生产线的主体，包括各种单一包装功能的包装机械，如充填机、灌装机、装箱机、捆扎机和封口机等。自动包装生产线的各种包装机能够在自动控制系统的控制下，按照统一的生产节拍自动完成相应的包装作业，不需要人工参与操作。

2）输送装置 输送装置的作用是将各个自动包装机连接起来，使之成为一条连续的自动生产线，在各个自动包装机的工序之间传送包装材料和被包装物品，最终把包装成品送出包装生产线。

3）辅助工艺设备 辅助工艺设备是指包装自动生产线上完成包装辅助作业的各种装置，包括打印机、整理机、检验机、选别机、投料装置、转向装置、分流装置和合流装置等，它们能够对包装材料、包装容器、包装辅助物或包装件等施行一些主要包装工序以外的其他辅助作业。例如，转向装置用于改变被包装物体的输送方向，打印机可以在包装容器外部打印出生产日期、生产批号等信息。

4）自动控制系统 自动控制系统控制包装机和辅助装置，使生产线中各台设备工作同步，即包装速度、输送速度等相协调，从而获得最佳的工作状态，达到理想的包装质量和产量要求。

四、典型包装自动生产线

1. 液体产品包装自动生产线

啤酒包装自动生产线是一种典型的液体产品包装自动生产线，它能够高效率地自动完成瓶装啤酒的全部包装过程，其包装生产能力可达每小时20000瓶以上（图5-28）。啤酒包装自动生产线一般由洗瓶机、灌装压盖机、杀菌机、贴标机、验瓶装置、装箱机、托盘码垛机以及其他配套的辅助装置，如储液罐、托盘输送器、上盖装置等组成，全部装置通过链板式输送机连接成一条连续的生产线。

啤酒包装自动生产线的自动包装工艺流程一般包括：空瓶输入—清洗—验瓶—灌装—压盖—验瓶—杀菌—贴标签—装箱—码盘。

空瓶一般成箱码在托盘上，由叉车送上卸垛机卸垛，然后经输箱机送入卸箱机，卸箱机将空瓶送入链板式输瓶机；空瓶沿链板式输瓶机送至洗瓶机，由导瓶机构将空瓶导入洗瓶机进行洗净；瓶子洗净后再由链板式输瓶机输送到空瓶检验台，通过光电验瓶装置将不合格的瓶子自动拣出。合格瓶子排成单列，间隔导入灌装压盖机进行灌装及压盖封装；封装完毕后，通过实瓶检验装置检验，将不合格者排出，合格者则沿链道进入杀菌机进行巴氏杀菌；杀菌后酒瓶沿链道送入贴标机贴标签，然后送入装箱机。如果是装纸箱，则先由开箱机将纸箱打开，并将隔板插入，再送入装箱机将酒瓶装入，由封箱机封口。封箱之后，瓶箱由输送线送至托盘码垛机，由码垛机将瓶箱堆码在托盘上，再由叉车送入成品库，即完成全部包装过程。

2. 粉粒产品包装自动生产线

图5-29所示为一种典型的粉粒物料包装自动生产线，它能够完成大袋包装粉粒物料的全自动计量、充填、缝袋等全部包装作业，适用于粮食、饲料、制盐、化工、化肥等粉状或颗粒物料的自动包装生产。

该包装自动生产线主要由供袋装置、夹袋装置、电子计量装置、供料充填机、拍袋机、封口机、成袋输送机等部分组成。其自动包装工艺流程为：自动供袋机械手自动供袋—夹袋器夹持撑开袋口—电子定量秤自动计量—充填机向袋内充填物料—拍袋机将袋拍实—封口机进行袋口热封或缝合—自动转向倒袋输送机将竖立的袋子自动放倒且转向输送—自动整包机将袋内物料整平—金属异物自动探测仪进行异物检测—自动称量机进行产品重量复检—喷码机喷印生产日期—自动验袋机剔除不合格产品—码垛机进行托盘码垛—全自动捆扎机进行托盘捆扎—在线式托盘自动薄膜裹包机进行托盘裹包—成品输出。整个包装生产工艺过程在控制系统的控制下自动进行，每分钟能完成20袋（每袋为50kg）以上产品的包装，操作简单，使用方便。

图 5-28　啤酒包装自动生产线

图 5-29　粉粒物料包装自动生产线

3. 小块状产品包装自动生产线

小块状产品包装自动生产线的特点是对产品一般采用计数充填方式进行包装。图 5-30 所示为一种直线式小块状产品数粒包装自动生产线，适用于药片、药丸、胶囊、口香糖等小块状产品的自动包装。

该包装自动生产线由全自动理瓶机、全自动数粒（片）充填机、自动塞纸机、自动旋盖机、铝箔封口机、立式贴标打码机和装箱机等部分组成，能够自动完成瓶装小块状产品的计数、充填、塞纸封、封口、旋盖、贴标、装箱等包装全过程。该生产线的自动包装工艺流程为：理瓶机自动理瓶和输送空瓶—数粒充填机自动计数并向瓶内充填物料—塞纸机自动向瓶内填塞纸片封堵物料—铝箔封口机用铝箔进行封口—旋盖机进行旋盖封口—贴标机粘贴标签—打码机向标签打印生产批号—装箱机完成装箱。这种包装自动生产线操作简单，作业过程中无需人工操作，而且在无瓶输送时可以自动停止填料、贴标、封口的动作，其生产能力可以达到 120 瓶/min。

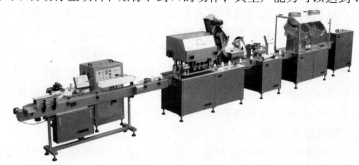

图 5-30　直线式小块状产品数粒包装自动生产线

4. 成件产品包装装箱自动生产线

成件产品包装装箱自动生产线是指在完成了单件产品自动包装之后，直接将小包装件装入纸箱，完成装箱封箱全部包装过程的自动生产线，适用于小型袋装、盒装、筒装等小包装成件产品的自动包装。图 5-31 所示为小袋包装产品包装装箱自动生产线，它主要由自动充填包装机、开箱机、自动装箱机、自动封箱机、自动捆扎机等部分组成,能够自动完成食盐、砂糖、味精等散装物料的自动装袋直至装箱封箱的全部包装工序。

该包装自动生产线的基本流程是:自动充填包装机完成小袋产品自动计量充填包装—自动检重秤对小袋包装件自动检测重量—金属异物探测器检测—小袋包装件汇流并排序整列输送—自动开箱机打开空纸箱—自动装箱机将小袋包装件装入纸箱—振动压平装置将箱内包装件压平—自动封箱机进行封箱—自动捆扎机将纸箱捆扎—输出码盘。

图 5-31 小袋包装产品包装装箱自动生产线

复习思考题

1. 简述包装的概念和分类。
2. 包装设备的作用有哪些?
3. 常用包装设备有哪些类型? 简述其基本功能和应用。
4. 何谓包装自动生产线? 它主要由哪些部分组成?
5. 简述常见典型包装自动生产线的基本组成和工作流程。

第六章

流通加工设备

----- **本章学习目标：** --

1. 掌握流通加工的概念和类型，理解流通加工的作用；
2. 掌握流通加工设备的概念与分类；
3. 了解常用剪板机、切割机的类型、结构特点和应用；
4. 掌握冷链系统的组成，熟悉常用冷链设备的类型、功用和基本结构；
5. 了解生鲜食品加工的类型和主要加工设备的结构及用途。

第一节　概　述

一、流通加工的概念和特点

流通加工是根据顾客的需要，在流通过程中对产品实施的简单加工作业活动（如包装、分割、计量、分拣、刷标志、拴标签及组装等）的总称。

流通过程是指商品从生产过程进入到消费过程的中间运动过程，流通加工就是在这一过程中对产品进行的加工作业活动。与产品制造业的生产加工相比较，流通加工具有以下特点：

① 流通加工的目的是维护产品质量、促进产品销售和消费以及提高流通效率。

② 流通加工的对象是进入流通领域的原材料、中间产品或最终消费品，它们经过流通加工之后，将进入生产环节或最终生活消费环节。

③ 流通加工的内容都属于简单加工，一般不改变加工对象的性质，不能生产出新的产品，它只是生产加工的补充作业，但可以改变产品的形态。

④ 流通加工是商品流通过程中的辅助性生产活动，由从事流通工作的人员实施和完成。

⑤ 流通加工不能创造产品的使用价值，但是能够通过增值性作业完善产品的使用价值，并提高其价值。

所以，流通加工是实现生产与消费的重要"桥梁和纽带"，在产品流通过程中发挥着重要的作用。

二、流通加工的作业类型

流通加工的作业类型非常繁杂，对于不同的产品、不同的作业目的，可以形成多种多样的作业类型。

根据流通加工作业性质的不同，流通加工可以分为以下三种基本作业类型：

1）对原材料的初级加工　对原材料的初级加工主要包括对钢材、木材、石材、玻璃、煤炭和水泥等原材料的各种加工，这是加工作业量较大的一类流通加工。常见的对原材料的初级加工作业有：对大型卷钢的剪裁加工，木材、石材和玻璃的切割加工，煤炭的粉碎、配兑加工，以及混凝土搅拌加工等。

2）对产品的增值性加工　对产品的增值性加工有：对农副产品的切分、洗净、脱皮和分选，生鲜食品的精制加工等。对产品的增值性加工的目的是提升产品的质量，起到保护产品、提高产品价值的作用，既可促进产品销售，又可以方便顾客的使用。

3）对产品的辅助性加工　对产品的辅助性加工主要包括产品的包装、分拣、分装、组装、贴标签和拴标志牌等，这些加工是为了组织产品运输、储存、配送和销售活动所进行的辅助性作业，它不改变产品本身的形态，但可以改变其外观形式。这些加工作业一般都是物流活动中必不可少的作业环节。

三、流通加工在物流中的作用

流通加工是现代物流的基本功能之一，是物流生产活动的重要组成部分，它在现代物流中主要有以下几个方面的作用：

第一，可以提高原材料利用率。对于原材料，可以将从生产厂直接运来的单一规格产品，按使用部门的要求进行集中统一下料。例如，将炼钢厂出品的大规格钢板剪切裁制成适用的小规格钢板，将圆钢裁制成毛坯，将原木加工成各种规格的板材、方料等。集中统一下料可以优材优用、小材大用、合理套裁，有很好的技术经济效果。

第二，可以进行初级加工，方便用户。很多原材料用量小或临时需要的使用单位，缺乏进行高效率初级加工的能力。他们依靠流通加工点的机械设备进行流通加工，可以为使用单位节省进行材料初级加工的设备投资及人力配备，减少用户生产作业环节，方便用户。目前，发展较快的初级加工有将水泥加工成混凝土，将原木或板、方材加工成门窗，冷拉钢筋及冲制异形零件，钢板预处理、整形和打孔等。

第三，可以提高设备利用率和加工效率。建立集中的流通加工点，可以采用效率高、技术先进、加工能力大的专用加工设备。这样既可以提高设备利用率，也可以提高加工效率，还可以提高加工质量，降低加工费用及原材料成本。例如，一般的使用部门在对钢板下料时，采用气割的方法需要留出较大的加工余量，不但出材率低，而且由于热加工容易改变钢的组织，因此加工质量也不好。集中加工后可配置高效率的剪切设备，能够有效地提高钢材加工质量和加工效率。

第四，充分发挥各种运输设备的运输效率。流通加工环节一般设置在消费地，流通加工点将实物的流通过程分成两个阶段：第一阶段是从生产厂到流通加工点，这一阶段运输距离一般较长，而且是在少数生产厂与流通加工点之间进行定点、直达、大批量的干线运输，因此，可以采用船舶、火车等大型运输设备来完成大量的集中运输；第二阶段是从流通加工点到消费环节，这一阶段运输距离一般较短，可以利用汽车和其他小型运输设备完成多品种、小批量、多用户的支线输送。所以，通过流通加工环节，可以更好地发挥各种运输设备的效率，加快运输速度，减少运力运费。

第五，能够提高产品附加值，增加收益。流通加工在很大程度上可以通过提高产品的附加值，使产品的价值得到提高，从而增加企业的收益；而且，流通加工也是物流企业重要的利润来源。例如，对有些轻工产品进行简单的包装和装潢加工、对一些农副产品经过简单的精制加工，可以改变产品外观功能，从而使产品售价得到很大提高，产生较大的经济效益。

流通加工是物流领域中高附加值的生产活动，而且，它可以充分体现现代物流着眼于满足用户需求的服务功能。

四、流通加工设备的分类

流通加工设备是进行各种流通加工作业的设备统称。由于流通加工的范围非常广泛，作业类型非常繁杂，所以流通加工设备的类型也是多种多样。根据流通加工的作业类型，可以将流通加工设备分为以下三种：

1. 原材料初级加工设备

① 钢材剪切加工设备，主要用于进行钢板下料、加工的剪板机等设备，可以将大规格的钢板裁小或裁成工件毛坯。

② 木材加工设备，用于在木材流通加工中将原木锯裁成各种板材或条材。

③ 煤炭加工设备，用于将煤炭及其他发热物质，按不同的配方进行掺兑加工，生产出各种不同发热量的燃料。

④ 水泥混凝土加工设备，用于将水泥及沙石等骨料加水配制加工成商品混凝土，并按用户需要进行配送供应。

⑤ 玻璃加工设备，用于大规格平板玻璃的切割加工，可按用户需求切割成各种小规格尺寸的成品玻璃。

2. 产品增值性加工设备

① 冷冻加工设备，用于对鲜肉、鲜鱼等生鲜食品或药品等进行低温冷藏保鲜加工。

② 分选加工设备，主要用于对农副产品按不同规格、质量进行分选加工。

③ 精制加工设备，主要用于对农副产品和生鲜食品进行切分、洗净、分装等简单加工。

3. 产品辅助性加工设备

① 包装设备，即用于商品流通过程中的各种包装作业设备。

② 分装设备，即为了便于产品销售，在销售地对产品进行重新包装的设备，如大包装改小包装、散装改小包装、运输包装改为销售包装等。

③ 组装加工设备，是指对采用零部件或半成品包装出厂的产品，在消费地进行组装加工成成品的设备。组装加工设备一般针对不同的产品配置相应的专用设备。

④ 贴标签设备，即商品流通过程中各种贴标签的机械设备。

第二节　原材料流通加工设备

一、剪板机

剪板机是用于剪切钢板等金属板材的机械。在钢材流通加工中，剪板机是应用最为广泛的加工设备，可用于各种规格的钢板、钢卷等材料的剪裁加工。

热轧钢板和钢带等板材出厂时长度可达 $7 \sim 12\text{m}$，有的是成卷交货。在流通过程中，可以根据用户的不同需要进行钢板的剪板下料加工，将大规格钢板裁小或裁制成毛坯向用户供应，从而方便用户使用，节省用户的设备投资，并节约原材料。

剪板机有很多种类型，一般按照其工艺用途的不同可分为多用途剪板机和专用剪板机；按照其传动方式的不同可分为机械传动式和液压传动式；按照其上下刀片相对位置的不同可分为平刃剪板机和斜刃剪板机；按照其刀架运动方式的不同可分为直线式剪板机和摆动式剪板机等。

普通剪板机一般由机身、传动系统、刀具、刀片间隙调整装置、压料器、托料装置和电气控制装置等部分组成。

剪板机的基本工作过程是：将板料放在剪板机的上、下刀片之间，通过上刀片与下刀片的相对运动，并在一定的压力作用下，使处于刀片之间的板料受到剪切力的作用而产生断裂分离。

典型剪板机有以下几种：

（1）机械式剪板机

机械式剪板机的传动装置为齿轮传动，有上传动式和下传动式等不同的结构类型。图 6-1所示为下传动式机械式剪板机，其工作过程是：通过电动机驱动飞轮轴，再通过离合器和齿轮减速系统驱动偏心轴，然后通过连杆带动上刀架，使其作上下往复运动，进行剪切工作。一般下传动式机械式剪板机用于剪切厚度小于 6mm 的板材，属于小规格剪板机。机械式剪板机结构简单、运动平稳、行程次数高、易于维护、使用寿命较长，而且价格低廉，因而其应用比较广泛。

（2）液压摆式剪板机

液压摆式剪板机（图 6-2）的传动方式为液压传动，剪板机的上刀架在剪切过程中绕着一固定轴线作摆转运动，剪切断面的表面粗糙度较小，尺寸精度较高，而且切口与板料平面垂直。液压摆式剪板机主要用于剪切厚度大于 6mm、板宽不大于 4m 的板材。液压摆式剪板机可以分为直剪式和直斜两用式，直斜两用式主要用于剪切 30°焊接坡口断面。

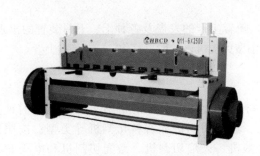

图 6-1　下传动式机械式剪板机

图 6-2　液压摆式剪板机

（3）多功能剪板机

多功能剪板机就是既能够进行板材剪切又能够进行其他加工作业的剪板机，常见的主要有板料折弯剪切机和板料型材剪切机等类型。板料折弯剪切机在同一台剪切机上可以完成两种工艺，剪切机下部进行板料剪切，上部进行板料折弯成型；也有的剪切机前部进行剪切，后部进行板料折弯。板料型材剪切机既能剪切板材又能剪切型材，可以根据需要进行板材和不同型材的剪切加工（图 6-3）。

（4）多条板料滚剪机

为了将宽卷料剪成窄卷料，或者将板料同时剪裁成多条条材，可以利用多条板料滚剪机下料。多条板料滚剪机在两个平行布置的刀轴上，按条材的宽度安装若干个圆盘形刀片，由电动机及齿轮传动装置驱动圆盘刀轴转动，刀轴带动圆盘形刀片转动，把

图 6-3　板料型材剪切机

149

宽料或卷料剪成若干所需宽度的条材或窄卷料(图6-4)。一般在滚卷机前、后分别配置展卷机和卷绕机,将卷料展开、滚剪之后再绕成卷料放在支架上。这类滚剪机的剪裁材料宽度由圆盘形刀片的宽度垫圈决定,因此滚剪的材料宽度精度较高。

剪板机的技术参数:

1)剪切厚度 剪板机的剪切厚度一方面取决于剪切力的大小,另一方面受剪板机结构强度的限制。影响剪切厚度的因素很多,如切削刃锋利程度、上下切削刃间隙、剪切角度、剪切速度、剪切温度和剪切面宽度等。而最主要的还是被剪切材料的强度。目前国内外剪板机剪切的最大厚度大多不超过32mm,过大之后,从设备的利用率和经济性来看都是不可取的。

2)剪切板料宽度 剪切板料宽度是指沿着剪

图6-4 多条板料滚剪机

板机切削刃方向,一次剪切完成的板料最大尺寸,它依据钢板宽度和使用厂家的要求确定。随着工业的发展,要求的剪切宽度不断增大,目前剪板宽度为6m的剪板机已经比较普遍,最大的剪板宽度可达10m。

3)剪切角度 为了减少剪切板料的弯曲和扭曲变形,提高剪切质量,一般应采用较小的剪切角度,但这样可能使剪切力增大,给剪板机受力部件的强度和刚度也会带来一些影响。所以,使用中应当合理选定剪切角度。

4)行程次数 行程次数直接关系到生产率,随着生产的发展及各种上、下料装置的出现,要求剪板机有较高的行程次数。对于机械传动的小型剪板机,一般可达50次/min以上。

二、切割机械

切割机械是用于对金属、玻璃和石料等原材料进行切割加工的机械。切割机械的种类很多,一般按照用途的不同可分为金属切割机、玻璃切割机和石料切割机等类型;按照切割方式的不同可分为等离子切割机、高压水切割机、火焰切割机、激光切割机和电火花线切割机等类型。

1. 金属切割机

金属切割机是用于切割加工各种金属板材、管材和型材等金属材料的加工机械。金属切割机主要采用火焰切割机、等离子切割机、激光切割机和水刀切割机等。

火焰切割机具有切割大厚度碳钢板材的切割能力,切割费用较低,但切割变形较大,切割精度不高,而且切割速度较低,切割预热时间、穿孔时间长,较难适应全自动化操作的需要。它主要应用于碳钢、大厚度金属板材的切割加工。

等离子切割机可用于切割各种金属板材,切割速度快,效率高,在水下切割能消除切割时产生的噪声、粉尘、有害气体和弧光的污染,有效地改善工作环境。等离子切割精度比火焰切割高,采用精细等离子切割的切割质量接近激光切割水平,大功率等离子切割机的切割厚度已超过100mm。

激光切割机是利用激光光束照射到金属工件表面时释放的能量来使金属工件熔化并蒸发,以达到切割或雕刻的目的。此切割机具有精度高、切割快速、切口平滑、不受切割图案限制、自动排版、节省材料及加工成本低等特点。但激光切割机价格昂贵,切割费用高,目前一般用于薄板切割以及加工精度要求高的场合。

图6-5所示为龙门式激光切割机，主要由切割机主体、大功率激光电源、水冷柜及电脑操作控制台等部分组成。激光切割机是集光、机、电一体化的金属加工设备，适用于不锈钢、碳钢、合金钢、弹簧钢、铝、银、铜、钛等金属板材及管材的切割，广泛应用于钣金结构、五金、金属工艺品、机械零件以及金属材料流通加工等行业。

2. 平板玻璃切割机

平板玻璃切割机主要用于平板玻璃流通过程中，对大规格平板玻璃集中套裁开片切割加工。玻璃流通加工中心可根据用户需求并按用户提供的图样统一套裁开片，向用户供应成品，用户可以将其直接用于安装。常用平板玻璃切割机主要有玻璃自动切割机、夹层玻璃自动切割机和靠模玻璃切割机等多种类型。

图6-5 龙门式激光切割机

1）玻璃自动切割机 玻璃自动切割机由切桌、切割桥、电脑控制箱、掰板台和供电柜等主要部件组成（图6-6）。切割桥是横跨于切桌上空的金属结构桥架，它支承在切桌纵向外侧的金属导轨上，切割桥可以沿着该导轨作纵向运动。切割玻璃的切割头装于切割桥侧面的导轨上，通过齿条传动驱动切割头沿着导轨作横向运动。切割头上安装有硬质合金钢制成的刀轮，刀轮施加于玻璃表面的压力由小型气缸进行调节。

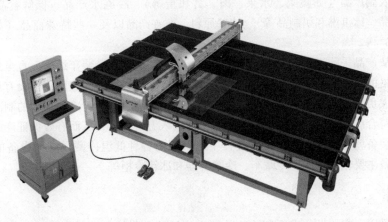

图6-6 玻璃自动切割机

2）夹层玻璃自动切割机 夹层玻璃是由两层或多层玻璃片中间夹嵌透明塑料薄片，经热压黏合而成的一种安全玻璃。夹层玻璃能够承受较大的冲击和振动，破裂时仅呈现裂纹而不致粉碎，因而一般不会造成伤害，广泛用于汽车、大型建筑中。夹层玻璃自动切割机的基本结构与单层玻璃自动切割机相类似，也是由切桌、切割桥、电脑控制箱和掰断装置等部分组成。一般夹层玻璃自动切割机的特点是有两个切割桥，分别安装在切桌的上、下方，能够保证切边平滑、尺寸精确。图6-7所示为夹层玻璃自动切割机。

3）靠模玻璃切割机 靠模玻璃切割机（图6-8）由气垫切割台、气箱、风机柜、电气柜、进料辊、模板、模板架、切割臂和切割头等组成。利用靠模可以进行曲线和特殊形状的玻璃切割加工。

图6-7 夹层玻璃自动切割机

图6-8 靠模玻璃切割机

第三节 冷链物流装备

一、冷链物流装备的概念及功用

冷链是根据物品特性，为保持其品质而采取的从生产到消费的过程中始终处于低温状态的物流网络。冷链物流包括产品生产、储存、运输和销售等多个环节的物流。冷链物流的适用范围主要包括初级农副产品（如蔬菜、水果、肉、禽和蛋等）、冷冻水产品、保鲜食品（如速冻食品、包装熟食品、冰淇淋和奶制品等）、快餐原料、花卉产品以及一些特殊商品（如药品、活性疫苗生物制品）等。

冷链物流从产品采购进货、加工整理、包装、入库、待发以及装车运输，直至到门店后的上货架，都有严格的冷链温度控制。例如在加工车间的操作现场、在冷藏库内都设有规范的温度控制点，并有专人负责记录温度变化情况；在配送车辆的运输过程中，冷藏车上的制冷机始终确保车厢内的温度符合冷链要求；产品到达门店后，即放入温控货架，从而有效保证产品的质量。

冷链物流装备就是在整个冷链物流过程中所采用的各种低温冷藏设施与设备的总称，常用的冷链物流装备主要包括冷库、冷藏车、冷藏容器和冰箱冷柜等。

二、冷库

冷库是指采用一定的设备进行制冷，并能人为控制和保持稳定低温的储存设施，主要用于生鲜、易腐食品及其他需要低温保存物品的冷藏及冷冻加工。按照不同的分类方式，冷库可以分为多种类型。通常冷库按照库房容积大小的不同可分为大型冷库、中型冷库和小型冷库；按照制冷方式的不同可分为氨制冷式冷库和氟制冷式冷库；按照温度高低的不同可分为低温冷库和高温冷库；按照库房建筑方式的不同可分为土建式冷库、装配式冷库和土建装配复合式冷库。

1. 冷库建筑结构

（1）冷库建筑结构的特点和要求

冷库与外界存在较大的温差，因此冷库的墙壁、地板及顶部都需要敷设有一定厚度的隔热保温材料，以阻止热量的传递，减少外界传入的热量。目前常用的保温材料有聚氨酯（分板材和现场喷涂两种）、挤塑板和普通泡沫板等多种类型，其中尤以现场喷涂成型的聚氨酯效果最佳，其导热系数低且连成整体无拼接缝，具有很高的性价比优势。为了减少吸收太阳的辐射能，冷库外墙表面一般涂成白色或浅颜色。另外，冷库建筑还要防止水蒸气的扩散和空气的渗透。室外空气侵入时不但会增加冷库的耗冷量，还会向库房内带入水分，水分的凝结容易引起建筑结构（特别是隔热结构）受潮冻结损坏，所以要设置防潮隔热层，使冷库建筑具有良好的密封性和防潮隔气性能。

　　冷库的地基受低温的影响，土壤中的水分易被冻结。因此，低温冷库地坪除要具有有效的隔热层外，隔热层下还必须进行处理，以防止土壤冻结。冷库的楼板既要堆放大量的货物，又要通行各种装卸搬运机械设备，因此其结构应坚固，并具有较大的承载力。低温环境中，特别是在周期性冻结和融解循环过程中，建筑结构易受破坏，因此，冷库的建筑材料和冷库的各部分构造要具有足够的抗冻性能。总的来说，冷库是以其严格的隔热性、密封性、坚固性和抗冻性来保证建筑物的质量。

　　（2）冷库的建筑结构形式

　　1）土建式冷库　土建式冷库的主体建筑一般都采用钢筋混凝土结构（图6-9），其内部的保温结构一般采用聚氨酯（PU）夹芯冷库板组装而成，或使用聚氨酯四周喷涂的方式建造。目前国内万吨级以上的大型冷库基本都是采用土建式冷库。

　　2）装配式冷库　装配式冷库是指采用钢结构装配或构建的冷库。小型装配式冷库如图6-10a所示，它是采用专用钢板和保温材料组装而成的冷库，通常独立安装在仓库或其他建筑物室内，相当于大型冷柜，一般都是可移动的，适用于宾馆、饭店、食品加工和医药等行业少量货物的冷藏储存。大型装配式冷库就是主体建筑采用钢结构构建的冷库，也称为钢结构冷库（图6-10b）。随着钢结构在许多大型建筑中的广泛使用，大型钢结构冷库的应用越来越多。大型钢结构冷库柱网跨度大、立柱体积较小、施工周期短，更便于冷库内部设施与设备的规划。

图6-9　土建式冷库

a) 小型装配式冷库

b) 钢结构冷库

图6-10　装配式冷库

　　3）库架一体式冷库　库架一体式冷库即整体式立体冷藏库，一般采用几层、十几层乃至几十层高的货架储存单元货物，其高层货架除了存放货物并承受货物的载荷外，还作为库房的立柱和骨架支撑着屋顶和墙面围护，即货架兼作建筑物承重的结构，如图 6-11 所示。库架一体式冷库主要由保温围护结构（库体保温部分）、钢结构货架、冷库基础、全自动制冷系统、有轨巷道堆垛机、输送设备、自动控制系统、计算机监控与管理系统以及其他辅助设备组成。

随着自动化立体仓库的广泛使用，一些大型自动冷库和多层高位货架冷库大量采用库架一体式结构。库架一体式冷库由于库内没有柱网，因此可以达到单位面积储存量最大化，并且使物流最通畅，但其施工水平、工程细节及精准程度要求较高，目前在国内应用较少。

a) 冷库外观   b) 冷库内部结构

图 6-11　库架一体式冷库

（3）冷库门及其密封保温结构

冷库门的设置及其结构类型在冷库中起着十分重要的作用，对冷库的保温效果以及能耗都具有较大的影响，因此要求冷库门都必须具有足够的保温性能和气密性能。冷库门常见的结构有电动平移门和电动滑升门等类型。为了提高冷库门的密封性能，减少冷气散失，冷库门都设有密封门罩或门封，而且大多数冷库一般都采用封闭式出入库月台结构。

2. 冷库的制冷系统

制冷系统是冷库的核心部分，在冷库的投资中占有较大比重。制冷系统由一系列的相关设备组合安装构成，一般包括制冷主机、制冷风机、控制系统以及管路与阀件系统等组成部分。制冷主机主要包括机头、压力容器、油分离器和阀件等；制冷风机具有不同的布局方式、数量和除霜方式；控制系统由一系列的阀件、感应装置和自控装置等组成；管路与阀件系统一般根据制冷系统的具体设计进行规划和配置。与制冷系统配套的还有压力平衡装置、温度感应装置、温度记录装置和电气设备等附属设备。

在冷媒的选择方面，国内主要使用的是氨系列或氟系列冷媒。另外，在较高温层，如 12℃ 作业区，还可规划使用二次冷媒，如冰水或乙二醇。

3. 冷库存储设备

与常温仓库相同，冷链仓库内部的货物储存同样需要各种类型的货架，或自动化立体储存系统（AS/RS）。通常要求食品类商品不允许直接堆叠在地面上，必须使用塑料托盘，使用货架储存。从拆零拣货使用的流利式货架，到自动仓库使用的 20m 左右的高层货架，各种类型的货架在冷库中均有大量使用。与常温货架不同的是，低温仓库内使用的货架对钢材的材质、荷重以及货架的跨度设计均有特殊要求。为了配合货物储存，满足生鲜食品的特殊要求，冷库内通常还需要配置臭氧发生器和加湿器等配套设备。

三、冷藏车

冷藏运输是冷链物流的重要环节，它是在运输过程中，应用专用冷藏运输设备，使货品始终处于货物适宜的温度条件下，从而避免货物在运输途中变质受损。冷藏运输可以根据货物运输量的大小、运输距离的远近以及运输时间的要求等因素选择公路、铁路、水路或航空运输等不同的运输方式。

各种运输方式都有专用的冷藏运输设备，例如公路运输专用冷藏车、铁路运输专用保温车、水路运输专用冷藏船以及专门用于航空运输专用冷藏集装箱等。其中，公路运输专用冷藏车是应用最为广泛的冷藏运输设备。

公路运输冷藏车就是指专门用于运输冷冻或保鲜货物的专用汽车，它通过一定的制冷和保温方式，能够使车厢内货物在长时间运输过程中始终保持一定的低温状态，适用于要求可控低温条件货物的长途运输。

冷藏车的基本构造大多数都是由普通汽车底盘和厢式保温车身构成，称为厢式冷藏车（图6-12a）。近年来，为了适应城市物流配送的需要，也有的采用轻型客车车身改装而成的冷藏车（俗称面包式冷藏车），这种冷藏车特别适用于城市内小批量货物的冷链配送运输（图6-12b）。

冷藏车按照承载能力的不同可以分为轻型冷藏车、中型冷藏车和大型冷藏车，轻型和中型冷藏车一般为单体汽车，大型冷藏车一般为半挂车。

a) 厢式冷藏车　　　　　　　　　　　　　　b) 面包式冷藏车

图6-12　冷藏车

除了常用的运输冷冻生鲜食品的通用冷藏车之外，根据其不同的用途，还有多种专门用途的冷藏车，常见的有鲜肉冷藏车、奶制品冷藏车、蔬菜水果冷藏车和疫苗冷藏车等。

1）通用冷藏车　通用冷藏车就是指在各种场合广泛使用的、用于运输一般冷冻生鲜食品的冷藏车。通用冷藏车的厢体一般采用全封闭结构（参见图6-12a），内外壁板均选用优质玻璃钢、合金防锈铝板或不锈钢板，中间夹层为聚氨酯发泡隔热材料。在厢体与门体之间加装高低温绝热密封条，厢板无接缝，外表光洁，易清洗，抗冲击且耐腐蚀。

2）鲜肉冷藏车　鲜肉冷藏车也称为肉钩式冷藏车，在冷藏车车厢顶棚上设有不锈钢肉钩及滑道（图6-13），方便鲜肉的运输和装卸。

3）蔬菜水果冷藏车　蔬菜水果是生鲜食品，采收后易腐烂。蔬菜水果冷藏车在冷藏运输中要保持相对湿度，并保证货物四周气流通畅。

4）疫苗冷藏车　疫苗冷藏车专门用于医药卫生防疫系统运输疫苗的活体生物制品，要求车内温度必须保持在规定的温度范围内。在一般气温条件下要保持低温状态；在寒冷地区和季节

a)   b)

图 6-13　鲜肉冷藏车

严寒的条件下，则需要对车厢内加热，以保持规定的温度。由于运送疫苗属于特种运输，因此对运输车辆的技术性能和指标要求很高，厢体内一般都装有自动温度记录仪和温度异常报警装置。

5）多温区冷藏车　为了便于冷藏物品多品种、小批量、多点的配送，有的冷藏车还可以在车厢内设置多个不同的温区，以适应各种物品对温度的不同要求；对于装卸频繁的，还可以根据需要开设多个车门。这种多温区冷藏车特别适用于连锁快餐店和食品专卖店等的物品配送。可以根据用户的需求专门设计任意侧门以及不同厚度的厢板，以夹隔不同的温区。

第四节　生鲜食品流通加工设备

生鲜食品主要是指肉类、水产品、水果蔬菜、禽蛋类和主副熟食品等，这些商品是现代超市最重要的商品经营品种。这些商品的物流量和销售量非常大，消费速度快，存货时间短，时效性很强，随时都要进行补充和更新；而且，随着人们生活方式和商品经营方式的改变，生鲜食品在流通过程中的加工作业量非常大，各类产品流通企业和很多大型零售企业都普遍建立了相应的加工配送中心。

一、生鲜食品流通加工的主要类型

生鲜食品流通加工主要包括：

1）冷冻保鲜加工　生鲜食品基本上都属于易腐物品，为保证其在流通过程中始终处于新鲜状态，需要采取相应的低温处理或冷冻加工。

2）分选加工　从产地采购的各类生鲜食品的品质、等级差异较大，为了方便销售和提升产品价值，需要对产品进行分选加工，按照一定的规格标准进行产品分级处理。

3）精制加工　生鲜食品的精制加工主要是对产品进行择净去杂，除掉无用部分，有的还可以进行洗净、分割和分装等加工，还有的可以进行深加工，从而制成半成品或成品。这种加工不但大大方便了购买者，而且还可以对加工的淘汰物进行综合利用。

4）分装加工　一般生鲜食品从产地到销售地之间的运输都采用大型包装运输，也有一些采用集装箱运输方式，从而保证高效运输。但是，许多生鲜食品的零售量较小。因此，为了便于销售，在销售地区需要按照不同的零售起点量对产品进行分装，即把大包装改为小包装、散装改为销售包装，以方便顾客购买。

二、生鲜食品流通加工主要设备

由于生鲜食品种类繁多，流通加工设备的应用场合也存在较大的差异，所以生鲜食品流通加工设备的类型也多种多样。下面简要介绍几种典型的生鲜食品流通加工设备。

1. 水果智能分选设备

图 6-14 所示为水果智能分选设备，能够自动完成对水果的重量、大小、果形、色泽和缺陷等进行动态检测与分级，并能够通过多表面检测技术和多指标检测技术对水果品质进行测定。该设备适用于柑橘、苹果、梨、桃子、西红柿和土豆等多种水果及农产品的分选加工。

水果智能分选设备由计算机视觉系统、高速分级系统、机械输送系统和自动控制系统等组成；同时，还可以根据用户的要求，配套设置水果清洗、抛光和保护性表面喷涂等辅助功能。双通道分选设备每小时可分选处理 4.5 万 ~ 6 万颗水果，并可以根据用户需求，实现多线并轨作业，形成每小时分选处理 5 万 ~ 50 万颗水果的不同生产规模。

图 6-14 水果智能分选设备

2. 果蔬清洗加工设备

果蔬清洗加工设备是指对各种水果、蔬菜等生鲜食品进行清洗、消毒的设备，如图 6-15 所示。此类设备一般可以通过鼓泡、冲浪和喷淋三种方式进行清洗，然后通过毛刷辊进行擦拭，从而有效地清除果蔬表面的污垢和农药残留物，使果蔬清洁干净。

3. 禽蛋清洗包装机械

禽蛋清洗包装机械是一种专用的禽蛋处理设备（图 6-16），其主要功能是对大批量的生鲜禽蛋进行表面清洗，以清除蛋壳表面上的污物，形成表面清洁的鲜壳蛋；同时还能够对禽

图 6-15 果蔬清洗加工设备

蛋的大小、质量进行分级拣选，并按照销售需要对其进行不同形式的包装，以供应市场或食品加工企业。

鲜壳蛋加工处理的一般工艺流程为：集蛋—清洗消毒—干燥—上保鲜膜—分级—包装—打

码—恒温保鲜。先进的禽蛋清洗包装机械一般都是全自动生产线，可以自动完成全部的工艺流程。

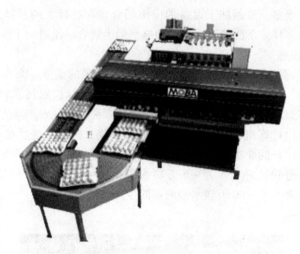

图 6-16　禽蛋清洗包装机械

禽蛋清洗包装机械包括气吸式集蛋传输设备、清洗消毒机、干燥上膜机、分级包装机和电脑打码机等工艺设备，能够对禽蛋进行单个处理，实现全自动、高精度、无破损的清洗处理和分级包装，并且对整个生产环节进行温度控制。气吸式集蛋传输设备可无破损地完成集蛋和传输工序；清洗消毒机可实现无破损、无残留和完全彻底的清洗消毒；干燥上膜机可风干并采用静电技术均匀上膜保鲜；分级包装机能够完成蛋体污物和裂纹的探测以及次蛋的优选处理，并按大小进行分级，然后使禽蛋大端都朝向同一方向进行包装，以保证包装后蛋的大头向上，避免蛋黄贴壳，延长储藏期；电脑打码机或喷码机在每个蛋体或包装盒上贴无害化标签或喷码标识（包括分类、商标和生产日期）；生产线自动控制系统对生产工艺过程进行全程自动控制。

4. 贝类净化设备

贝类净化设备是指对水生壳贝类生鲜食品进行流通加工处理的设备，其主要功用是表面清洗、剔除杂质及死贝、吐沙净化和分级拣选等。这种设备适用于大型超市配送中心对生鲜贝类食品进行流通加工，然后向连锁超市进行配送。

贝类加工的主要步骤一般包括除杂处理、吐沙净化和清洗分级等环节。

除杂处理就是分离杂质和死贝，其分离效果对于产品质量具有很大的影响。除杂处理可采用落差式输送设备，依靠贝类自由下落时的冲击力来甄别死贝和小的非金属异物，再由人工从输送操作段分拣出来。贝类中的金属、石块等则由下落式金属检测设备分离出来，准确率接近100%。

吐沙净化一般在专用的净化吐沙池内进行，净化吐沙池配有气管、水循环管路及控制系统、储水箱、水过滤设备和水温控制系统。应用这些设备，可保证净化过程中的水质、水温和水量等满足贝类净化工艺的要求，生产出优质的产品。

清洗分级的目的是为贝类的销售或加工提供洁净的规格产品。专用贝类清洗设备一般由清洗筒、传动系统和喷淋系统等组成，自动化程度高，清洗效果好。专用贝类分级机一般根据贝类的大小或重量进行分级。

贝类的包装有多种形式，如果是生产小包装活贝，则需对拣选过的原料再经静止式工作台精细分选，然后进行包装处理。包装方式可以采用袋式包装或盒式包装，袋式包装材料有塑料薄膜和尼龙网袋等多种选择。

复习思考题

1. 简述流通加工的概念、作用和类型。
2. 流通加工设备如何进行分类?
3. 简述剪板机和玻璃切割机的主要类型及用途。
4. 何谓冷链物流? 它主要包括哪些环节?
5. 简述冷库的结构和制冷系统的组成。
6. 常用冷藏车有哪些类型?
7. 简述常见生鲜食品流通加工设备的类型及用途。

第七章

物流集装化技术装备

---------- **本章学习目标：** ----------

1. 掌握集装化的基本概念和类型，理解集装化的特点和基本原则；
2. 掌握集装箱的定义、基本构造和特点；
3. 熟悉集装箱的分类，掌握常用各种类型集装箱的结构特点和主要用途；
4. 掌握国际标准第 1 系列集装箱的基本型号、外部尺寸和额定质量等参数；
5. 掌握常用集装箱装卸搬运设备的类型、基本结构、主要用途及装卸搬运工艺；
6. 熟悉各类托盘的结构特点及应用；掌握标准平托盘的规格尺寸；
7. 了解托盘货物的堆码方式和紧固方法，熟悉常用托盘货物堆码、裹包和捆扎设备；
8. 了解集装袋、滑板、集装网络、周转箱及其他常见集装器具的基本结构和用途。

第一节　概　　述

一、集装化的基本概念和类型

1. 集装化的基本概念

根据国家标准《物流术语》（GB/T 18354—2006）的定义，集装化是指用集装单元器具或采用捆扎方法，把物品组成集装单元的物流作业方式。

物流集装化是现代物流生产活动中最重要、效率最高的作业方式。由于在物流过程中处理的物品的大小、形状和重量是千变万化的，如果都以单件方式进行装卸、搬运、储存和运输，其作业效率非常低。在物流生产实践中，通常都是采用一定的方法，把许多重量较轻、体积较小的同种或异种单件物品集中在一起，组合成一个重量较重、体积较大的单元货件，从而大大提高物流作业效率。从广义上讲，像这样把许多零散的物品集合成较大的单元货件的方式都属于集装化。从现代物流的意义上讲，物流集装化是以标准化为基础的，把用专门器具盛放或捆扎处理的，便于装卸、搬运、储存和运输的标准规格的单元货件物品称为集装单元，通常把物流集装化作业的单元货件限定为具有统一的、标准规格的集装单元货件。

2. 集装化的基本类型

物流集装化的基本方法有两种：一是采用专门的集装单元器具盛放物品，把物品集装成一定规格的集装单元；二是采用捆扎的方法，把物品捆扎成一定规格的货捆。其中，最主要的、应用最广泛的集装化方法是采用集装单元器具；而捆扎的方法一般用于处理长条形材料和板材等物料（参见图 7-1），应用范围较狭窄。

集装单元器具是指用于承载物品，并可把各种物品组成一个便于储运的基础单元的一种载体。物流中常用的集装单元器具有集装箱、托盘、集装袋和周转箱等。其中，集装箱、托盘应用最为广泛，而且已经在国际范围内形成了统一的标准规格系列，形成了比较完善的集装箱化和托盘化的集装化物流作业系统。

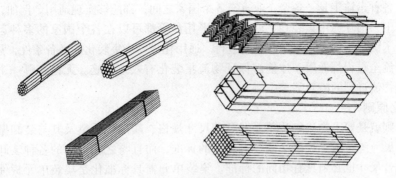

图7-1 货物捆扎集装化

二、物流集装化的特点

1. 集装化的优点

物流集装化之所以能够得到广泛的应用，是因为它在物流过程中具有若干突出的优点。

① 集装化便于实现货物装卸搬运的机械化和自动化，从而提高装卸搬运作业速度和效率，降低劳动强度。

② 集装化可以减少运输工具装卸作业的停驶时间，加快运输工具的周转速度，提高运输工具的利用率，并缩短货物的送达时间。

③ 集装化减少单件货物重复搬运的次数，从而减少物流过程中的货损和货差，提高运输质量，保证商品安全。

④ 集装化可以简化货物包装，节省包装材料和费用，并能够促进商品包装标准化。

⑤ 集装化便于清点货件，简化物流过程各个环节的交接手续，加快不同运输方式之间的转运速度，提高物流管理水平。

⑥ 集装化减轻或完全避免对运输工具和作业场所的污染，改善环境状态。

⑦ 集装化便于货物堆码等仓储作业，提高库房和货场的储存能力；集装箱等集装单元货件可以露天存放，从而节省仓库的储存费用。

2. 集装化存在的不足

货物集装化也给物流管理带来一些新问题，主要存在以下几个方面的不足：

① 由于货物运输在流向上具有不平衡性，因而容易造成集装单元器具"回程空载"，特别是集装箱回程空载，将造成运力浪费。

② 需要配置相应的装卸搬运机械和运输设备与之配套，因而增加了设备的投资；对某些不具备装备条件的地方，又限制了集装化的应用。

③ 集装单元器具自身具有一定的体积和重量，因而增加了货物物流过程中的附加体积和重量，降低了运输工具和库房的有效装载和储存能力，增加了额外的储运费用。

三、集装化的基本原则

为了保证在物流过程中能够顺利实施集装化，充分发挥物流集装化的优越性，全面提高物流作业速度和效率，在实施物流集装化过程中，必须遵循通用化、标准化和系统化三个基本原则。

1. 通用化原则

物流是由多个作业环节构成的生产活动过程，而且货物常常需要在多个企业和多种作业场合之间进行转换。通用化原则就是要保证物流集装单元器具在物流全过程的各个作业环节、各种作业场合、各种运输工具、各个企业直至各个国家之间，都能够实现通用。例如，在国际货物多式联运过程中，国际通用集装箱、联运通用平托盘等都可以在各个国家的多种运输工具上实现通用，保证了国际货物多式联运的顺利进行。通用化是物流集装化的必备条件，只有物流集装单元器具在物流全过程都通用，才能够保证物流集装化有效地实施。无论在哪一个环节不能通用，都会造成物流过程的障碍甚至中断。

2. 标准化原则

标准化原则就是要求物流集装单元器具的尺寸规格、额定载质量及其与装卸搬运设备和运输工具的配合尺寸等技术参数都必须具有统一的标准，而且与之相配合的各种装卸搬运设备和运输工具的配合尺寸也必须具有相同的标准。集装单元器具标准化是集装单元货件标准化的基础，是实现物流集装单元器具通用化的前提条件，只有集装单元器具标准化才能够实现集装单元器具的通用化。集装单元器具标准化有利于集装单元器具的流通和周转使用，减少了物流作业的技术障碍，而且便于集装单元器具大量生产，节约材料，并有利于维修和管理。因此，在实施物流集装化过程中，必须全面推行标准化集装单元器具的应用，各种集装单元器具都必须依照国际标准和国家标准进行设计和制造。

3. 系统化原则

物流集装化不是简单的集装单元器具的应用，还必须配备与之配套的各种装卸搬运设备、运输工具、储存设备和场站设施等装备系统，还需要建立完善的生产调度与控制系统以及集装单元器具周转管理系统。所以，物流集装化本身就是一个复杂的系统，系统化是物流集装化必不可少的基本条件。例如大型集装箱的总质量可以达到30t，在集装箱装卸作业场所必须配备相应的装卸搬运设备，才能实现集装箱的快速装卸和搬运；而如果没有相应的装卸搬运设备，集装箱就无法进行装卸和搬运，集装箱也就不能够完全发挥其应有的优势。因此，在实施物流集装化过程中，必须遵循系统化原则，全面规划集装单元器具的应用以及整个物流集装化系统的构建。

四、物流模数的概念和应用

1. 物流模数的概念

物流模数是物流标准化活动中的一个重要概念，对于物流集装化的顺利开展具有十分重要的意义。根据国家标准《物流术语》（GB/T 18354—2006）的定义：物流模数是指物流设施与设备的尺寸基准。

物流活动是一种涉及多种领域和部门的活动，它包括货物的包装、运输、装卸、搬运、仓储和流通加工等许多作业环节，而且在这些作业环节中所面对的货物的尺寸规格也千差万别。如果不对如此繁杂的货件的尺寸规格进行一定的统一和简化，则将会给物流作业带来极大的困难：一方面会因货件尺寸规格繁多而使物流作业对象复杂难以应对（包括运输、装卸、搬运工具及仓储设备的类型、规格的复杂化），另一方面会因货件尺寸规格不统一而造成各个作业环节之间不协调。因此，物流模数的意义就在于它能够使物流作业的对象——货件的尺寸规格得到统一和简化，并能够保证物流作业的各个环节得到协调。

物流模数作为物流设施与设备的尺寸基准，相关的物流要素主要包括物流集装单元化器具以及包装、运输、装卸、搬运及储存等各个作业系统中的设施与设备，这些相关要素的配合尺寸必须以统一的物流模数为基准进行设计。物流模数就是以标准的数值关系来约束物流系统各种相关要素的配合尺寸，从而促进物流活动标准化的全面实现。

2. 物流基础模数尺寸

模数的取值称为模数值，也称为基础模数值。对于一定的系统（如制品或构筑物），可以根据实际需要，由基础模数值乘以或除以正整数得出相应的模数尺寸系列。由基础模数值乘以正整数所得到的模数尺寸称为组合模数尺寸（倍数关系），这时基础模数值为最小值，它表示以内件为基准，采用组合的方式而构成的结构；由基础模数值除以正整数所得到的模数尺寸称为分割模数尺寸（约数关系），这时基础模数值为最大值，它表示以外件的最大包容尺寸为基准，采用分割的方式而构成的结构。

参照 ISO 标准和其他国家的数据，我国规定的物流基础模数尺寸值为 600mm×400mm。该数据就是我国各种物流设施与设备设计和制造的尺寸基准。也就是说，物流系统各个环节中相关的物流设施建设、设备制造以及物流系统与其他系统的相关配合尺寸，都要以此数值为依据进行设计和制造。在具体的设计制造过程中，可以根据实际需要，按照倍数关系或约数关系选取具体尺寸。

3. 物流模数的应用

（1）规范物流包装尺寸

物流作业的对象是货物，货物从生产过程进入物流过程首先要进行包装。所以，货物包装尺寸的标准化是整个物流系统标准化的基础。根据物流模数确定货物包装的标准尺寸系列，可以使进入物流过程的各种物品都能按照规定的尺寸系列进行包装，并能按照组合规律或分割规律方便地将小包装件集合成较大的包装件，从而为后续物流作业过程的集装化和标准化奠定可靠的基础。

（2）确定物流集装单元器具规格尺寸

如前所述，现代物流作业过程中，集装单元货件是最直接处理的货物形态。所以，集装单元货件的规格尺寸对整个物流系统的标准化起着至关重要的影响。集装单元货件的规格尺寸是由集装单元器具的标准规格尺寸决定的。因此，集装单元器具的标准规格尺寸必须以物流模数为基础进行确定。

目前我国国家标准《联运通用平托盘 主要尺寸及公差》（GB/T 2934—2007）中，规定了物流托盘的两个尺寸系列为 1200mm×1000mm 和 1100mm×1100mm。其中的 1200mm×1000mm 就是由物流基础模数 600×400 按组合方式（倍数关系）而形成的。该尺寸系列是国际上广泛应用的、我国物流活动中优先选用的托盘尺寸。

对于标准的国际通用集装箱，由于其发展和应用的时间较早，早已建立了比较完善的标准尺寸系列，其内部载货空间的基本尺寸是确定物流基础模数尺寸的重要参考依据，因此完全能够与物流基础模数尺寸相适应，因而保证集装箱在装载标准规格的包装件和集装单元货件时，能够最大限度地利用集装箱的载货空间容积。

（3）作为物流装备的尺寸设计依据

物流模数最基本的应用就是作为物流设施与设备设计时的尺寸基准。物流的包装设备、仓库、货架、装卸搬运设备以及运输工具，都必须以物流模数为尺寸基准进行设计和制造，从而保证各个环节的协调，使整个物流系统功能达到最佳。

例如，各种运输工具的载货装置尺寸必须依据物流模数进行规范设计。可以说规定物流模数尺寸，最主要的目的之一就是满足物流货物尺寸（包括集装单元货件）与运输工具装载尺寸的协调。这种协调性最主要的是保证货物在运输工具内能够形成最经济的装载排列方式，以保证运输工具具有最大的容积利用率；同时保证货物在各种运输工具上都装卸方便，从而顺利地实现多种运输方式相联合的高效率现代化物流运输。

第二节 集 装 箱

一、概述

集装箱是最主要的物流集装器具之一。以集装箱为单元进行货物运输是对传统的以单件货物进行运输的一次重要革命。集装箱运输具有巨大的社会效益和经济效益，是当代世界最先进的货物运输组织方式，已经成为交通运输现代化的重要标志。

1. 集装箱的定义

国家标准《系列1集装箱　分类、尺寸和额定质量》（GB/T 1413—2008），对集装箱做出了如下定义：

集装箱是一种运输设备，应满足下列要求：

① 具有足够的强度，在有效使用期内可以反复使用。

② 适于一种或多种运输方式运送货物，途中无需倒装。

③ 设有供快速装卸的装置，便于从一种运输方式转移到另一种运输方式。

④ 便于货物装满和卸空。

⑤ 内容积等于或大于$1m^3$。

"集装箱"这一术语既不包括车辆，也不包括一般包装。

由该定义可以看出，集装箱是一种集装化运输设备，其主要用途是用于货物的运输。定义中对集装箱提出的各项要求，是集装箱应当具备的基本条件，这些条件都是通过集装箱的基本结构和制造材料予以保证的。

2. 集装箱的基本构造

（1）集装箱的基本组成

集装箱的结构类型有很多种，其构造差异也较大。但绝大多数集装箱的基本结构都是由上下纵梁、上下横梁和四个角柱构成矩形箱体框架，然后铺设箱顶、箱底、前端壁、后端壁和左、右两侧壁并开设箱门，在箱顶部和箱底部的四个角上还分别设有四个专用的角件，如图7-2所示。

上下纵梁、上下横梁和四个角柱是集装箱主要的承载构件，由高强度钢材制成；箱顶板一般由整板制成，即使集装箱堆垛时也不承受较大的载荷，所以有的集装箱的箱顶做成软顶或者无顶，形成敞顶集装箱；箱底用以承载货物，由若干横向布置的底梁与两侧下纵梁相连接构成箱底骨架，然后铺设底板构成，具有较高的承载强度；箱底一般还设有供叉车叉取的横向叉孔。

集装箱顶部和底部的四个角件用于支承、装卸、堆垛和栓固集装箱。顶部的四个角件称为顶角件，主要用于集装箱装卸搬运设备对集装箱进行起吊装卸作业；底部的四个角件称为底角件，主要用在汽车和火车上拴固集装箱。集装箱角件及起吊和固定装置如图7-3所示。

（2）集装箱的结构方位

集装箱规定结构方位是为了明确集装箱的前、后、左、右以及纵、横的方向和位置，以便于对集装箱的结构进行描述。通常把集装箱装在汽车上时靠向驾驶室的一端称为前端，另一端为后端；面向集装箱的后端向前看去，右手边为右侧，左手边为左侧；由前至后称为纵向，由左至右称为横向。

（3）集装箱的开门形式

一般集装箱的前端壁是封闭的，称为盲端，后端一般为开门端。除后端开门外，集装箱的开门形式还有侧面开门、前后两端开门、后端开门并且左右单侧或两侧局部开门、后端开门并且左右单侧或两侧完全开门等多种形式，如图7-4所示。对于专用散货集装箱和敞顶集装箱，其顶部的敞口实际上属于一种顶部开门的形式。集装箱开门形式的选择，主要是根据不同的货物类别，考虑货物装卸作业的方便。

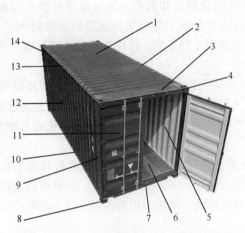

图 7-2 集装箱的基本结构

1—顶板　2—右侧壁　3—上横梁　4—顶角件
5—内衬板　6—底板　7—下横梁　8—底角件
9—角柱　10—下纵梁　11—后端门　12—左侧壁
13—上纵梁　14—前端壁

图 7-3 集装箱角件及起吊和固定装置

1—起吊转锁　2—顶角件　3—底角件　4—固定
转锁　5—集装箱

a) 后端开门　　　　　　　　b) 两端开门

c) 后端及单侧全开门　　　　d) 后端及两侧全开门

图 7-4 集装箱的开门形式

（4）集装箱的制造材料

所有集装箱的纵梁、横梁、角柱和角件等主要承载构件都是由高强度钢材制成的；集装箱箱体（主要是指端壁、侧壁和箱顶的外壁板）的制造材料，常用的有钢材、铝合金、不锈钢和玻璃钢等材料。集装箱通常按照其制造材料的不同分为钢制集装箱、铝合金集装箱、玻璃钢集装箱和不锈钢集装箱。

3. 集装箱的特点

集装箱作为一种集装化运输设备，具有以下显著特点：

① 集装能力强，货物装载量大，可以极大地提高货物装卸效率。集装箱具有较大的装载空间和较大的载重能力，45ft 高型集装箱的容积可以达到 $68m^3$，集装箱额定总质量达到 30t。集装箱是集装量最大的集装器具，其装载能力也大于一般货车的车厢。使用集装箱进行运输，可以极大地提高货物装卸速度和效率。

② 封闭性好，对货物有良好的保护作用，可以简化包装。除了特殊用途的集装箱以外，大多数集装箱都是一种封闭的货箱，货物可以得到可靠的保护，既能防风雨侵蚀，又能防丢防盗；而且，集装箱作为一种容器，可以装载无包装的件杂货物以及散装货物，可以简化或省略包装，节省包装材料和包装作业。

③ 可以作为小型储存仓库露天堆垛，节约库房和库存费用。由于集装箱具有较高的结构强度和封闭性，因此可以把货物直接放在集装箱内进行储存，不需要配置仓库，而且可以放在露天堆场进行多层堆垛，不会造成货物挤压破损，并且可以减少堆场面积的占用，减少货物的储存和保管作业以及库存费用。

④ 装卸搬运方便、快捷，在车辆上固定简单、牢靠。集装箱通过其顶部的四个角件与专用的装卸搬运吊具，可以实现快速、便捷的起吊和装卸搬运作业；同时，通过其底部的四个角件与运输车辆上的专用转锁装置，可以非常简单且牢靠地将其固定在车上。

⑤ 便于中转运输，便于各个环节之间的交接。由于集装箱封闭性好，货物经装箱人清点后锁好箱门并打好封志，在整个运输过程中就可以作为一个货件在各个环节之间进行交接，不需要对货物逐件进行清点和交接，大大地简化了交接手续，方便了货物的中转运输，因而特别便于组织多式联运。

⑥ 有较高的强度，可以长时间反复使用。集装箱具有较高的强度，不论从材料上还是从结构上，都能保证集装箱可以长时间反复使用，使用寿命较长；而且，集装箱结构简单，故障率低，维修方便，维修费用较低。

⑦ 装载货物的适应性强。集装箱能够装载各种类型的包装件、无包装件的件杂货物以及托盘集装单元货物，也可以装载散装货物和液体货物，一些特殊用途的专用集装箱还可以装载各种特殊货物，对货物的适应性很强。

二、集装箱的类型及应用

1. 按照结构和用途分类

集装箱按照结构和用途的不同可以分为通用杂货集装箱和专用集装箱两大类。其中，通用杂货集装箱的用途比较广泛，而其结构比较一致。随着集装箱运输的发展，为了适应不同种类货物的运输，许多结构不同、用途专一的专用集装箱在不断出现。常见的专用集装箱主要有冷藏集装箱、散货集装箱、通风集装箱、罐式集装箱、敞顶集装箱、台架式集装箱、平台集装箱、动物集装箱、汽车集装箱和服装集装箱。

（1）通用杂货集装箱

通用杂货集装箱（图 7-5），也称为干货集装箱。通用杂货集装箱的适用范围非常广，除了液体货物、冷藏货物和鲜活货物等特殊货物以外，只要在尺寸和重量方面适合的各种干杂货物，都可以用杂货集装箱装运，通常主要用于装运日用百货、食品、机械、仪器、家用电器、医药用品以及各种贵重货物等。杂货集装箱一般均为封闭式结构，多数在后端设有箱门，有的除后端设端门外，在侧壁上还设有侧门。有的杂货集装箱的侧壁完全可以打开，这种集装箱在铁路货车上装箱、拆箱作业十分方便。

通用杂货集装箱是最主要的、应用最广泛的集装箱，约占世界集装箱总量的85%。国际标准化组织建议的国际标准第1系列通用集装箱就是指这一类集装箱。

（2）冷藏集装箱

冷藏集装箱（图7-6）是指具有保温或制冷功能，专门用于运输要求保持一定温度的低温货物或冷冻货物的集装箱，主要适用于运输鱼、肉、新鲜水果蔬菜和冷冻食品等货物。为了适应保温需要，冷藏集装箱的箱体都采用隔热保温材料和一定的隔热保温结构。

用于运输冷冻食品的冷藏集装箱，需要具有制冷功能。目前国际上采用的冷藏集装箱主要分两种：一种是集装箱内部带有冷冻机，由冷冻机自行制冷，称为机械式冷藏集装箱。这种集装箱需要通过运输设备或者集装箱堆场上的外接电源进行制冷。另一种是集装箱内没有冷冻机，而在集装箱端壁上设有进气孔和出气孔，集装箱装在船舱中，由船舶的制冷装置供应冷气，称为外置式冷藏集装箱。

图7-5 通用杂货集装箱　　　　　　　图7-6 冷藏集装箱

（3）散货集装箱

散货集装箱是专门用于装载干散货物的集装箱，适于运输的货物主要有粮食、谷物、豆类、麦芽、硼砂、树脂以及颗粒状化学制品等干散货物。散货集装箱是一种密闭式集装箱，除了端部设有箱门外，一般在箱顶上还设有装货口，在箱门的下方还设有卸货口，如图7-7所示。箱顶部的装货口处设有水密性良好的顶盖，以防雨水侵入箱内。有些散货集装箱也可以用来装载杂货，为了防止装载杂货时箱内货物移动和倒塌，在箱底和侧壁上也设有系环，以便能系紧货物。

（4）通风集装箱

通风集装箱（图7-8）的外形与杂货集装箱相似，是一种带有箱门的密闭式集装箱，其通风方式一般采用自然通风。为了通风，通风集装箱一般在侧壁或端壁上设有一定数量的通风口它适于装载菌类、食品、新鲜水果蔬菜以及其他需要通风、防止潮湿的货物，能有效防止物品在运输途中腐烂变质。通风集装箱如将通风口关闭，便可以作为杂货集装箱使用。

图7-7 散货集装箱　　　　　　　图7-8 通风集装箱

（5）罐式集装箱

罐式集装箱（图7-9）是专门用于装运酒类、油类（如动植物油）、液体食品以及液体化学品等液体货物的集装箱，也有的可以装载化学品、水泥等颗粒状和粉末状货物。罐式集装箱主要由罐体和箱体框架两部分构成。框架一般用高强度钢，其强度和尺寸符合国际标准的要求。角柱上也装有标准角配件，装卸时与国际标准集装箱相同。罐体是装载货物的容器，有单罐、多罐、卧式罐和立式罐等多种类型。罐体顶部设有注料口，罐底部设有卸料阀。

a）卧式单罐　　　　　　　　　　　b）立式多罐

图7-9　罐式集装箱

（6）敞顶集装箱

敞顶集装箱（图7-10）是一种箱顶可以拆下来的集装箱，箱顶又分硬顶和软顶两种。硬顶是用钢板制成的可以开启的箱顶（图7-10a）；软顶是用帆布、塑料布制成的顶篷，并用可折叠式或可拆卸式的弓梁进行支承（图7-10b）。敞顶集装箱适于装载大、重型货物，如钢材和木材，特别是像玻璃板等易碎的重型货物。这些货物可利用吊车从箱顶部吊入箱内，既不易损坏货物，又便于在箱内固定货物。

a）硬顶敞顶集装箱　　　　　　　　　b）软顶敞顶集装箱

图7-10　敞顶集装箱

（7）台架式集装箱

台架式集装箱没有箱顶和侧壁，有的也没有端壁，只有底板和四个角柱的集装箱，如图7-11所示。这种集装箱适于装运长大货件和重型货件，如重型机械、钢材、木材、大型管材以及各种设备，货物可以用吊车从顶部装入，也可以方便地用叉车从箱侧面装货。有的台架式集装箱的四个角柱还可以折叠或者拆卸，以减少空箱回运时的空间占用。为了保证箱底的纵向强度，箱底通常都做得较厚，箱底的强度比一般集装箱的强度大，而其内部高度比一般集装箱低，为了把装载的货物系紧，在下侧梁和角柱上应设有系环。为了防止运输过程中货物坍塌，有的在集装箱的两侧还设有立柱或栅栏。台架式集装箱没有水密性，怕水湿的货物不能用这种集装箱装运。在陆上运输或在堆场上储存时，为了不淋湿货物应用帆布遮盖。

图 7-11　台架式集装箱

（8）平台集装箱

平台集装箱是指无上部结构而只有底结构的一种集装箱。平台的长度和宽度与国际标准集装箱的箱底尺寸相同，可使用与其他集装箱相同的紧固件和起吊装置。平台集装箱中又分为有顶角件和底角件的平台集装箱、只有底角件而没有顶角件的平台集装箱两种。有的平台集装箱在底板两侧设有供跨运车操作用的凹槽，底板的侧面和端面还装有系紧装置，如图 7-12 所示。

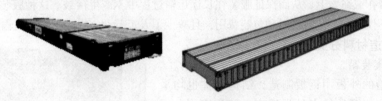

图 7-12　平台集装箱

（9）动物集装箱

动物集装箱是专门用于装运牛、马、羊、猪等活体家畜和鸡、鸭、鹅等活体家禽的集装箱。为了遮蔽阳光，箱顶采用胶合板遮盖；侧面和端面都设有窗口，保证良好的通风。侧壁下方设有清扫口和排水口，配有可上下移动的拉门，便于把垃圾清扫出去（图 7-13）。动物集装箱在船上应装在甲板上，不允许多层堆装，由于装载的是活体动物，装在甲板上空气流通，也便于清扫和照顾。动物集装箱由于不允许堆装，其载重量也较小，故强度低于国际标准集装箱的要求。

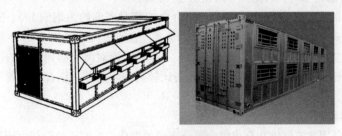

图 7-13　动物集装箱

（10）汽车集装箱

汽车集装箱是专门用于装运小型商品车的集装箱。汽车集装箱（图 7-14a）的结构有的与普通杂货集装箱相似，有的是在简易箱底上装一个钢制框架，没有端壁和侧壁（图 7-14b）。汽车集装箱箱底采用防滑钢板，以防止汽车在箱内滑动，箱内还设有固定汽车的装置。汽车集装箱有装单层和装双层两种。因为一般小型汽车的高度为 1.35～1.45m，如果在标准高度（2.438m）的集装箱内装载单层汽车，则会造成集装箱容积极大的浪费。所以，为了提高集装箱容积利用率，双层汽车集装箱应用较多，而双层汽车集装箱的高度显然高于国际标准集装箱。

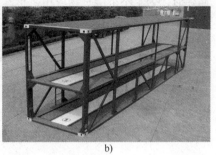

a)   b)

图 7-14　汽车集装箱

（11）服装集装箱

服装集装箱是专门用于装运高档服装的集装箱（图 7-15），其结构是在普通杂货集装箱的基础上，在箱内上侧梁上装有许多横杆，每根横杆上垂下若干条皮带扣或绳索，服装利用衣架上的挂钩，直接挂在带扣或绳索上，从而保证服装在长途运输过程中不产生褶皱。这种服装装载法属于无包装运输，它不仅节约了包装材料和包装费用，且减少了人工劳动，提高了服装运输的质量。

2. 按照制造材料分类

（1）钢制集装箱

钢制集装箱的外板用钢板制造，结构部件也均采用钢材。钢制集装箱的优点是强度高、结构牢固、焊接性和水密性好，而且价格较低、坚固耐用、易于修理。所以，钢制集装箱应用最广泛，大多数集装箱都是钢制集装箱。钢制集装箱的缺点是自重大，抗腐蚀性较差，一般每年需要进行两次除锈涂漆维护作业，使用期限较短，一般为 11～12 年。

图 7-15　服装集装箱

（2）铝合金集装箱

铝合金集装箱的外板一般都采用铝镁合金制成。这种铝合金集装箱的主要优点是自重较轻（铝合金的相对密度约为钢的 1/3，20ft 的铝合金集装箱的自重为 1 700kg，比钢制集装箱轻 20%～25%），故同一尺寸规格的铝合金集装箱能比钢制集装箱装载更多的货物；铝合金集装箱耐腐蚀，不生锈，能对海水起到很好的防腐蚀作用，非常适用于海上运输；铝合金集装箱的弹性好，外表比较美观。此外，铝合金集装箱加工方便，加工费用和维修费用低，使用年限较长，一般为 15～16 年。

（3）玻璃钢集装箱

玻璃钢集装箱是用玻璃纤维和合成树脂混合制成的强化塑料贴在胶合板上而形成的玻璃钢板制成的集装箱。玻璃钢集装箱的主要优点是隔热性、防腐性和耐化学性均较好，而且强度较高，能承受较大的应力，易清扫，修理简便，维修费用也低；其主要缺点是自重较大，造价较高。

（4）不锈钢集装箱

不锈钢集装箱的外板用不锈钢材料制造，其主要优点是强度高，不生锈，耐腐蚀性能好，外表美观；在使用期内维修保养作业量小，故使用率高，维修费用低；其缺点是价格较高。罐式集装箱的罐体一般多用不锈钢制作。

3. 按照运输方式分类

(1) 联运集装箱

联运集装箱是能够适用于铁路、公路、水路和航空多式联运系统的集装箱。联运集装箱能够采用各种运输方式进行运输，可以便利地从一种运输方式转移到另一种运输方式，途中转运时无须进行货物倒装。通常情况下，国际标准系列集装箱都属于联运集装箱，可以适用于国际集装箱多式联运系统，特别是其中的公称尺寸为 20ft（6m）和 40ft（12m）的标准集装箱，是应用最为广泛的国际多式联运集装箱。

(2) 海运集装箱

国际集装箱多式联运最主要的运输方式是海运，国际标准集装箱也是由海运集装箱发展起来的。所以，现代的海运集装箱基本上都是联运集装箱。

(3) 铁路集装箱

铁路集装箱是指专门用于铁路运输系统的集装箱。根据铁路集装箱的转运方式，通常可以与公路集装箱汽车和内河及近海集装箱运输船舶相联合，组成集装箱公—铁联运和水—铁联运。

铁路集装箱运输是国内集装箱运输的主要方式之一，所以我国铁路集装箱拥有较大的保有量。我国铁路集装箱一般只用于国内运输，较少用于出口运输。

我国铁路集装箱按照重量和尺寸主要分为 1t 箱、10t 箱、20ft 箱、40ft 箱，此外还有少数经铁路管理部门批准运输的其他重量和尺寸的集装箱，其中 1t 箱主要用于铁路零担货物运输。

铁路集装箱的结构类型与上述各种类型基本相同，图 7-16 所示为我国铁路专用集装箱。

a）铁路油罐集装箱   b）铁路木材集装箱

图 7-16 我国铁路专用集装箱

(4) 航空集装箱

航空集装箱是指用于航空货运、邮件和航空旅客行李运输的集装箱。从总体上讲，可用于航空运输的集装箱有两大类，一类是联运集装箱，另一类是航空专用集装箱。

联运集装箱就是上述适用于陆海空多式联运的集装箱，主要是 20ft 和 40ft 标准集装箱。这种大型集装箱只能用于大型全货运飞机和大型客货兼运飞机的主货舱装运，飞机上一般设有专用集装箱吊装设备（图 7-17）。通常，可用于空运的联运集装箱一般还有一些特别的要求，并且在箱体上还标有专门标记。

航空专用集装箱一般也称为航空专用成组器，是专门用于航空运输的集装箱。这种集装箱的主要特点一是自重小，多为铝合金制造，其二是尺寸较小且形状特殊，主要是为了适应飞机货舱空间和形状。航空专用集装箱一般根据其外形的适配性，分为主货舱集装箱和下舱集装箱两种基本形式，主货舱集装箱只能用于全货机和客机的主货舱，下舱集装箱只能装于宽体飞机的下货舱。各种航空专用集装箱都根据其适用的货舱位置，设计成不同的形状，并规定了一定的底板平面尺寸和高度尺寸，如图 7-18 所示。

a) 航空联运集装箱

b) 航空集装箱吊装

图 7-17　航空联运集装箱

图 7-18　航空专用集装箱

4. 特殊结构集装箱

（1）折叠式集装箱

折叠式集装箱是指侧壁、端壁和箱门等主要部件能很方便地折叠起来，反复使用时可再次撑开的一种集装箱，如图 7-19 所示。折叠式集装箱主要用在货源不平衡的航线上，是为了减少回空时的舱容损失而设计的。这种集装箱折叠之后的高度仅仅相当于集装箱高度的1/4，原本一辆货车只能托运一个空集装箱，折叠之后可以装载 4 个空箱。

a)

b)

图 7-19　折叠式集装箱

（2）连体集装箱

连体集装箱就是用特制的连接器将两个以上小规格的集装箱连接到一起，形成一个较大规格的集装箱。图 7-20 所示的连体集装箱是由两个标准的 10ft 集装箱连接构成的标准 20ft 集装箱，两个箱的内部相互贯通，可做标准的 20ft 箱装运各类干货，需要的时候则可以分割成两个标准 10ft 的小型箱进行使用。两箱之间的标准连接器具有快速连接和分离的功能，非常便于两箱的组合与分离。连体集装箱的尺寸可以根据需要任意组合，例如在北美内陆运输中，用一个 16ft 和一个 24ft 的集装箱组合成一个标准的 40ft 箱，可以方便地满足不同运输条件的需要。

（3）成套集装箱

成套集装箱简称套箱，由一组外部长宽高尺寸形成等差的集装箱组合而成（图 7-21a），最大的箱一般为标准规格尺寸，其他箱为非标准箱，但各个箱都具有标准的角件，可以独立作为小型物流集装箱或小型仓库装载货物；空箱回运或储存时，可以依次将小箱套入大箱之中（图 7-21b），因而可以节约装载空间和储存空间。

图 7-20　连体集装箱

a)

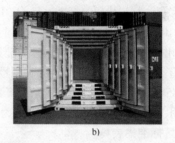
b)

图 7-21　成套集装箱

（4）交换车体集装箱

交换车体集装箱（图 7-22a），也称为箱体交换车体（Swap Body）。这种集装箱的箱体结构与普通集装箱相同，但是在其底部配有四个可折叠的支腿，可以支撑集装箱停放。

交换车体集装箱是一种介于集装箱和半挂车之间的一种交通运输设备，它由专用的拖车载运。拖车车身与集装箱半挂车相似，自身没有货箱，车架承载平面上设有固定集装箱的转锁装置。集装箱可以利用专用吊具进行装车和卸车。在不便于使用专用吊具进行装卸的场合，可以直接将拖车穿过支腿插入箱体下方，车架升起将集装箱放稳并固定牢靠，然后收起支腿（图 7-22b）；卸车时按照相反的程序将集装箱卸下停放。所以，这种集装箱非常便于箱体与拖车之间的换转作业，提高集装箱的装卸速度，在欧洲和其他一些地区得到了广泛的应用。

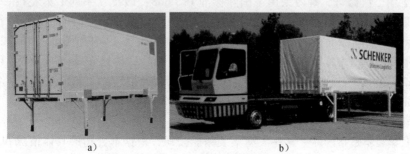
a)　　　　　　　　　　　　　　　　b)

图 7-22　交换车体集装箱

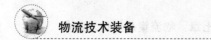

三、集装箱的主要参数

为了有效地开展国际集装箱多式联运，必须强化集装箱标准化。

1. 集装箱标准的种类

长期以来，集装箱在全世界各个国家和地区得到了快速的发展和广泛的应用。由于各个国家和地区的生产方式和习惯不同，以及运输设备、装卸搬运设备和各种场站设施等应用条件不同，因而在世界范围内形成了多种不同规格和标准的集装箱。按照各种集装箱标准使用范围的不同，集装箱可以分为国际标准集装箱、地区标准集装箱、国家标准集装箱和公司标准集装箱四种。

（1）国际标准集装箱

国际标准集装箱是指根据国际标准化组织第104技术委员会（ISO/TC 104）制定的国际标准来建造和使用的国际通用的标准集装箱。

ISO/TC 104是国际标准化组织下的一个专门制定集装箱标准的国际性技术委员会组织，负责通用集装箱的国际标准化工作、专用集装箱的国际标准化工作和代码、标记与通信的国际标准化工作。1961年ISO/TC 104成立之后，首先对集装箱规格和尺寸等基本标准进行研究，并于1964年7月颁布了世界上第一个集装箱规格尺寸的国际标准。此后，又相继制定了集装箱技术标准、零部件标准及名词术语、标记代码等标准。目前，ISO/TC 104已经制定了18项集装箱国际标准。

ISO/TC 104技术委员对集装箱国际标准进行了多次修订后，把国际集装箱划分为3个系列。现在国际上通用的集装箱为第1系列国际标准集装箱。根据国际标准ISO 668：1955的规定，第1系列集装箱共有A、B、C、D四大类13种型号；2005年国际标准化组织又对ISO 668：1995进行了补充修订，把45ft集装箱正式作为第1系列集装箱的E类，共有2种型号。随着第1系列国际标准集装箱的广泛应用，第2系列和第3系列均降格为技术报告，主要在欧洲等部分地区和国家使用。

（2）地区标准集装箱

地区标准集装箱是由地区组织根据该地区的特殊情况规定的，适用于该地区的标准集装箱。例如，原国际第2系列集装箱，是根据欧洲国际铁路联盟（VIC）所制订的集装箱标准而建造的集装箱，主要在欧洲地区的铁路上使用，属于欧洲地区标准集装箱。

（3）国家标准集装箱

国家标准集装箱是世界各国政府参照国际标准并考虑本国具体情况而规定的，在本国范围内适用的标准集装箱。

我国1978年颁布实施了第一个集装箱国家标准《货物集装箱外部尺寸和额定重量》（GB 1413—1978），规定了集装箱的型号及各种型号的外部尺寸、极限偏差及额定重量。1980年成立了全国集装箱标准化技术委员会，先后制定了21项集装箱国家标准和11项集装箱行业标准。1985年国家标准GB 1413进行了第一次修订，把标准名称改为《集装箱外部尺寸和额定重量》；1998年进行了第二次修订，等效采用了国际标准ISO 668：1995《系列1集装箱——分类、尺寸和额定质量》，形成了国家标准《系列1集装箱——分类、尺寸和额定质量》（GB 1413—1998）。该标准与国际标准相同，规定了A、B、C、D四大类13种型号集装箱。2008年又进行了第三次修订，等同采用了国际标准ISO 668：1995及其修正案ISO 668：1995/Adm1：2005和Adm2：2005，在原来的A、B、C、D四大类13种型号集装箱的基础上，把45ft集装箱也正式规定为我国国家标准集装箱的E类，增加了2种型号（参见表7-1）。

（4）公司标准集装箱

公司标准集装箱是指国际上某些大型集装箱船公司，根据本公司的具体情况和条件而制定的，适用于本公司的标准集装箱。例如美国海陆公司的35ft集装箱，这类集装箱主要在该公司运输范围内使用。

除此之外，目前世界还有不少非标准集装箱。例如：非标准长度集装箱有美国海陆公司的 35ft 集装箱、总统轮船公司的 45ft 及 48ft 集装箱；非标准高度集装箱主要有 9ft 和 9.5ft 两种高度集装箱；非标准宽度集装箱有 8.2ft 宽度集装箱等。这类非标准集装箱，有的随其应用范围的扩大及其优势的突显，可能逐渐被纳入标准集装箱系列。例如 45ft 集装箱已经被不少国家纳入国家标准集装箱系列。

2. 国际标准集装箱的型号和主要参数

根据我国国家标准《系列 1 集装箱—分类、尺寸和额定质量》（GB 1413—2008）的规定，我国国家标准集装箱完全等同采用了系列 1 国际标准集装箱的相关标准，并规定了集装箱的分类型号和主要参数，见表 7-1。

表 7-1　系列 1 国际标准集装箱的型号和主要参数

集装箱型号	公称长度		长度			宽度		高度			额定质量（总质量）	
	m	ft	mm	ft	in	mm	ft	mm	ft	in	kg	lb
1EEE	13	45	13716	45		2438	8	2896	9	6	30480	67200
1EE								2591	8	6		
1AAA	12	40	12192	40		2438	8	2896	9	6	30480	67200
1AA								2591	8	6		
1A								2438	8			
1AX								<2438	<8			
1BBB	9	30	9125	$29\ 11\frac{1}{4}$		2438	8	2896	9	6	30480	67200
1BB								2591	8	6		
1B								2438	8			
1BX								<2438	<8			
1CC	6	20	6058	$19\ 10\frac{1}{2}$		2438	8	2591	8	6	30480	67200
1C								2438	8			
1CX								<2438	<8			
1D	3	10	2991	$9\ 9\frac{3}{4}$		2438	8	2438	8		10160	22400
1DX								<2438	<8			

（1）国际标准集装箱的外部尺寸与型号

由表 7-1 可见，系列 1 国际标准集装箱的宽度均为 2438mm（8ft）。

目前国际标准集装箱根据其外部长度的不同，共分为 E、A、B、C、D 五种类别，E 类集装箱最长（最大），D 类集装箱最短（最小）。在生产实践中，通常是以集装箱的公称长度（习惯上大多是以英制尺寸公称长度）来表示集装箱的类别和大小。集装箱的公称长度就是指对集装箱的标准尺寸不考虑公差并将其化整到最接近的整数尺寸。E 类集装箱公称长度为 45ft（13.716m）、A 类集装箱为 40ft（12m）、B 类集装箱为 30ft（9m）、C 类集装箱为 20ft（6m）、D 类集装箱为 10ft（3m）。其中，A 类和 C 类集装箱是国际集装箱多式联运中用量最多、应用最广泛的两类集装箱。

各种类别的集装箱又根据其高度的不同划分出不同的型号，共分为 15 种型号。其中，高度为 2896mm（9ft 6in）的集装箱的型号定为 1EEE、1AAA、1BBB 型三种；高度为 2591mm（8ft

6in）的集装箱型号定为 1EE、1AA、1BB、1CC 型四种；高度为 2438mm（8ft）的集装箱型号定为 1A、1B、1C、1D 型四种；高度小于 2438mm（8ft）的集装箱型号定为 1AX、1BX、1CX、1DX 型四种。

（2）集装箱的质量参数

集装箱的质量参数主要包括集装箱空箱质量、载货质量和额定质量。

在集装箱国际标准中，规定了集装箱的额定质量，其中 E、A、B、C 四类集装箱的额定质量均为 30480kg，D 类集装箱的额定质量为 10160kg。

集装箱的额定质量是指集装箱空箱质量与载货质量之和，也称为额定总质量，它是集装箱使用过程中限定的最大总质量限值。国际标准中限定集装箱额定总质量的意义在于，为集装箱的装载，以及集装箱装卸搬运设备、运输设备和相关设施的设计制造和使用提供统一的标准依据，以防止超载。

集装箱空箱质量是指包括永久性附件在内的空箱重量（习惯简称自重）。各种集装箱的空箱质量是由集装箱的大小、结构和材料等决定的，没有统一的标准要求。例如一般钢制 20ft 杂货集装箱为 2000～2500kg，40ft 杂货集装箱约为 3800kg，开顶集装箱约 2700kg 左右；铝制 20ft 集装箱约为 1800kg，40ft 集装箱约为 3000kg 左右。

集装箱的载货质量是指集装箱内装载货物的最大容许质量，它是集装箱额定总重量与空箱质量之差。对于空箱质量一定的集装箱，在具体使用过程中，实际上是通过控制装载货物的最大质量来保证集装箱的总重量不超过额定总重量限值。所以，尽管标准中没有对集装箱的载货质量进行规定，但是，在实际生产过程中，必须严格控制集装箱装载货物的最大质量。

（3）集装箱的内部尺寸和箱门开口尺寸

为了方便集装箱货物的配载和装载，保证集装箱货物的顺利装卸，保证集装箱内部容积得到充分的利用，国际标准中对集装箱的内部尺寸和门框开口尺寸进行了具体的规定，见表 7-2。在集装箱的使用过程中，应当根据该尺寸数据确定货物的包装尺寸规格，规划集装箱货物的配装。

表 7-2　系列 1 通用集装箱的最小内部尺寸和门框开口尺寸　　　　（单位：mm）

集装箱型号	最小内部尺寸			最小门框开口尺寸	
	高度	宽度	长度	高度	宽度
1EEE	箱体外部高度减去 241	2330	13542	2566	2286
1EE			13542	2261	
1AAA			11998	2566	
1AA			11998	2261	
1A			11998	2134	
1BBB			8931	2566	
1BB			8931	2261	
1B			8931	2134	
1CC			5867	2261	
1C			5867	2134	
1D			2802	2134	

3. 集装箱的数量统计计量单位

在集装箱的生产、制造以及集装箱运输、堆存等使用过程中，通常需要对集装箱的数量进行统计。对于集装箱的数量统计通常有两种统计方法：一是按照集装箱的实际个数进行统计，二是按照换算标准箱数进行统计。按照集装箱的实际个数进行统计的方法，就是不区分集装箱的规格大小，有一个算一个，这样统计出来的集装箱数量称为"自然箱数"。自然箱数可以确切地表明集装箱的实际个数。但是，由于实际集装箱有大有小，集装箱体积和装载能力的差异较大，自然箱数不能准确地反映集装箱装载能力、集装箱占用运输工具和堆场的体积规模等数据，因此在集装箱的使用过程中这种统计方法应用较少，而是按照换算标准箱进行统计。按照换算标准箱的方法进行统计，就是以公称长度为 20ft 的集装箱作为换算标准箱，简称 TEU（Twenty-foot Equivalent Unit），对其他长度的集装箱进行换算，即 20ft 集装箱为 1TEU，40ft 集装箱为 2TEU，30ft 集装箱为 1.5TEU，10ft 集装箱为 0.5TEU，这样换算得出的集装箱数量称为"标准箱数"，并用 TEU 作为标准箱数的统计计量单位。使用标准箱数 TEU 作为集装箱的统计计量单位，能够更准确地反映集装箱的运输量以及集装箱港站的吞吐量和生产规模。这是国际上通用的集装箱数量统计计算方法，例如对集装箱船舶的装载量以及集装箱码头和堆场的吞吐量等都是按照标准箱数量进行统计的。

四、集装箱的标记与识别

为了方便集装箱的识别、交接和运输管理，国际标准化组织（ISO）对集装箱识别标记制定了国际标准，我国也制定了国家标准《集装箱代码、识别和标记》（GB/T 1836—1997），对集装箱识别标记的内容、标记字体的尺寸、标记位置等都做了具体的规定。

集装箱标记按其用途可分为识别标记、作业标记和通行标记，其中识别标记都是必备标记，具有强制性；作业标记中的集装箱最大净载质量是可选择性标记，可以根据需要选择标示，其他标记也都是必备标记；通行标记一般为可选择性标记，可根据集装箱适用的区域选择标示。集装箱标记代码的规定涂打位置参见如图 7-23 所示。

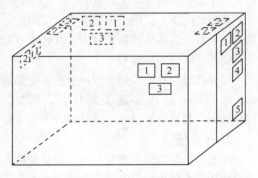

图 7-23 集装箱标记代码的规定涂打位置
1—箱主代码 2—箱号或顺序号、核对数字
3—集装箱尺寸及箱型代码 4—集装箱总重、
自重和容积 5—集装箱制造厂名
及出厂日期

1. 识别标记

集装箱的识别标记主要包括箱主识别标记和集装箱类型识别标记。

（1）集装箱箱主识别标记

集装箱箱主识别标记主要由箱主代码、设备识别码、箱号和校验码组成，是用于识别集装箱权属和身份的编码。每一个标准集装箱都有一个在世界范围内具有唯一性的主识别标记。

1）箱主代码 箱主代码即集装箱所有者的代码，它由三位大写拉丁字母表示。箱主代码由箱主自己规定，并向国际集装箱注册机构进行登记，登记时不得与登记在先的箱主代码有重复。

2）设备识别码 在箱主代码的三位字母之后，还附加一位字母"U"，用以代表"集装箱"，称为设备识别码。它与箱主代码的字母连在一起标出，表明属于哪个公司的集装箱。例如，"COSU"表示中国远洋运输（集团）总公司的集装箱。

设备识别码用以区别集装箱和与集装箱相关的其他设备，例如以"J"表示集装箱带有的可拆卸的挂装设备、以"Z"表示集装箱拖挂车和底盘挂车。

3）箱号。箱号又称为顺序号，为同一个箱主的集装箱编号，由集装箱所属公司自定，用六位阿拉伯数字表示，若有效数字不足六位时，在有效数字前加"0"补足六位。

4）校验码。校验码也称为核对数字，位于顺序号之后，用一位阿拉伯数字表示，并加方框以示区别。校验码的作用是用于计算机核对箱主代码与顺序号记录的正确性。校验码是根据箱主代码的四位字母与顺序号的六位数字，通过规定的换算方法换算而得出的。

（2）集装箱类型识别标记

集装箱类型识别标记由尺寸代码和箱型代码组成，用于识别集装箱的规格尺寸和结构类型。

1）尺寸代码　尺寸代码由两位字符表示。第一个字符表示箱长，其中"1"代表10ft箱，"2"表示20ft箱，"3"表示30ft箱，"4"表示40ft箱，5～9为未定号。另外，还以英文字母A～P作为特殊箱长的集装箱代码。例如，"M"表示48ft箱。第二个字符表示箱宽和箱高。对于宽度为8ft的标准集装箱，用数字"0"表示8ft高的箱，"2"表示高8ft6in高的箱，"5"表示9ft6in高的箱；对于宽度不是8ft集装箱，用英文字母表示其特殊宽度。

2）箱型代码　箱型代码用以反映集装箱按结构和用途所属的类型，用一位字母和一位数字表示。第一位字母表示集装箱所属类型。例如：G表示通用集装箱；V表示通风集装箱；B表示散货集装箱；R表示冷藏集装箱；T表示罐式集装箱；U表示敞顶集装箱；P表示平台和台架集装箱；A表示空陆水联运集装箱；S表示以货物种类命名的集装箱，如汽车集装箱和动物集装箱等。类型代码第二位用一个数字表示该箱型的结构特征。例如："G0"表示通用集装箱中，一端或两端设有箱门的集装箱；"G2"表示通用集装箱中，一端或两端设有箱门，并且在一侧或两侧设有全开式箱门的集装箱。

尺寸代码和箱型代码作为一个整体在集装箱上标出。其组配代码结构为：××××，前两位是尺寸代码，后两位是类型代码。例如，22G1是指箱长为20ft（6068mm），箱宽为8ft（2438mm），箱高为8ft 6in（2591mm），上方有透气罩的通用集装箱。

2. 作业标记

作业标记包括额定质量、空箱质量和最大净载质量标记、超高标记、空陆水联运集装箱标记和箱顶防电击警告标记等。作业标记的主要作用是对集装箱的装载、装卸搬运、运输和储存作业提供一些提示性信息或视觉性警示。

（1）额定质量、空箱质量和最大净载质量标记

集装箱的额定质量也称为最大总质量（Max Gross Mass），空箱质量也称为自重（Tare Weight），是集装箱的两个主要质量参数，按要求必须在箱体表面标出。另外，在标出额定质量和空箱质量的同时，还可以标出集装箱的最大净载质量（Net Weight），它是额定质量与空箱质量的差值。最大净载质量作为一种可选择性作业标记，可以根据需要标出，不具有强制性。

三种质量参数标出时，要求用千克（kg）和磅（lb）两种单位同时表示。

（2）超高标记

凡高度超过2.6m（8ft 6in）的集装箱，均应标出超高标记。该标记为在黄色底上标出黑色数字和边框，数字为集装箱的实际高度尺寸（图7-24）。通常位于集装箱每侧的左下角，其他主要标记的下方，距箱底约0.6m处。

另外，在箱体每端和每侧角件之间的顶梁及上侧梁上打出黄黑相间的斜条形标记，以便在地面或者高处能够清晰地识别。

（3）空陆水联运集装箱标记

空陆水联运集装箱是指可以用于飞机、火车、汽车和船舶等多种运输方式之间进行联运的集

装箱。此类集装箱具有与飞机机舱内相匹配的系固装置，适用于空运，并可与地面运输方式相互交接联运。为适合于空运，该类集装箱自重较轻，结构强度较弱，海上运输时禁止在船舶甲板上堆装，船舱内堆码时应配置在最上层，在陆上堆码时最多允许堆码两层。为此，国际标准化组织对该类集装箱规定了特殊的标记。该标记为黑色，位于侧壁和端壁的左上角，并规定标记的最小尺寸为：高 127mm（5in）、长 355mm（14in）、字母标记的字体高度至少为 76mm（3in）、如图 7-25 所示。

（4）箱顶防电击警告标记

凡装有登箱顶扶梯的集装箱，应标出登箱顶防触电警告标记。该标记如图 7-26 所示，在黄色底上标出黑色三角形和闪电箭头。一般设在集装箱上位于邻近箱顶的扶梯处，以警告登箱顶作业人员有触电的危险。

图 7-24 集装箱超高
标记示例

图 7-25 空陆水联运集装箱标记

图 7-26 集装箱箱顶
防电击警告标记

3. 通行标记

集装箱通行标记是指允许集装箱在某些国家或地区之间使用和通行的标记。现有的集装箱通行标记主要有国际铁路联盟标记、安全合格牌照、集装箱批准牌照和检验合格徽等。

（1）国际铁路联盟标记

凡符合《国际铁路联盟条例》规定的技术条件的集装箱，可获得国际铁路联盟标记。该标记是在欧洲铁路上运输集装箱必备的通行标记。国际铁路联盟标记如图 7-27 所示，标记方框上部的"ic"表示国际铁路联盟，标记下方的数字表示各铁路公司代码。例如，"33"是中华人民共和国铁路的代码。

（2）安全合格牌照

该牌照表示集装箱已按照《国际集装箱安全公约》（简称 CSC 公约）的规定，经有关部门试验合格，符合有关安全要求，允许在运输运营中使用。它是一块长方形金属牌，牌上记有"CSC安全合格"字样，同时标有批准国、批准证书号、批准日期、出厂年月、制造厂商产品号、最大总重（kg，lb）等内容（图 7-28）。在运输运营中使用的集装箱，在安全合格牌照上还必须标明维修间隔时间。

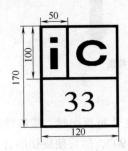

图 7-27 国际铁路联盟标记

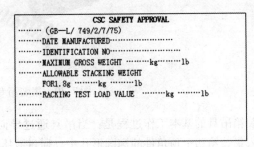

图 7-28 安全合格牌照示意图

（3）集装箱批准牌照

为加速集装箱在各国间流通，联合国欧洲经济委员会制定了一个《集装箱海关公约》（简称 CCC），凡符合《集装箱海关公约》规定的集装箱，可以贴上"集装箱批准牌照"，在各国间通行时，可由海关加封运行，即不必开箱检查箱内的货物，从而加速集装箱的流通。

（4）检验合格徽

集装箱上的"安全合格牌照"，主要是为了确保集装箱不对人的生命安全造成威胁。但集装箱还必须确保运输过程中不对运输工具（如船舶、火车及拖车等）的安全造成威胁。所以，国际标准化组织要求各检验机关必须对集装箱进行相关检验，经检验合格后，在集装箱门上贴上代表该检验机关的检验合格徽，例如图 7-29 所示的是中国船级社的检验合格徽。

图 7-29　中国船级社的检验合格徽

五、集装箱装卸搬运设备

集装箱是一种大型的集装单元货件，必须使用专用设备进行装卸搬运。集装箱装卸搬运设备主要用于港口集装箱码头、铁路集装箱货运办理站、公路集装箱中转站等场所。按照其主要用途，集装箱装卸搬运设备可分为专门用于集装箱码头对船舶进行装卸作业的岸边集装箱桥式起重机，用于集装箱堆场进行车辆装卸和集装箱堆垛作业的轮胎式集装箱门式起重机、轨道式集装箱门式起重机、集装箱正面吊运起重机、集装箱专用叉车，还有专门用于集装箱码头和堆场进行短距离搬运的集装箱跨运车、集装箱底盘车等。这些装卸搬运设备，一般都是通过专用的集装箱吊具进行集装箱的起吊和搬运。

1. 集装箱专用吊具

（1）集装箱专用吊具的基本结构

集装箱专用吊具是各种集装箱装卸搬运设备的专用属具，其基本结构如图 7-30a 所示。集装箱专用吊具一般由金属构架、旋锁、导向板、吊具前后倾斜及操纵控制装置等组成。它通过其下面四个角上的转锁与集装箱的四个顶角件相连接，来实现对集装箱的快速起吊作业。旋锁具有扁形的锁头，与集装箱角件的椭圆形孔相配合，在吊运过程中使吊具与集装箱相互连接构成一个整体，其结构如图 7-30b 所示。

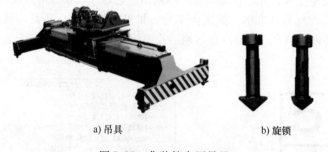

a) 吊具　　　　　　　　　　b) 旋锁

图 7-30　集装箱专用吊具

集装箱吊具的基本工作过程是：当吊具通过导向装置降落到集装箱顶面时，能够使旋锁准确地插入集装箱四个顶角件的椭圆形孔中，通过液压系统驱动旋转 90°，然后使旋锁闭合。吊具起升时，使旋锁与集装箱角件相互卡紧成为一体，即可吊起集装箱进行装卸和搬运。完成装卸搬运作业之后，落下集装箱，旋锁打开，将吊具与集装箱角件脱离。

（2）集装箱吊具的主要类型

集装箱吊具的起重量和尺寸取决于相应的集装箱，其外形结构和尺寸能够与集装箱实现很好的配合。集装箱吊具主要有固定式和伸缩式两大类。

1）固定式集装箱吊具 固定式集装箱吊具（图7-31）是结构和外形尺寸都固定的集装箱吊具，只能吊运一种规格的集装箱。这种集装箱吊具结构简单，重量较轻，但更换吊具需要花费的时间较长，且每个吊具配一套液压系统，成本相对较高。

2）伸缩式集装箱吊具 伸缩式集装箱吊具（图7-32）上装有机械式或液压式伸缩机构，能在20ft～40ft（或至45ft）范围内进行伸缩调节，以适应不同规格集装箱的装卸要求。伸缩式集装箱吊具质量较大，但使用方便，因此是目前集装箱起重机最广泛采用的吊具。

图7-31 固定式集装箱吊具

3）双箱吊具 双箱吊具（图7-33）是一次可同时装卸两个20ft集装箱的伸缩式吊具，与单箱吊具相比，大大提高了装卸效率。伸缩式双箱吊具是在标准吊具的基础上，在主框架的中部增加了4套独立的锁销机构，从而在保留标准吊具原有全部功能的基础上，增加了同时装卸两个20ft集装箱的功能。

图7-32 伸缩式集装箱吊具

图7-33 双箱吊具

2. 岸边集装箱桥式起重机

岸边集装箱桥式起重机（简称岸桥或桥吊）是专门用于集装箱码头对集装箱船进行装卸作业的专用设备，一般安装在港口码头岸边（图7-34）。岸边集装箱桥式起重机主要由金属结构、起重小车、起升机构、小车运行机构、大车运行机构、驾驶室、电气传动及控制设备、各种安全装置及其他辅助设备等组成。其中金属结构由直立的门架结构和横向的桥架结构组成，门架的底部装有刚性滚轮，通过大车运行机构驱动起重机沿布置在地面的轨道上行走。门架底梁以下留有一定的净空高度，形成车辆运行通道，以供集装箱运输货车和底盘车从前下方通过；桥架上设有起重小车运行轨道，起重小车通过小车运行机构驱动沿轨道横向运行，在船与码头前沿（或货车）之间进行集装箱的吊运。

岸边集装箱桥式起重机是现代集装箱船舶最主要的装卸设备。集装箱运输船舶的大型化发展趋势，对岸边集装箱桥式起重机的结构和功能提出了新的要求。有的大型岸边集装箱桥式起重机外伸距达到65m，吊下起重量达到65t，单机生产率可以达到每小时50TEU以上，大大提高了集装箱运输船舶的装卸速度。

图7-34　岸边集装箱桥式起重机

3. 轮胎式集装箱龙门起重机

轮胎式集装箱龙门起重机（图7-35）适用于集装箱堆场进行车辆装卸和集装箱堆垛作业。轮胎式集装箱龙门起重机的基本结构是由直立的四个门柱与其上部的横梁构成双梁式龙门架，前后门柱通过底梁相连接，在底梁和门柱的下方装有充气橡胶轮胎式滚轮，支承起重机在堆场的坚硬地面上行走；起重小车可以沿着上部的主梁横向行走，吊运集装箱，用以装卸集装箱车辆和进行堆垛作业。轮胎式集装箱龙门起重机能够跨越的集装箱列数取决于其跨度的大小，能够堆垛的集装箱高度取决于起重机主梁下方的净空高度。一般轮胎式集装箱龙门起重机的跨度可以跨过3～6列集装箱和一辆运输车辆，可以堆垛4～5层集装箱。

4. 轨道式集装箱龙门起重机

轨道式集装箱龙门起重机如图7-36所示，其结构与普通龙门式起重机基本相同，只是其吊具为集装箱专用吊具。轨道式集装箱龙门起重机主要用于铁路集装箱货运站、码头后方集装箱堆场和集装箱中转站堆场等场所进行集装箱装卸和堆垛作业。

图7-35　轮胎式集装箱龙门起重机　　　　　　图7-36　轨道式集装箱龙门起重机

5. 集装箱正面吊运起重机

集装箱正面吊运起重机如图7-37a所示，主要由臂架式起吊装置、轮式底盘、内燃机动力装置和驾驶室等部分组成。集装箱正面吊运起重机具有叉车和汽车起重机的双重结构和功能，主要用于各种集装箱堆场进行集装箱车辆装卸和堆垛作业，并且可以用于堆场内短距离（一般在

50m 范围内）搬运作业。其臂架能够进行伸缩和仰俯运动，以改变臂架的作业幅度和举升高度。一般集装箱正面吊运起重机可以跨越三排集装箱进行作业，可以举升堆垛 4～5 层集装箱。有的集装箱吊运起重机的吊具还可以左右旋转，这样在起吊作业时，车体可以不一定正面朝向集装箱（图 7-37b）。集装箱正面吊运起重机具有自重轻、视野好、机动性好、操作方便、设备投资小、堆码层数高、作业幅度大及场地利用率高等优点，因此在集装箱堆场作业中的应用越来越广泛。

a)

b)

图 7-37　集装箱正面吊运起重机

6. 集装箱专用叉车

集装箱专用叉车是装有集装箱专用吊具的一种平衡重式叉车，主要适用于各种集装箱堆场进行集装箱车辆装卸和堆垛作业，也可以用于堆场内短距离搬运作业。集装箱叉车按照功用的不同可以分为重箱叉车和空箱叉车两类。重箱叉车采用集装箱顶部起升吊具（图 7-38a），起重能力较大；空箱叉车的起重能力较小，举升高度较高，专门用于空箱装卸搬运和堆垛作业，可以堆垛 5～7 层空箱。空箱叉车的吊具有的与重箱叉车一样采用顶部起升吊具，有的采用侧面起升吊具（图 7-38b）；另外，还有的空箱叉车采用普通货叉，直接插入集装箱底板的叉孔进行叉取作业。

a) 重箱叉车

b) 侧面起升吊具空箱叉车

图 7-38　集装箱专用叉车

7. 集装箱跨运车

集装箱跨运车是用于集装箱码头和堆场短距离集装箱搬运的专用机械，如图 7-39 所示，主要由门形跨架、起升机构、运行机构、驾驶室、动力装置及其他辅助装置等组成。门形跨架分为前跨架和后车架两部分，前跨架一般采用管形结构，并为起升机构提升架的支承和导轨；后车架为箱形结构，作为动力设备以及其他辅助设备的支承；前跨架和后车架以法兰定位并最后焊成一体。门形跨架的底部装有充气轮胎式车轮，通过动力装置驱动可以在地面上行走。集装箱吊具和起升机构位于跨架中间，进行吊运作业时，跨运车跨越集装箱将其吊起，然后进行水平搬运。集装箱跨运车主要适用于集装箱码头前沿与后方堆场之间的搬运作业，一般在100m的距离范围内均可以适用，而且既可以搬运又可以直接堆垛，作业效率较高。

图 7-39　集装箱跨运车

8. 集装箱堆场专用半挂车与牵引车

集装箱堆场专用半挂车与牵引车是专门用于集装箱码头或中转站堆场内进行集装箱短距离水平搬运的设备。集装箱堆场专用半挂车如图 7-40a 所示，通常也称为底盘车，其结构与公路运输集装箱半挂车相似，但是由于仅限于堆场水平搬运，因此其车架上固定集装箱的装置一般不需要采用转锁装置，而是在车架周边设置一些内侧带有倒角斜面的挡块。这种结构既便于集装箱装车时对准落放，又能够对集装箱形成一定的限位固定作用；另外，其外廓尺寸不受国家对公路运输车辆尺寸限值的约束，底盘承载能力及制动性能的要求都比公路运输半挂车要求低，因而其结构较简单，价格较低廉。集装箱堆场专用牵引车（俗称为拖车）如图 7-40b 所示，其回转半径较小，机动性能好，行驶速度较低，与集装箱半挂车连接或脱挂迅速、方便。

a)　　　　　　　　　　　　　　　　b)

图 7-40　集装箱堆场专用半挂车与牵引车

六、集装箱装卸搬运工艺

上述各种集装箱装卸搬运设备，在港口集装箱码头、铁路集装箱办理站和公路集装箱中转站等作业场所可以根据作业规模的需要进行选择。通常情况下，需要根据集装箱作业场地的条件，确定适用的装卸工艺方案，并根据装卸工艺方案配置相应的装卸搬运设备。港口集装箱码头和堆场之间的装卸搬运工艺有以下多种方案：

1. 集装箱半挂车装卸搬运工艺方案

集装箱半挂车包括堆场专用底盘车和公路运输半挂车。采用集装箱半挂车从港口进行集装箱装卸搬运的工艺方案，是由岸边集装箱装卸桥将集装箱从船上直接卸到半挂车上，由牵引车拖到半挂车停车场，集装箱仍留在半挂车上，在停车场内排列存放。这样存放在停车场上的半挂车可以方便地用牵引车拖走。

2. 集装箱跨运车装卸搬运工艺方案

此方案是由岸边集装箱装卸桥将集装箱由船上卸到码头前沿，然后由跨运车把集装箱搬运到集装箱后方堆场。

3. 轮胎式集装箱龙门起重机装卸搬运工艺方案

此方案是由岸边集装箱装卸桥将集装箱从船上卸到底盘车上，然后拖到集装箱后方堆场，由轮胎式龙门起重机进行堆放和装卸作业。

4. 轨道式集装箱龙门起重机装卸搬运工艺方案

此方案是在船与堆场之间可以不用底盘车进行转运，将轨道式集装箱龙门起重机的悬臂伸到岸边集装箱装卸桥臂之下，接力式地直接将集装箱转运到堆场或进行铁路车辆装卸。

5. 集装箱叉车装卸搬运工艺方案

此方案是由岸边集装箱装卸桥将集装箱从船上卸下，放到码头前沿，然后由集装箱叉车叉起，水平转运到集装箱堆场进行堆放；在集装箱堆场上，可以使用集装箱叉车对集装箱运输车辆进行装卸。

6. 集装箱正面吊运机装卸搬运工艺方案

岸边集装箱装卸桥将集装箱从船上卸下，放到码头前沿，然后由集装箱正面吊运机吊起，水平转运到集装箱堆场进行堆放；在集装箱堆场上，可以使用集装箱正面吊运机对集装箱运输车辆进行装卸。

以上各种装卸搬运工艺方案适用于集装箱装船和卸船双向装卸搬运作业，只是作业过程的顺序和方向相反。

第三节　托　　盘

一、托盘概述

1. 托盘的概念

托盘是指在运输、搬运和储存过程中，将物品规整为货物单元时作为承载面并包括承载面上辅助结构件的装置。

从结构上看，最普通的托盘就是一种具有一定面积和承载能力的水平台板，为了便于使用叉车等搬运设备对其进行搬运作业，台板底部还必须设有供叉车插入的叉孔，其最低高度应能适应叉车、托盘搬运车等设备的作业要求。从功能上看，托盘就是用来集装、堆放零散的单件货物，以便把若干单件物品集装成较大规格的单元货件，从而提高货物装卸搬运、储存和运输的作业速度和效率。

2. 托盘的特点

作为一种集装化器具，托盘与集装箱相比主要有以下优点：

1）托盘自重很小，因而用于装卸搬运和运输所消耗的劳动较小，无效运输和无效装卸搬运作业量也都很小。

2）托盘造价不高，体积较小，只要组织得当，托盘比较容易在贸易各方之间实现交换使用，因而可以减少空托盘运输。

3）托盘返空运输比较容易，而且返空运输时占用运输设备的载运空间也很少。

4）托盘使用方便灵活，货物装盘卸盘比较容易，适用的作业场合和货物种类也比较广泛。

与集装箱相比，托盘的主要缺点是对货物的保护性差，长途搬运和运输需要可靠地固定，而且不能露天存放，需要有仓库等配套设施。

3. 托盘在现代物流中的作用

托盘作为一种重要的集装化器具，可以极大地提高物流作业速度和效率。特别是，采用托盘作业一贯化作业方式可以彻底改变单件作业的低效率作业方式，极大地发挥托盘的功用。所谓托盘作业一贯化，就是以托盘货物为单位组织物流活动，从发货地到收货地中途不更换托盘，始终保持托盘货物单元状态的物流作业方式。托盘作业一贯化是一种先进的高效率物流作业方式，它在物流活动全过程的所有环节中都一贯采用同一托盘进行作业，直至把货物送达最终货主，这样可以避免物流过程中货物倒换托盘和重复装卸等无效劳动，从而最大限度地提高物流速度和效率。

随着现代物流业的快速发展，托盘在物流的运输、储存和装卸搬运等各个作业环节中的应用越来越广泛，发挥着越来越重要的作用。具体地讲，托盘在现代化物流中的基本作用主要体现在以下几个方面：

① 利用托盘将若干零散的单件物品集装成较大规格的装卸搬运单元货件，可以加大每一次货物装卸搬运量，便于实现装卸搬运作业机械化和自动化，提高装卸作业的速度和效率。

② 利用托盘进行理货和装卸搬运作业，可以提高货物的搬运活性，便于迅速将货物从一种状态转入另一种状态，从一个物流环节转入另一个物流环节，全面提高物流作业速度。

③ 以托盘为依托，将零散货物集装成一个较大的包装单元，可以简化商品的运输包装，节约包装材料和费用；并且便于货物数量清点及管理，减少货损、货差率。

④ 在仓储过程中利用托盘储存货物，便于货物高层堆码或采用高层货架存放货物，实现立体化储存，可充分利用仓库空间，提高仓库容积利用率，并且便于实现机械化和自动化存取作业。

⑤ 利用托盘进行货物运输，便于货物快速装卸，便于快速从一种运输方式向另一种运输方式转换，避免单件货物的重复倒装等无效劳动，提高货物中转运输作业速度，加快运输工具的周转速度。

4. 托盘的循环使用管理

从托盘使用的管理角度看，一个企业把托盘随货物发往四面八方之后，除了价格便宜的一次性托盘随货物发出后不需要回收以外，其他可重复使用的托盘要想再收回来进行循环使用，是相当困难的。通常可重复使用的托盘的费用都较高，如果也作为一次性托盘使用而不进行回收，将其成本一次性计入货物的运输成本中，则会使货物的运费大幅度增加，而且托盘对于最终收货用户只能作为包装物而废弃，造成严重的资源浪费，所以通常不能作为一次性托盘使用。然而，要将托盘重复使用，托盘的回收则是难度较大的问题，它是制约托盘周转循环使用的最大瓶颈。解决托盘回收循环使用问题最有效的办法是在一定范围内乃至全国和世界更大的物流范围内建立社会化的托盘共用系统。

托盘共用系统就是指使用符合统一规定的具有互换性的托盘，为众多用户共同服务的组织系统。一些发达国家托盘共用系统的运营方式主要有交换制和租赁制等形式。交换制方式就是在托盘共用系统中，托盘不专属于某个固定用户，不强调每个托盘的归属和返还，可以在全系统中按数量广泛进行交换使用；租赁制方式则是由专门的托盘公司统一经营，托盘用户以租赁等方式在本地托盘经营机构租用托盘，并交付一定的租金，托盘随货物到达任何地方的最终收货方卸货拆盘后，可以就近交还给当地的相关托盘经营机构，进行循环租用。

社会化的托盘共用方式，克服了托盘的产权障碍，方便了托盘在各个物流环节之间进行转换交接，促进了托盘回收和循环使用，减少了托盘浪费和回收费用，从而便于物流托盘作业一贯化的实施。

当然，社会化托盘共用系统的建立本身就是一个复杂的系统工程，需要有巨大的投资、庞大的经营管理系统以及众多的经营回收站点等。因此，它需要有政府的支持和引导，有众多的托盘经营企业、物流企业和托盘使用企业共同参与，并依靠社会的力量共同构建。

二、托盘的类型及应用

托盘的种类繁多，通常按照托盘结构分为平托盘、立柱式托盘、箱式托盘、轮式托盘和特种专用托盘等多种类型。

1. 平托盘

平托盘是由承载面和一组纵梁相结合构成的平板货盘，其承载面上一般没有辅助结构件，底部设有叉车叉孔，可用于集装物料，可使用叉车或托盘搬运车等进行作业。

平托盘是最普通的、最主要的托盘，是物流活动中使用量最多、应用最广泛的一种托盘。一般情况下所说的托盘，主要是指平托盘。

（1）平托盘的结构类型

平托盘根据承载面的数量和类型可以分为单面型、单面使用型、双面使用型和翼边型等，根据叉车货叉的插入方式可以分为双向进叉型和四向进叉型等，由此组合形成的平托盘的基本结构类型如图 7-41 所示。

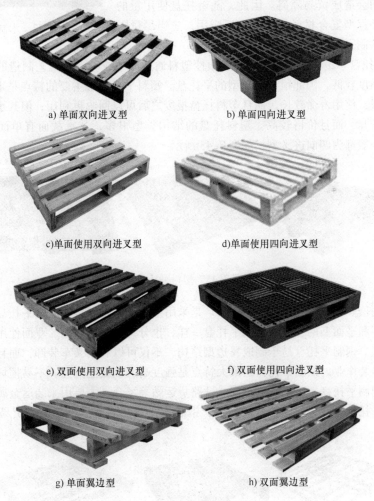

a) 单面双向进叉型　　　　b) 单面四向进叉型

c)单面使用双向进叉型　　　d)单面使用四向进叉型

e) 双面使用双向进叉型　　　f) 双面使用四向进叉型

g) 单面翼边型　　　　h) 双面翼边型

图 7-41　平托盘的基本结构类型

单面型托盘就是指只有一面铺板的平托盘；双面型托盘是指有上、下两面铺板的平托盘；双面使用型托盘是指上下两面有相同铺板的双面平托盘，任何一面均可以用来堆放货物，并且具有相同的承载能力；单面使用型托盘就是指仅有一面用于堆码货物的双面平托盘；双向进叉型托盘是指允许叉车或托盘搬运车的货叉仅从两个相反方向插入的托盘；四向进叉型托盘是指允许叉车或托盘搬运车的货叉从四个方向插入的托盘；翼边型是指托盘的单面或双面铺板的两端伸出纵梁之外，在两边形成翼边（其他托盘铺板的两端与纵梁外侧面平齐）。

（2）平托盘的材料类型

平托盘根据制造材料的不同，可以分为木制平托盘、塑料平托盘、钢制平托盘、铝合金托盘、复合材料平托盘和纸质托盘等多种类型。

图 7-42　木制平托盘

1）木制平托盘　木制平托盘是应用最广泛的平托盘。木制平托盘制造简单，价格便宜，重量较轻，维修方便，所以被大量使用（图 7-42）。但是，木制平托盘易破损、使用寿命短，严重消耗木材资源，而且在国际贸易中必须进行防虫害熏蒸，否则会造成贸易障碍。因此，随着托盘使用量的不断增加以及环保型复合材料托盘的广泛应用，应当尽量限制和减少使用木制平托盘。

2）塑料平托盘　塑料平托盘是采用热塑性塑料通过注塑或吹塑等工艺制造的平托盘。由于塑料强度本身强度较低，因此很少有翼型的平托盘。塑料平托盘最主要的特点是重量轻，耐腐蚀性强，不易破损，使用寿命较长，而且塑料托盘报废之后可以回收再利用；但其承载能力不如钢制托盘和木制托盘，而且价格较高。塑料托盘的结构类型很多，其承载面有单面型和双面型两种，进叉方向一般都为四向进叉型，如图 7-43 所示。

图 7-43　塑料平托盘

3）钢制平托盘　钢制平托盘（图 7-44）是采用型钢或钢板焊接制成的平托盘，其承载面结构主要有框格型和平面型两种，与木制平托盘一样，也分为单面使用型、双面使用型、双向进叉和四向进叉型等。钢制平托盘易于制成翼边型结构，不仅可以利用叉车装卸，而且可以利用翼边套吊吊具进行吊装作业。钢制平托盘的最大特点是强度高，承载能力强，不易损坏和变形，维修工作量较小。钢制平托盘常用于工厂车间、铁路货运站等场合，主要用来装运金属制品和重型货件。随着钢制平托盘轻量化制造技术的发展，钢制平托盘在物流运输和国际贸易中应用得越来越广泛。

图 7-44　钢制平托盘

4）铝合金平托盘 铝合金平托盘与钢制平托盘相似，一般采用铝合金型材加工制成（图7-45）。铝合金平托盘重量较轻、坚固耐用、不易损坏和变形、使用寿命长、耐腐蚀性好、清洁美观且维修工作量较小，主要适用于需要清洁、耐腐蚀的作业场所，在冷链物流系统中得到了广泛的应用。

图 7-45 铝合金平托盘

5）纸制平托盘 纸制平托盘是以纸为原料制成的平托盘。根据制造方式的不同，常见的纸制平托盘主要分为瓦楞纸板托盘、蜂窝纸托盘和纸浆压塑托盘等，如图7-46所示。纸制平托盘的最大优点是重量轻，价格便宜，而且在国际贸易中不需要进行防虫害熏蒸处理，在很多物流场合能够替代木制平托盘，可以大量减少木材的消耗；其缺点是强度较低，易于破损，使用寿命较短。纸制平托盘在物流运输和包装领域应用非常广泛，有很多产品的包装把纸制平托盘与包装纸箱制成一体（图7-46d），使得包装既简单又牢固，而且操作十分方便。纸制平托盘广泛用于商品出口中，可以替代木制平托盘作为一次性托盘使用，大大降低了物流费用。

a) 瓦砾纸板托盘　　　　b) 蜂窝纸托盘

c) 纸浆压塑托盘　　　　d) 纸制平托盘包装

图 7-46 纸制平托盘

6）复合材料平托盘

复合材料是指由两种或两种以上材料，经过先进的复合加工工艺形成的一些新型包装材料。复合材料平托盘（图7-47）就是采用复合材料制成的平托盘。用于制作平托盘的复合材料种类很多，常用的有塑木、高密度复合板和刨花板等。复合材料的主要特点是充分利用各种废弃物，所以复合材料平托盘制造成本较低；而且复合材料的强度一般都较高，因此复合材料平托盘比较坚固耐用。随着物流包装绿色化的不断深入以及复合材料生产技术的不断提高，复合材料平托盘的应用会越来越广泛，而且各种新型的绿色复合材料平托盘也在不断地创生和应用。

a) 塑木托盘

b) 高密度复合板托盘　　　　c) 贴面刨花板托盘

图 7-47　复合材料平托盘

2. 立柱式托盘

立柱式托盘是指带有用于支承堆码货物的立柱的托盘。立柱式托盘的基本结构是在托盘的四个角设置钢制立柱。立柱与托盘之间的连接形式有固定式（图 7-48a）、折叠式（图 7-48b）和可拆装式三种；有的柱式托盘为了增强立柱的支承刚度，在立柱之间用横梁相互连接，形成框架式结构（图 7-48c）。

立柱式托盘的性能特点是：利用立柱可以防止托盘上所放置的货物在运输和装卸等过程中发生坍塌；在托盘货件堆垛存放或运输时，利用立柱支承上层货物的重量，以防下层货物受压损坏。

所以，立柱式托盘适用于集装不规则的、不便于堆码的或者要求避免堆垛积压的货物。在某些场合，立柱式托盘还可以作为可移动的货架使用。有些立柱式托盘在不使用时，可以折叠、拆卸或者相互叠套存放，以节约存放空间。

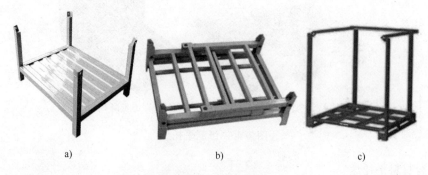

a)　　　　　　　　　　　b)　　　　　　　　　　　c)

图 7-48　立柱式托盘

3. 箱式托盘

箱式托盘就是在四面装有壁板而构成箱形的托盘。箱式托盘的壁板有整板式、密装板式和格栅式等结构类型，壁板与底座之间的连接形式有固定式、折叠式和可拆卸式三种。有的箱体上还装有顶板（图7-49a），有的壁板设有可开启的、便于装卸货物的箱门（图7-49b）。另外，还有的箱式托盘采用网式壁板，这种托盘也称为笼式托盘（图7-49c）。

箱式托盘的特点与立柱式托盘相同，而且对货物的防护能力更强，可以更有效地防止货物塌垛和货损。箱式托盘装载货物的适应性也更强，可装载各种特异类型、不能稳定堆码的货物，应用范围更为广泛。

图7-49　箱式托盘

4. 轮式托盘

轮式托盘是在立柱式托盘或箱式托盘的基础上，在底部装有小型轮子而构成的一种托盘，如图7-50所示。轮式托盘也称为物流笼车，具有立柱式托盘和箱式托盘的共同优点，能够方便短距离移动，在不能够使用机械搬运时便于通过人力推动搬运，还便于在运输车辆和船舶上进行滚上滚下式的装卸。轮式托盘适用于配送中心与用户之间的物流配送和企业各工序之间的物料搬运，既可以作为托盘随车运送，又可以作为移动式货架存放货物，适用性强，在各种物流作业场所得到了越来越广泛的应用。

图7-50　轮式托盘

5. 特种货物专用托盘

上述各种托盘，对于一般货物和大多数物流作业场合都可以适用，具有广泛的通用性。对于一些特殊行业和特殊货物，在物流作业过程中，为了提高货物的装卸搬运、储存和运输的便利性和作业效率，通常还根据货物的特殊性质，专门设计制造一些特殊的专用托盘，因而形成了多种多样的特种货物专用托盘。这些托盘结构特殊，形式多样，种类繁多，适用范围较小，但功能专一，使用效率较高，对于特殊货物物流作业具有重要的作用。常见的比较典型的特种货物专用托盘主要有以下几种：

1）平板玻璃专用托盘　平板玻璃专用托盘是专门用于集装大规格平板玻璃的托盘，也称为平板玻璃集装架，如图7-51所示。平板玻璃专用托盘的结构类型有很多种，常用的有L型单面装放平板玻璃的单面进叉式（图7-51a）、A型双面装放平板玻璃的双向进叉式（图7-51b）以及吊叉结合式和框架式等。平板玻璃托盘的特点是结构牢固，自重较轻，能够支承和固定竖立放置的大规格平板玻璃进行装卸和运输，装卸方便，防损防盗，玻璃破损率小，车辆运输满载率高，空载时可堆码存放，一般既可用叉车也可用吊车进行装卸，是平板玻璃集装运输的理想器具。

a) 单面进叉式　　　　　　　　　　b) 双向进叉式

图 7-51　平板玻璃专用托盘

2）轮胎专用托盘　轮胎专用托盘（图 7-52）是专门用于装运汽车及工程机械轮胎的托盘，一般采用单层或多层框架式结构，实际上是一种特殊的立柱式托盘。轮胎竖立摆放在托盘框架之内，利用横梁将轮胎限位以防滚动；分层放置，可以避免轮胎相互挤压；托盘货载进行堆垛时，可以利用立柱的支承作用防止造成挤压。橡胶轮胎的特点是耐水、耐腐蚀，但在储运过程中怕挤、怕压，利用专用托盘装运轮胎可多层码放而不会造成挤压，这样既能够有效地保护轮胎，又能大大提高物流效率。

图 7-52　轮胎专用托盘

3）油桶专用托盘　油桶专用托盘是指专门用于装运油桶等桶类货物的托盘。油桶一般采用卧式摆放和立式摆放两种方式，相应的托盘结构也有两种。卧式油桶托盘（图 7-53a）一般在托盘平面上设有挡板或挡块，以防油桶发生滚动。立式油桶托盘（图 7-53b）一般在托盘平面上设有凸出的挡边，将油桶直立放进之后可以形成有效的限位。

a) 卧式　　　　　　　　　　b) 立式

图 7-53　油桶专用托盘

三、托盘的尺寸标准

1. 托盘标准化的意义

托盘是最基本的物流集装器具,它是静态货物转变成动态货物的载体,是装卸搬运、仓储保管以及运输过程中均可利用的工具。

随着现代物流的发展,建立托盘联运系统、实行托盘作业一贯化是大势所趋。而要实现托盘联运,首要的问题是实现托盘规格尺寸的标准化。只有实现了托盘标准化,货物才能顺畅地流通。托盘的规格尺寸与其装载的货物、货架、运输车辆以及集装箱的尺寸都有制约关系,只有它们的规格相互协调,物流系统才能高效运转。因此,在确定物流系统各种设备的基本参数时,所选用的托盘规格是首先要考虑的因素。

从技术角度讲,要顺利实现托盘在各个物流环节之间以及各个不同的国家、地区和企业之间顺畅流通,就必须使托盘与相应的各种装卸搬运设备、运输设备、集装箱和货架等设备的相关结构尺寸相匹配。为此,在整个物流过程中必须采用尺寸规格统一的标准化托盘,这样才能克服托盘流通使用的技术障碍。要全面、深入地实现托盘标准化,必须做好以下几方面的工作:

1)全面贯彻执行托盘新标准 2008年3月1日起,我国新的国家标准《联运通用平托盘主要尺寸及公差》(GB/T 2934—2007)正式实施。国家标准是规范和统一我国托盘尺寸规格的准则和指导性文件,所有涉及托盘生产、经营和使用的企业和部门,都必须以此为契机,全面贯彻执行托盘新标准。

2)严格抓好标准托盘生产制造关 实现托盘标准化,首先要从托盘生产制造领域抓起,要求托盘生产企业严格按照新标准设计制造标准托盘,要着眼全社会的长远经济意义,避免生产非标准托盘,从源头上杜绝非标准托盘的产生。

3)大力推广使用标准托盘 对于托盘的使用单位,应当坚决执行国家标准,大力推行使用标准化托盘。要按照标准托盘的规格尺寸,科学地设计各种货物的包装尺寸和进行托盘单元货件的拼装,按照标准托盘尺寸进行货架及其他仓储设施的设计建造,实现整个托盘作业系统的标准化。

4)积极改造和淘汰在用非标准托盘 对一直采用非标准托盘的企业,要积极改造原有的托盘应用系统,从改进货物包装入手,尽快适应标准托盘的应用,对在用的非标准托盘争取经过较短的过渡期尽早淘汰废除。淘汰非标准化托盘必然会影响到一部分企业的当前利益,甚至可能造成一定的经济损失。但是,为了能够顺利实现托盘作业一贯化,促进托盘高效的利用,提高全社会的物流运作效益,每个企业都应能舍弃眼前利益而着眼长远利益,舍弃局部利益而顾及全局利益,积极采用标准化托盘,彻底淘汰废弃非标准托盘。

2. 托盘标准概况

目前,全世界主要的工业化国家都有自己的标准托盘,但所用的尺寸各有不同。每个国家都希望自己国内已普遍使用的尺寸规格成为国际标准,以便在国际经济交流中更为有利。因此,国际标准化组织无法进行绝对的统一,只能接受既成事实,做到相对统一。

1988年国际标准化组织制定的托盘国际标准《联运通用平托盘 主要尺寸及公差》(ISO:6780)规定了四种托盘标准规格:$1200mm \times 800mm$,$1200mm \times 1000mm$,$1219mm \times 1016mm$,$1140mm \times 1140mm$。2003年,国际标准化组织又对国际标准ISO:6780进行了修订,在原来四种托盘标准规格的基础上,又增加了$1100mm \times 1100mm$和$1067mm \times 1067mm$两种规格。所以,现行的国际平托盘的尺寸共有六种规格。

我国于1982年制定了第一个托盘国家标准《联运平托盘外部尺寸系列》(GB 2934—1982),

规定了我国联运平托盘外部尺寸系列为 800mm × 1000mm、800mm × 1200mm 和 1000mm × 1200mm 三种规格。1996 年，该国家标准进行了第一次修订，等同采用了国际标准 ISO：6780，规定了与国际标准相同的四种托盘标准规格，标准名称也改为《联运通用平托盘　主要尺寸及公差》（GB/T 2934—1996）。2007 年，标准再次进行了修订，从现行的国际标准的六种尺寸规格中选取了两种规格作为我国今后推行使用的标准托盘规格尺寸。

3. 我国标准托盘规格尺寸

托盘的主要尺寸参数包括托盘长度、宽度、高度以及叉孔的高度、宽度及叉孔定位尺寸等。其中，托盘长度和托盘宽度为托盘的平面外廓尺寸，称为托盘平面尺寸，也即托盘规格尺寸。显然，托盘规格尺寸是影响托盘装载及其与各种设备配合关系的关键尺寸，就是国家标准限定的托盘标准尺寸。

如上所述，根据我国国家质量监督局和标准化管理委员会 2007 年颁布国际标准《联运通用平托盘　主要尺寸及公差》（GB/T 2934—2007）的规定，自 2008 年 3 月 1 日起，我国推行使用的标准托盘平面尺寸规格为：1200mm × 1000mm 和 1100mm × 1100mm 两种（图 7-54），其中，优先推荐 1200mm × 1000mm。

此外，托盘高度以及叉孔的相关尺寸主要取决于托盘的具体结构，国家标准从保证便于叉车等搬运设备叉取作业的角度规定了相应的尺寸限值。

图 7-54　标准托盘平面尺寸规格

四、托盘货物堆码设备

1. 托盘货物堆码的基本方式

托盘在物流中的应用，就是以托盘为承载面进行单件货物的集装，形成完整的、规格统一的标准化托盘单元货件。因此，使用托盘首先必须按照一定的规则和要求做好托盘货物的堆码作业。

从货物在托盘上堆码时的行列配置形式来看，托盘货物的堆码主要有以下几种基本堆码方式：

（1）重叠式堆码

重叠式堆码即各层货物的放置方式相同，上下对应，如图 7-55 所示。这种方式的优点是工人操作速度快，包装货物的四个角和边重叠垂直，能够承受较大的荷重；其缺点是各层之间缺少咬合作用，堆码高度过高时容易发生塌垛，稳定性较差。在货物底面积较大、堆码高度不太高的情况下，采用这种方式具有足够的稳定性，如果再配上相应的紧固方式，则不但能保持稳定，还可以保留装卸操作省力的优点。

（2）纵横交错式堆码

纵横交错式堆码即对于同种扁长形货物，一层纵向摆放而另一层调转 90°横向摆放，相邻两层货物形成纵横交错的堆码方法，如图 7-56 所示。这种堆码方式，各层货物之间具有一定的咬合作用，但咬合强度不高。

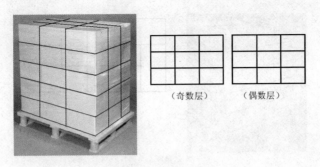

（奇数层）　　　（偶数层）

图 7-55　重叠式堆码

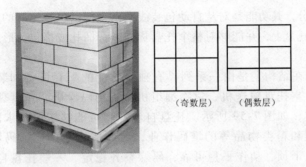

（奇数层）　　　（偶数层）

图 7-56　纵横交错式堆码

（3）正反交错式堆码

正反交错式堆码就是在同一层中不同列的货物相互调转 90°交错摆放，相邻两层货物之间相互再调转 180°交错摆放，如图 7-57 所示。这种方式类似于建筑上的砌砖方式，不同层间的咬合强度较高，相邻层之间不重缝，形成压缝码放，因而码放后稳定性较高。但这种堆码方式操作较为麻烦，且包装体之间不能以垂直面相互承受载荷，容易使下部货物受力不均而造成破损。

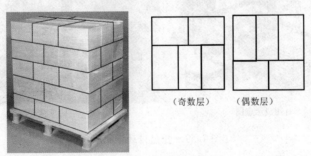

（奇数层）　　　（偶数层）

图 7-57　正反交错式堆码

（4）旋转交错式堆码

旋转交错式堆码就是把每一层相邻的两个包装件互成为 90°交错摆放，两层之间的货物再相互调转 180°码放，如图 7-58 所示。这种堆码方式，相邻两层之间互相咬合交叉，托盘货体的稳定性较高，不易塌垛；其缺点是码放的难度较大，且中间容易形成空穴，会降低托盘的利用率。

2. 托盘自动堆码机

托盘自动堆码机是指能够自动完成托盘货物堆码作业的设备。托盘自动堆码机通常是自动

 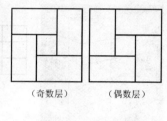

（奇数层）　　（偶数层）

图 7-58　旋转交错式堆码

包装生产线的组成部分，其功能是对从自动包装线上出来的已包装完好的产品，按照一定的排列方式整齐地堆码在托盘上，并能够对整个托盘货物进行捆扎或裹包，形成完整的托盘单元货件送下自动包装生产线。

托盘自动堆码机在结构上是由一系列具有独立功能的配套设备和装置组合而成，一般主要由货物输送机、空托盘输送机、货物编组机、货物码垛机、托盘裹包机和托盘单元货件输送机等设备组成，如图 7-59 所示。托盘自动堆码机能够按照要求的堆码方式和层数，完成对袋类、瓶罐类和箱类物品等的堆码作业，因此适用范围广。码垛过程完全自动化，正常运转时无须人工干预，动作平稳可靠，码垛整齐稳定，一般托盘自动堆码机的堆码速度约为 15 ~ 30 件/min。

传统生产中托盘货物堆码是靠人力进行堆码作业，劳动强度较大，使用托盘自动堆码机能够大大减轻操作人员的劳动强度，改善劳动条件，提高企业的劳动生产率。随着物流作业托盘化的发展，托盘自动堆码机在大批量产品生产和物流自动包装过程中的应用越来越广泛。

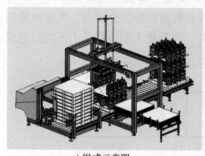 

a) 组成示意图　　　　　　　　　　　　　　b) 实例

图 7-59　托盘自动堆码机

3. 托盘堆码机器人

托盘堆码机器人是专门用于托盘货物堆码作业的堆码机器人（图 7-60），是一种仿真人操作、自动操作、重复编程以及在三维空间完成规定作业的自动化托盘堆码设备。一般托盘堆码机器人都具有货件抓起和放置功能，有的还具有自动识别能力，能够从一个或多个地点抓起一个或多个货件，然后将其放置到托盘上预先设定好的位置。托盘堆码机器人的程序里只需要对抓起点和摆放点两点进行定位，这两点之间的移动路径全由控制系统进行控制，控制系统能够自动寻找这两点之间最合理的路径来移动；具有自动识别能力的托盘堆码机器人，能够识别产品的变化，自动识别和区分出多种产品。托盘堆码机器人的抓具有抓手、夹板、叉子和吸盘等多种类型，可以根据不同的货物进行选用。一般托盘堆码机器人的作业速度在

15～30件/min。

图7-60 托盘堆码机器人

五、托盘裹包和捆扎设备

1. 托盘货物的紧固方法

托盘货物紧固的目的是保证货物在托盘上稳固地堆码，防止在托盘装卸搬运和运输过程中发生塌垛。常用的托盘货物紧固方法主要有以下几种：

1）捆扎 捆扎紧固即采用绳索、打包带等对托盘货物进行捆扎，以保证货物的稳固，如图7-61所示。捆扎方式主要有水平捆扎、垂直捆扎和对角捆扎等。捆扎打结的方法有扎结、黏合、热熔及加卡箍等方法。

图7-61 捆扎紧固

2）薄膜裹包加固 薄膜裹包加固就是采用热收缩薄膜、拉伸薄膜等裹包材料，裹包在货体上（图7-62），通过加热收缩或者拉伸，利用薄膜的回缩性和自粘性，将货物和托盘一起缠绕裹包成一个整体，使托盘货物不会发生散包和倒塌现象，起到可靠的固定作用，同时薄膜裹包对货物还能起到防尘、防潮和防破损等保护作用。

3）围框紧固 围框紧固即采用专用的木制围框加在托盘货物的四周，将货物套紧在围框内，以增大货体刚性和稳固性，可靠地防止货物塌垛。常用的木制围框如图7-63所示。

4）胶带加固 胶带加固就是利用胶带在货物的外边将货物和托盘缠绕成一个整体，胶带可以起到与捆扎和裹包相似的作用，防止货物散垛。

除此之外，还有的场合采用专用网罩紧固、金属卡具加固以及货物中间夹摩擦材料紧固等加固方法。

a)拉伸薄膜裹包   b)热收缩薄膜裹包

图 7-62 薄膜裹包加固

图 7-63 常用的木制围框

2. 托盘裹包机

托盘裹包机又称为托盘缠绕机，是采用拉伸膜对托盘货物进行裹包加固的专用设备。托盘裹包机有独立作业式和用于自动包装生产线的在线作业式两种主要形式。独立作业式托盘裹包机（图 7-64a）一般由底部的转盘、上部的悬臂和夹持盘、拉伸膜支架以及机体等部分组成。进行托盘裹包作业时，将托盘和货物一起放在转盘上，把拉伸膜的一端贴附在货物上，在电动机驱动下，转盘带动托盘和货物一起旋转，拉伸膜便缠绕在货物上；与此同时，拉伸膜支架沿着机体上的导槽进行升降运动，使拉伸膜自下而上继而自上而下地把货物和托盘缠绕成一个整体。独立作业式托盘裹包机结构简单，使用方便，在各种物流场所应用非常广泛。在线作业式托盘裹包机（图 7-64b）作为自动包装生产线末端的一个作业环节，由托盘堆码机堆码完成的托盘货件，通过输送机送入托盘裹包机，有自动控制系统指令，按照设定的裹包方式自动完成托盘货件裹包作业。

3. 托盘捆扎机

托盘捆扎机是指主要用于对托盘货物进行捆扎固定的设备。托盘捆扎机也有独立作业式和用于自动包装生产线的在线作业式两种类型（图 7-65）。独立作业式托盘捆扎机就是一种专用的捆扎机械，与通用捆扎机的结构和原理相同。在线作业式托盘捆扎机用于自动包装生产线，其功用与在线作业式托盘裹包机相同。

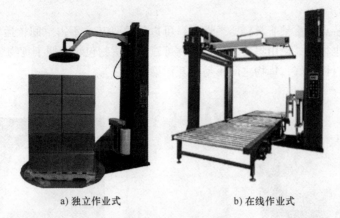

a) 独立作业式　　　　　　　　b) 在线作业式

图 7-64　托盘裹包机

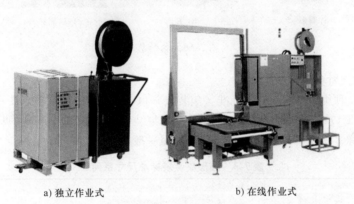

a) 独立作业式　　　　　　　　b) 在线作业式

图 7-65　托盘捆扎机

第四节　其他集装器具

集装箱和托盘是最主要的两种集装器具，应用非常广泛。除此之外，还有一些集装器具在某些企业和物流作业场所发挥着重要的作用。

一、集装袋

集装袋是一种袋式集装容器，也称柔性袋。集装袋主要用于装运散装固体颗粒状或粉末状货物，常用于化肥、水泥、砂糖、纯碱及矿砂等货物的运输。

1. 集装袋的基本结构

集装袋的基本结构主要由袋体和吊带组成。袋体的形状有圆形（图 7-66a）和方形（图 7-66b）两种；吊带的类型有顶部吊带式、底部吊带式和无吊带式三种。根据集装袋装卸物料方式的不同，有的在顶部设有装料口、在底部设有卸料口（图 7-66c），有的只在顶部设有装、卸货共用的料口。

集装袋的制作材料一般用高强度纺织材料作为基材，表面涂覆橡胶或塑料等材料以提高袋体的强度和密封性能，常用的基材主要有聚丙烯、聚乙烯等聚酯纤维纺织材料，而且有的沿袋体横向还设有 2～3 道加强腰箍。所以，集装袋具有较高的柔性和强度，既可作一次性使用，又可以反复周转使用。

集装袋的主要特点是重量非常轻，柔性好，可以折叠，基本不占空间，运输附加重量很小，回空运输占用空间也很小；使用集装袋装运货物可以简化货物包装，便于货物装卸搬运、堆垛储存和运输，而且密封性能好，货物之间不易相互污染。

a) 圆形　　　　　　　　b) 方形　　　　　　　c) 底部卸料口

图 7-66　集装袋

2. 集装袋的尺寸系列

集装袋作为一种集器具，国家标准《集装袋》（GB/T 10454—2000）和《集装袋运输包装尺寸系列》（GB/T 17448—1998），制定了各种型式集装袋的标准尺寸系列，见表 7-3 和表 7-4。标准集装袋的公称容积在 $0.5 \sim 2.3 \mathrm{m}^3$ 之间，载重量一般在 $500 \sim 3000 \mathrm{kg}$ 之间。

表 7-3　圆形集装袋标准尺寸系列　　　　　　　　　（单位：mm）

公称容积 ＼ 直径 高度	800	850	900	950	1000	1100	1200	1250	1300
500	1000	850	700	710	—	—	—	—	—
600	1200	1100	850	850	770	—	—	—	—
700	1400	1250	1100	900	900	750	—	—	—
800	1600	1450	1250	1150	1050	850	710	—	—
900	—	1600	1450	1300	1150	950	800	740	—
1000	—	1650	1600	1400	1350	1050	850	800	760
1100	—	—	1750	1550	1400	1150	950	900	810
1200	—	—	—	1700	1550	1200	1050	950	910
1300	—	—	—	—	1650	1400	1150	1050	950
1400	—	—	—	—	1700	1500	1250	1150	1050
1500	—	—	—	—	—	1600	1350	1250	1150
1600	—	—	—	—	—	1700	1450	1300	1200
1700	—	—	—	—	—	1800	1500	1400	1300
1800	—	—	—	—	—	—	1600	1500	1350
1900	—	—	—	—	—	—	1700	1550	1450

（续）

公称容积 \ 高度 \ 直径	800	850	900	950	1000	1100	1200	1250	1300
2000	—	—	—	—	—	—	1800	1650	1500
2100	—	—	—	—	—	—	—	1750	1600
2200	—	—	—	—	—	—	—	—	1650
2300	—	—	—	—	—	—	—	—	1750

表7-4 方形集装袋标准尺寸系列 （单位：mm）

公称容积 \ 高度 \ 直径	800	850	900	950	1000	1100	1200	1250	1300
500	800	700	—	—	—	—	—	—	—
600	950	850	750	—	—	—	—	—	—
700	1100	1000	900	750	700	—	—	—	—
800	1150	1100	1000	900	800	—	—	—	—
900	1400	1250	1100	1050	900	750	—	—	—
1050	—	1400	1250	1100	1000	850	700	—	—
1100	—	—	1350	1250	1100	900	110	710	—
1200	—	—	1450	1350	1200	1000	850	770	710
1300	—	—	—	1450	1300	1050	900	850	770
1400	—	—	—	—	1400	1100	950	900	850
1500	—	—	—	—	—	1150	1050	950	900
1600	—	—	—	—	—	1250	1100	1050	950
1700	—	—	—	—	—	1300	1150	1100	1000
1800	—	—	—	—	—	1400	1250	1150	1100
1900	—	—	—	—	—	—	1300	1250	1150
2050	—	—	—	—	—	—	1400	1300	1200
2100	—	—	—	—	—	—	—	1350	1250
2200	—	—	—	—	—	—	—	1400	1300
2300	—	—	—	—	—	—	—	—	1400

二、液体集装袋

液体集装袋是一种以聚乙烯和聚丙烯等柔性材料制成的装运液体货物的密闭包装袋（图7-67a），它通常装在20ft通用集装箱内进行载运（图7-67b）。所以，液体集装袋也称为集装箱液体集装袋，或简称为集装箱液袋。液体集装袋主要用于装运各类散装的非危险液体货物，如葡萄酒、果汁、食用油、石油产品和化学产品等。

a) 装箱前　　　　　　　　　　b) 装箱后

图 7-67　液体集装袋

以液体集装袋进行液体运输的主要优越性在于：它实际上就是一种集装箱运输，因而具备了集装箱运输的各种优点；采用液体集装袋运输比采用桶装运输可使装载量提高 10% ~ 20%；聚乙烯液体集装袋价格便宜，可以一次性使用，卸货之后液体集装袋可就地报废处理，无需对液体集装袋进行清洗即可进行其他货物运输，不需要像包桶装或罐箱那样空返运输；专袋专用，始终采用全新的液体集装袋装运货物，可确保产品品质，有效避免货物被运输包装污染的危险。

针对不同的液体特性，液体集装袋通常采用不同的材料制成，常用的有以下几种：

1）食品专用液体集装袋　针对食品类液体货物专用的液体集装袋，所有材料必须全部符合食品卫生标准。

2）化工专用液体集装袋　化工液体大都具有很强的腐蚀性，针对腐蚀性的化工产品需要采用具有抗腐蚀性能的液体集装袋材料和阀门。

3）油脂专用液体集装袋　油脂专用液体集装袋适用于各种油脂类液体的运输。

4）耐高温液体集装袋　针对需要在高温状态下进行处理或运输的液体，必须采用抗高温的液体集装袋。

三、滑板

1. 概述

滑板是指在一个或多个边上设有翼板的平板，用它作为搬运、储存或运输单元载荷形式货物或产品的底板，如图 7-68 所示。滑板实际上是平托盘的一种特殊形式，所以也称为滑板托盘。

由于滑板只有承载面，没有底梁和叉孔等结构，因此滑板的使用需要与装有带钳口的推拉器式叉车相配合，从而实现货物的装卸搬运作业，如图 7-69 所示。叉车叉取货物时，将推拉器伸出，先用推拉器的钳口夹住滑板的一边翼板，然后将滑板连同货物一起拉上平板式货叉（图 7-69a）；卸货时，叉车运行到指定位置，然后用推拉器将滑板连同货物一起推出，将货体稳定就位（图 7-69b）。

滑板的材料主要是纸板和塑料板。纸制滑板用于产品运输时一般是一次性使用，用于货物储存时可以重复使用；塑料滑板可以重复使用。滑板的厚度一般为 0.8 ~ 2.0mm。薄型滑板的承载重量一般

a)　　　　　　　　　　b)

图 7-68　滑板及其货载

小于500kg，厚型滑板的承载重量可达2000kg。

a）叉取货件　　　　　　　　　　a）卸下货件

图7-69　滑板货件装卸作业

2. 滑板的结构类型

滑板的结构根据其翼板数量和位置的不同划分为以下主要类型：

① 单翼板滑板，即一边设翼板的滑板。

② 对边双翼板滑板，即两条对边设翼板的滑板。

③ 临边双翼板滑板，即两条相邻边设翼板的滑板。

④ 三翼板滑板，即在三个相邻边设翼板的滑板，这种是最常用的一种类型。

⑤ 四翼板滑板，即在四个边设翼板的滑板。

滑板的结构类型如图7-70所示。

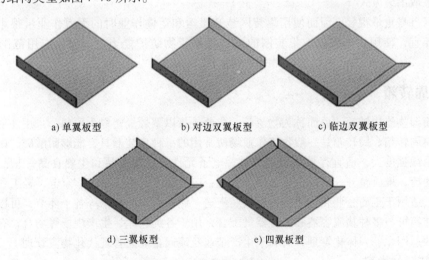

a) 单翼板型　　　　　b) 对边双翼板型　　　　　c) 临边双翼板型

d) 三翼板型　　　　　e) 四翼板型

图7-70　滑板的结构类型

3. 滑板的特点及应用

滑板作为一种集装化器具，与普通平托盘相比具有以下优点：

① 滑板的外形如同一张薄纸板，厚度和体积都很小，所以能更好地利用仓储和运输车辆的储运空间。

② 重量轻，无效装卸搬运和运输作业量小，能节约装卸搬运和运输费用。

③ 价格便宜，无须修理，所以使用费用低。

④ 可以一次性使用，无需周转管理或循环控制，没有周转费用。

⑤ 出口使用可以免商检、熏蒸、消毒。

滑板的缺点是需要与带推拉器的叉车一起使用，使用条件受到一定限制；强度较低，使用寿命较短。

滑板在欧美等国家应用相当广泛，目前在我国许多行业中也得到了较广泛的应用，特别是越来越被国内的出口企业所接受。滑板特别适用于产品销售、出口运输和仓库货物储存，适用的产品也非常广泛。

四、集装网

集装网是指用高强度纤维材料制成的网状集装器具。常用的集装网有盘式集装网和箱式集装网等类型（图 7-71）。盘式集装网一般由合成纤维绳编织而成，强度较高，耐腐蚀性好，但耐热性和耐光性稍差；箱式集装网的网体用柔性较好的钢丝绳加强，钢丝绳的四个端头设有钢质吊环，强度高，刚性大，稳定性好。集装网主要用于装运包装货物和无包装的块状货物及形状不规则的成件货物，其载重量一般为 500 ~ 1500kg，在装卸中采取吊装方式。

a) 盘式集装网

b) 箱式集装网

图 7-71 集装网

集装网自身重量很轻，因而使用集装网装卸搬运和运输作业时的无效作业量很小，而且集装网价格便宜，使用成本较低。集装网的缺点是对货物防护能力差，因而应用范围有较大的限制。

五、周转箱

周转箱即物流周转箱，也简称为物流箱，主要是指以聚烯烃塑料为原料，采用注射成型方法生产的塑料周转箱。周转箱是一般物流作业场所常用的一种集装器具，能够耐酸碱、耐油污，无毒无味，承载强度大，适宜存放机械零部件、电子元件、日用商品和生熟食品等物品；使用方便，周转便捷，堆放整齐，清洁卫生，便于管理；广泛用于机械、汽车、家电、轻工、电子和食品等行业，适用于工商企业和物流中的运输、配送、储存和流通加工等各个环节，可以反复周转使用。周转箱可与多种物流容器和工位器具配合，用于各类仓库、生产现场等场合，有利于实现物流容器的通用化、一体化管理，有利于生产企业及流通企业完善现代化物流管理。

1. 周转箱的类型

周转箱按照外形结构的不同，可分为通用型、折叠型和斜插型等类型。

（1）通用型周转箱

通用型周转箱如图 7-72 所示，其四面箱壁与底面相互垂直，箱底面外周四边的尺寸与箱口内沿四边的尺寸一致，小于箱外壁的尺寸，因而在箱口上方构成堆垛凸台，以便周转箱进行堆垛时将上层的箱底卡入底层箱的箱口内，形成较紧密的配合，保证堆垛稳定可靠，并且可以保证在小倾角偏斜时不会造成滑垛。所以，通用型周转箱也称为可堆式周转箱，可以把相同规格或具有相同模数关系的周转箱进行多层堆垛。一般不带盖的周转箱满载时可堆叠 7～8 层，带盖时可堆叠 5 层。通用型周转箱有的设有箱盖，有的没有箱盖；箱盖有扣盖和翻盖两种类型。箱壁外侧一般都设有加强筋，以提高周转箱的装载能力，并减少箱壁的变形；周转箱的短边两侧设有把手，以便于人工进行搬运。

图 7-72 通用型周转箱

（2）折叠型周转箱

折叠型周转箱如图 7-73 所示，箱的四面壁板可以折叠放平，以便于空箱堆垛或回空运输时将周转箱折叠堆垛，从而可以大大减小所占用的空间，提高仓库和运输工具空间的利用率。

（3）斜插型周转箱

斜插型周转箱如图 7-74 所示，四面箱壁与箱底面之间具有一定的倾斜角度，形成上大下小的倒梯形结构，以便于空箱堆垛时上层箱插入底层箱内，从而可减小所占用的空间，提高仓库和运输工具的有

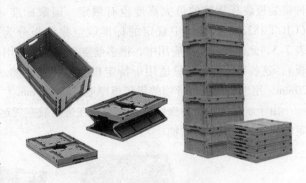

图 7-73 折叠型周转箱

效空间利用率。斜插式周转箱一般带有连体外翻式箱盖，箱盖和箱底表面设有防滑皮纹，以增加与箱底堆码时的摩擦力，提高周转箱堆垛的稳定性，防止滑垛。箱盖关闭后相互堆码、配合适当，短边有码垛限位块，防止周转箱错位和倾倒，满载堆码时也不会发生滑垛。

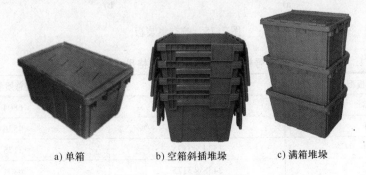

a) 单箱　　　　　　b) 空箱斜插堆垛　　　　　c) 满箱堆垛

图 7-74 斜插型周转箱

2. 周转箱的规格尺寸系列

根据我国包装行业标准《塑料物流周转箱》（BB/T 0043—2007）的规定，标准规格的周转箱规格尺寸（长×宽）优先系列为 600mm×400mm、400mm×300mm、300mm×200mm；高度优先系列为 120mm、160mm、230mm、290mm、340mm。采用标准规格尺寸系列，便于周转箱与托盘等物流器具实现完好的尺寸配合关系。

标准规格周转箱的设计载重量一般为 70kg。

六、航空集装板

航空集装板是具有标准尺寸且带有中间夹层的由硬质铝合金制成的平板（图 7-75a），它是航空货物运输专用的一种集装器具，用于集装货物、行李或邮件，并使用专用的网套加以固定，组成一个集装单元进行运输（图 7-75b）。

集装板由底表面平坦的平板和边框等组成，四边带有卡锁轨或网带卡锁孔。网套（也称为集装板网）通常为柔性带编网或绳索网，套装在货物外围，并通过卡锁装置与集装板连接，将货物紧固成一个整体以防滑动。集装板上的货物也可以采用专用的集装棚和集装罩进行固定。集装板货件装进飞机货舱后，通过货舱底板的限动装置予以固定。

航空集装板作为一种标准化的集装器具，其规格尺寸和装载质量都有统一的标准，而且各种集装板装载货物的最大高度也有限定。国家标准《航空货运集装板技术条件和试验方法》（GB/T 18227—2000）中规定的标准航空集装板分为四种型号，其规格尺寸和最大总质量见表 7-5。此外，在实际应用中，很多航空公司还常使用一些非标准集装板（通常称为非注册集装板），这些集装板一般只适用于特定机型的特定货舱。装载普通货物使用的集装板厚度一般为 20mm，用于装运重型货物的集装板厚度可达到 6mm 左右。

由于航空运输的特殊性，物流企业在进行航空货运输时，必须按照航空公司的规定，使用规定的集装板和网集装货物。

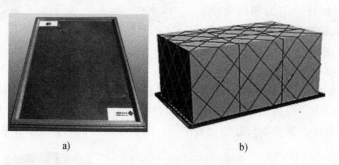

a)   b)

图 7-75 航空集装板

表 7-5 各型号标准航空集装板的规格尺寸和最大总质量

航空集装板型号	规格尺寸/mm	最大总质量/kg
PAG	2235×3175	6804
PBJ	2235×2743	4536
PLB	1534×3175	3175
PMC	2438×3175	6804

复习思考题

1. 什么是集装化？集装化的特点有哪些？
2. 简述物流模数的概念及应用。
3. 何谓集装箱？简述其基本构造和特点。
4. 集装箱有哪些类型？简述常用集装箱的结构特点和主要用途。
5. 说出国际标准第 1 系列集装箱的基本型号、外部尺寸和额定质量。
6. 集装箱的主要标记有哪些？识别并说明主要标记符号的意义。
7. 常用集装箱装卸搬运设备及其吊具的类型有哪些？
8. 简述托盘的概念和作用。
9. 托盘有哪些类型？简述平托盘的种类和标准规格尺寸。
10. 说出常见专用托盘的类型及应用。
11. 托盘货物的堆码方式和紧固方法有哪些？其常用设备有哪些？
12. 说明集装袋、滑板、集装网络和周转箱的基本结构及用途。

第八章

物流智能化技术装备

----- **本章学习目标:** -----

1. 了解堆垛机器人的主要类型、作业特点和基本结构;
2. 掌握自动导引车的基本结构、主要类型及应用,了解自动导引车的导向原理;
3. 掌握自动分拣系统的组成和工作过程;
4. 熟悉常用自动分拣机的结构原理及应用。

智能化设备是指借助计算机、现代通信和人工智能技术,通过预设的程序去完成各种既定动作,从而部分或全部代替人工作业的设备。物流智能化设备是智能化设备在物流领域中应用的产物,它们可以代替人完成诸如装卸、搬运和装配等物流作业活动,主要包括自动化立体仓库、自动导引车、自动分拣系统、堆垛机器人和智能物流运输等智能化物流系统和设备等。

第一节　堆垛机器人

一、概述

堆垛机器人是指能自动识别物品,并能够自动将其整齐地堆码在托盘上(或从托盘上将物品拆垛卸下)的机电一体化装置(图8-1)。

机器人是典型的机电一体化高科技产品,是计算机科学技术、自动控制技术、电子技术、机械技术、动力学及光学等多学科综合的产物。机器人技术及其产品对于提高生产自动化水平、劳动生产率和经济效益及保证产品质量、改善劳动条件等起着很大的作用。随着物流系统高新技术的应用开发,机器人技术得到了广泛的应用。在仓储系统的装卸搬运作业区,堆垛机器人能按照预先设定的命令高速、准确地将不同外形尺寸的包装货物整齐、自动地堆码在托盘上(或拆垛),完成仓库中货物的码盘、搬运、堆垛和拣选作业,特别是在有污染、高温、低温等特殊环境和重复单调的作业环境中,更能够发挥其显著的优势作用。

堆垛机器人在物流活动中主要用于完成以下作业:

1)搬运　被运送到仓库中的货物通过人工或机械化手段放到载货平台上后,由具有智能系统的机器人将放在载货平台上的货物进行识别并分类,然

图8-1　堆垛机器人

后将货物搬运到指定的输送系统上。

2）拣选和堆垛 仓库中作业的机器人能够根据客户的不同要求和出库信息完成货物拣选作业，并按照计算机控制系统发出的指令完成堆垛作业。

堆垛机器人的基本工作过程是：仓库中的货物通过人工或机械化手段放到载货平台上，通过机器人将其分类。由于机器人具有智能系统，因此可以根据货箱的位置和尺寸进行识别，将货物放到指定的输送系统上。机器人根据计算机发出的入库指令完成堆垛作业，同时可以根据出库信息完成拣选作业。

二、堆垛机器人的作业特点

1）通用性 堆垛机器人的用途非常广泛，它既可以用于仓库进行货物的堆码和搬运作业，也可以用于车间生产线进行物料搬运、工件装配、产品下线装箱和包装等作业。

2）生产柔性 当生产环境发生变化时，如产品的品种和规格发生变化、生产工艺有了改进等，要求机器人实现新的操作，这时，只要对机器人软件系统进行改造即可，而硬件设备无需改变。

3）自动性 机器人完全依据其软件系统自动地进行一系列的动作，不需要人的参与，从而节省了劳动力。

4）准确性 机器人各零部件的制作和安装都非常精确，同时机器人依据其软件系统进行工作，因而机器人的动作具有高度的精确性。

三、机器人的类型

按照机器人本体结构的不同，可将机器人分成以下五种基本类型：

1）直角坐标型机器人。直角坐标型机器人（图8-2a）具有三个互相垂直的移动轴线，其工作空间为一个长方体。其特点是结构简单、定位精度高，但占地面积大、工作范围小、灵活性差。

a) 直角坐标型机器人

b) 圆柱坐标型机器人

c) 球坐标型机器人

d) 垂直多关节型机器人

e) 多关节型机器人

图8-2 机器人的类型

2）圆柱坐标型机器人　圆柱坐标型机器人（图8-2b）的水平臂能沿立柱上下移动和绕立柱转动，并能伸缩，作业空间为圆柱形。其特点是结构简单、占地面积小、操作范围较大，但定位精度不高。

3）球坐标型机器人　球坐标型机器人（图8-2c）的手臂能上下俯仰、前后伸缩、绕立柱回转，作业空间为一球体。其特点是作业灵活、作业范围大，但结构复杂、定位精度不高。

4）垂直多关节型机器人　垂直多关节型机器人由立柱、大臂、小臂和手爪组成（图8-2d），其中立柱与大臂间形成肩关节，大臂与小臂间形成肘关节，小臂与手爪间形成腕关节。其特点是动作灵活、工作范围大、占地面积小、通用性强、作业速度高。

5）多关节型机器人　多关节型机器人（图8-2e）除了具有垂直多关节型机器人的特点外，其臂部和腕部均可绕垂直轴在水平面内旋转，末端工作部分可沿垂直轴上下移动。其特点是动作灵活、速度快、定位精度高，但结构复杂。

四、堆垛机器人的基本结构

堆垛机器人的基本结构主要分为执行机构、驱动系统、控制系统、检测传感和人工智能系统等。

（1）执行机构

执行机构的功能是抓取物品，并按照规定的运动速度、运动轨迹将物品送到指定的位置，然后放下物品。要完成一个完整的作业过程，堆垛机器人需要具有手部、腕部、臂部、机身、头部和行走机构等部分。手部是机器人用来握持货件或工具的部位，直接与货件或工具接触。腕部是将手部和臂部连接在一起的部件，用于调整手部的位置和姿态，扩大手部的活动范围。臂部支撑着手腕和手部，使手部的活动范围扩大，由大臂和小臂构成。机身又称立柱，是用来支撑臂部、安装驱动装置和其他装置的基础部件。行走机构是扩大机器人活动范围的机构，被安装于机器人的机身下部，有多种结构形式，可以是轨道和车轮式，也可以模仿人的双腿。

（2）驱动系统

驱动系统是为堆垛机器人提供动力的装置。一般情况下，机器人的每一个关节设置一个驱动系统，它接收动作指令，准确控制关节的运动位置。常见的驱动系统有液压驱动式、气动式和电动式等类型。

（3）控制系统

控制系统用于控制着堆垛机器人按照规定的程序运动，它可以记忆各种指令信息，同时按照指令信息向各个驱动系统发出指令。必要时，控制系统可以对机器人进行监控，当动作有误或者出现故障时发出报警信号，同时还能够实现对机器人完成作业所需的外部设备进行控制和管理。

（4）检测传感和人工智能系统

检测传感系统主要检测机器人执行机构的运动状态和位置，随时将执行机构的实际位置反馈给控制系统，并与设定的位置进行比较，然后通过控制系统进行调整，使执行机构更准确地完成作业过程。人工智能系统赋予机器人视觉、学习、记忆和判断能力。

五、堆垛机器人的主要技术参数

1）抓取重量　抓取重量也称为负荷能力，是机器人在正常运行速度时所能抓取的货物重量。当机器人运行速度可调时，随着运行速度的增大，其所能抓取工件的最大重量减小。

2）运动速度　运动速度与机器人的抓取重量、定位精度等参数有密切关系，同时也直接影响机器人的运动周期。

3）自由度　自由度是指机器人的各个运动部件在三维空间坐标轴上所具有的独立运动的可能状态，每个可能状态为一个自由度。一般机器人都具有 3～5 个自由度。机器人的自由度越多，其动作越灵活，适应性越强，结构越复杂。

4）重复定位精度　重复定位精度是衡量机器人工作质量的重要指标，是指机器人的手部进行重复工作时能够放在同一位置的准确程度。它与机器人的位置控制方式、运动部件的制造精度、抓取重量和运动速度有密切关系。

5）程序编制与存储容量　程序编制与存储容量是指机器人的能力，用存储程序的字节数或程序指令数表示。存储容量越大，编制的程序越多，指令越多，则机器人适应性越强，通用性越好，从事复杂作业的能力就强。

第二节　自动导引车

一、概述

自动导引车也称为自动导向搬运车（Automated Guided Vehicle，AGV），根据国家标准《物流术语》（GB/T 18354—2006）的定义，自动导引车是具有自动导引装置，能够沿设定的路径行驶，在车体上具有编程和停车选择装置、安全保护装置以及各种物品移载功能的搬运车辆。

AGV 的基本功能是根据计算机的指令，按规定的路径行走，并精确地停靠到指定地点，然后按作业要求完成一系列搬运作业。

在一个应用 AGV 进行货物搬运的物流系统中往往采用多台 AGV，它们在控制系统的统一指挥下，组成一个柔性化的自动搬运系统，称为自动导引车系统（AGVS）。该系统一般由 AGV、导引系统、控制管理系统以及周边设备等组成，如图 8-3 所示。

图 8-3　自动导引车系统

AGV 的主要特点是能够自动导引，其上装有自动导引系统，可以保证在没有人工控制的情况下，能够沿着预定的路线自动行驶，将货物自动地从起始点运送到目的地。AGV 具有柔性好、自动化程度高和智能水平高等优点。AGV 的行驶路径可以根据仓储货位要求、生产工艺流程等的变化而灵活改变，并且运行路径改变的费用与传统的输送带和刚性输送线相比非常低廉。有的 AGV 配备有装卸机构，可以与其他物流设备自动衔接，实现货物装卸与搬运的全过程自动化。此外，AGV 依靠自带的蓄电池提供动力，运行过程中无噪声、无污染，可以应用在许多要求工作环境清洁的作业场所。

AGV 是现代物流系统中广泛应用的一种先进的自动化搬运设备。世界上第一台 AGV 是由美国 Barrett 电子公司于 20 世纪 50 年代初开发成功的，它是一种牵引式小车系统，可十分方便地与其他物流系统自动连接，显著地提高了劳动生产率及装卸搬运的自动化程度。1954 年英国最早研制了电磁感应导引的 AGVS，由于它的特点显著，因此迅速得到了应用和推广。1960 年欧洲就安装了各种形式、不同水平的 AGVS 共计 200 多套，使用 AGV 共 1300 多台。1976 年，我国起重机械研究所研制出第一台 AGV，建成第一部 AGVS 滚珠加工演示系统，随后又研制出单向运行载重 500kg 的 AGV，双向运行载重 500kg、1000kg、2000kg 的 AGV，开发研制了几套较简单的 AGV 应用系统。1999 年，由昆明船舶设备集团有限公司研制生产的激光自动导引车系统在红河卷烟厂投入试运行，这是在我国投入使用的首套激光自动导引车系统。

二、自动导引车的类型

1. 按照导引方式分类

按照导引方式的不同，可将 AGV 分为固定路径导引和自由路径导引两种类型。

固定路径导引是指在固定的运行路线上设置指导引信息媒介，如导线、色带等，车上的导引传感器检测接收到的导引信息（如频率、磁场强度和发光强度等），再将此信息经实时处理后用以控制车辆沿规定的运行线路正确地运行。

自由路径导引事先没有设置固定的运行路径，AGVS 根据搬运的起止点位置，经优化运算得出最优路径后，由控制系统控制各个 AGV 按照指定的优化路径运行，完成搬运任务。

2. 按照结构和用途分类

按照结构和用途的不同，可将 AGV 分为搬运型、牵引型、叉车型和装配型等类型。

1）搬运型 AGV 搬运型 AGV 主要用于完成货物搬运作业，它采用人力或自动移载装置将货物装载到 AGV 上，AGV 行走到指定地点后，再由人力或自动移载装置将货物卸下，从而完成搬运任务。具有自动移载装置的 AGV 在控制系统的指挥下能够自动完成货物的取放以及水平运行的全过程，而没有移载装置的 AGV 只能实现水平方向自动运行，货物的取放作业需要依靠人力或借助于其他装卸设备来完成。图 8-4a 所示为配有辊道式移载装置的 AGV，图 8-4b 所示为无移载装置的 AGV。

a) 有移载装置（辊道式）   b) 无移载装置

图 8-4 搬运型 AGV

2）牵引型 AGV　牵引型 AGV 的主要功能是提供牵引动力，用于自动牵引装载货物的拖车（图 8-5）。当牵引型 AGV 带动载货拖车到达目的地后，可以自动与载货拖车脱开。

3）叉车型 AGV　叉车型 AGV 的基本功能与机械式叉车类似，只是叉车的一切动作均由控制系统控制，能够自动叉取货物和卸下货物，并自动沿限定的路线运行完成各种任务，如图 8-6 所示。

图 8-5　牵引型 AGV

图 8-6　叉车型 AGV

4）装配型 AGV　装配型 AGV 主要应用于制造企业的装配生产线，进行工件搬运和辅助装配作业。例如，在汽车装配柔性生产线上采用装配型 AGV，可以自动将发动机、车桥、变速器等总成部件运送到装配工位，并能够按要求将其举升到相应的安装部位，实现动态自动化装配，可极大地提高生产率（图 8-7）。

图 8-7　装配型 AGV

三、自动导引车的组成

AGV 的基本结构可分为机械系统、动力系统和控制系统三个子系统，各个系统都由若干不同的装置组成。

（1）车体

车体是 AGV 的基本骨架，是其他所有部分的安装基础。车体要有足够的强度和刚度，以满足 AGV 的运行和加速需要。一般情况下，整个车体由钢构件焊接而成，上面由 1～3mm 厚的钢板或硬铝板覆盖，以安装移载装置、液压装置、电控系统、按键和显示屏，板下空间安装驱动装置、转向装置和蓄电池，以降低车体的重心。

（2）车轮驱动和转向装置

AGV的车轮有驱动轮、转向轮和驱动转向轮。驱动控制装置的功能是驱动AGV运行并对其进行速度控制和制动控制。它由车轮、减速器、制动器、电动机和速度控制器所组成。驱动控制装置接收控制系统的指令，并按指令完成相应的动作。

驱动转向轮和转向轮由转向电动机驱动以实现AGV运行方向的改变。转向控制装置能够接收控制系统的指令，并控制小车按指定的方向运行。

（3）移载装置

AGV用移载装置来接取和卸下货物，完成货物的装卸作业。常用AGV的移载方式可分为被动移载和主动移载两种。

1）被动移载方式　被动移载方式的AGV自身不具有完整的装卸功能，而是采用助卸方式，即借助货物装卸站的装卸设备与其配合实现货物自动装卸。常见的被动式移载装置有辊道式和升降台式。

辊道式AGV的载货台面上装有辊道式移载装置，装卸货物作业通过其自身辊道与地面装卸站台的辊道输送装置对接来完成（图8-8a）。因此，辊道式移载AGV的环境要求是装卸站台必须带有动力输送辊道，而且要求载货托盘的规格标准，传递高度一致，与辊道传递速度相吻合。当执行装货任务时，AGV停靠在指定站台，确认对接完毕，车上辊道先转动，然后站台辊道转动，货物送至车上辊道；卸货时，AGV停靠在指定站台，确认对接完毕，站台辊道先转动，车上辊道后转动，将载货托盘送入站台辊道。确认卸货任务完成后AGV驶向下一目标。辊道式移载AGV常用于便于滚动的各式托盘或物体的移载场合，包括纸箱、木箱、板材、周转箱等，特别适用于重载物料的搬运。

升降台式移载AGV采用可自动升降的载货台面（图8-8b），升降台下设有液压升降机构，高度可以自由调节。作业时，AGV停在货物正下方，装货时通过升降机构使载货台上升将货物托起；将货物运送到卸货站台时，货物由站台的卸载装置托住，载货台降落便将货物卸下，从而实现货物的装卸移载。为了顺利移载，必须精确停车才能与站台进行交接。这种AGV动作简单，作业效率高，安全性好，成本较低，特别适用于大型机件和笨重物体的搬运。

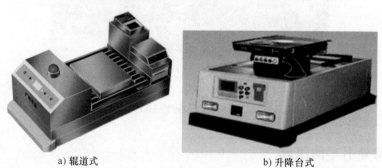

a) 辊道式　　　b) 升降台式

图8-8　被动移载装置搬运小车

2）主动移载方式　主动移载方式是指AGV自身具有装卸功能，可以自动完成卸货作业。主动移载方式常用于车少、装卸工位多的系统。常见的主动移载方式有推挽式、叉车式和机器人式。

推挽式移载装置就是一种利用 AGV 上的推挽机构进行移载的装置（图 8-9）。当 AGV 按照工作指令行驶并停靠在作业点时，车上的移载装置与地面站台相应位置准确对位，推挽机构推动货物向左侧或右侧推出或拉回，完成装货和卸货作业。

（4）安全装置

安全装置的主要作用是保证 AGV 的安全运行。遇到障碍时能够自动或手动停车。由于 AGV 是自动化设备，为确保 AGV 的安全运行，一般 AGV 均采取多级软硬件安全保护措施。

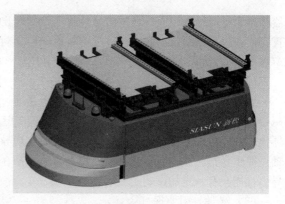

图 8-9 推挽式 AGV

车上装有接触式防碰撞传感器和非接触式防碰撞传感器。非接触式防碰撞传感器能够在预定距离内检测到障碍物，并控制 AGV 减速直至停止。如果非接触式防碰撞传感器未能有效地检测到障碍物，则由接触式传感器起作用，当 AGV 与障碍物碰撞时，接触式防碰撞传感器立即报警并控制 AGV 停车。一般在 AGV 的四角设有急停开关，任何时间人为按下急停开关，AGV 便立即停车。另外，AGV 上还安装有醒目的信号灯和声音报警装置，一旦发生故障，AGV 自动用声光报警，同时通过无线通信系统通知 AGV 监控系统。

（5）蓄电池和充电系统

自动导引车由电动机驱动，采用蓄电池作为动力，电压为 24V 或 48V。蓄电池在额定电流下，一般保证 8h 以上的工作需要，对于两班制工作环境，要求蓄电池能够连续工作 17h 以上。AGV 根据电池容量表的数据，在需要充电时报告控制台，控制台根据 AGV 的运行情况，及时调度需要充电的 AGV 执行充电任务。

（6）信息传输及处理装置

信息传输及处理装置的主要功能是对 AGV 的状态进行监控，将监控信息上报地面控制站，并接收地面控制站的控制指令，完成相应的动作。

四、自动导引车的导引原理

按照导引方式的不同，AGV 分为固定路径导引和自由路径导引两种方式。下面分别对两种导引方式的导引原理进行简单介绍。

1. 固定路径导引原理

固定路径导引 AGV 的导引媒介有电磁导引、磁带导引和光学导引等类型。

（1）电磁导引原理

电磁导引的原理如图 8-10 所示。首先在规划好的 AGV 运行路线的地面下埋设导引电线，地面控制装置使导线通以 3~10kHz 的低压、低频电流时，该导线周围便产生了电磁场，安装于 AGV 底部的信号传感器可以检测到电磁场的强弱，并通过信号分析电路，分析出 AGV 的位置情况，并以电压的形式表示出来。如果 AGV 恰好位于导引电线正上方时，信号分析电路获得的两个信号传感器的电压信号大小相等。当转向车轮偏离导引电线以后，则两个信号检测

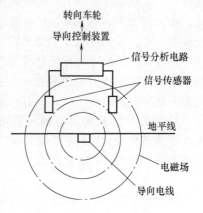

图 8-10 电磁导引原理图

器测出的电信号不相同，通过信号分析电路判断出 AGV 偏离导线的方向，然后通过导引控制装置，使转向车轮回位。这样，通过不断地进行车辆位置检测并不断地控制转向车轮回位，就会使 AGV 按预定路线行进，从而实现 AGV 的导引。

（2）磁带导引原理

磁带导引原理与电磁导引原理相似，也是通过磁感应信号实现导引。与电磁导引不同的是，磁带导引是在地面上沿着规划好的 AGV 运行路线贴上永久性磁条，通过 AGV 底部的磁感应传感器检测并向控制系统传输磁感应信号，从而实现导引控制。磁带导引方式的灵活性比较好，磁条铺设简单易行，改变或扩充路径较容易，但是贴在地面上的磁条容易受到金属等硬物的损伤，对导引性能会有一定的影响。

（3）光学导引原理

光学导引原理如图 8-11 所示。它是以粘贴在地面上的反光带为导引媒介进行导引的。在地面上沿着已经规划好的 AGV 运行路线全部粘贴上一定宽度的反光带，反光带的颜色与地面的颜色形成较大的反差。例如，在明亮的地面上用黑色反光带，在黑暗的地面上用白色反光带。在 AGV 车体的下部装有光源和光接收器。当 AGV 在反光带的上方运行时，AGV 上的光源发出光线照射到反光带后，反光带反射回来的光线由车上的感光元件接收，经过检测和运算回路进行计算后，对 AGV 的位置进行准确的判断，

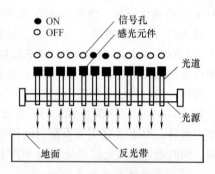

图 8-11　光学导引原理图

得出 AGV 是否偏离轨道的结论，并将计算结果传至导引控制系统，然后控制转向轮产生相应的动作。

2. 自由路径导引原理

自由路经导引是指在 AGV 上预先设定运行路线的坐标信息，在车辆运行时，实时地测出实际的车辆位置坐标信息，再将两者进行比较后控制车辆的导引运行。

（1）惯性导引

惯性导引是在 AGV 上安装陀螺仪，在行驶区域的地面上安装定位块，AGV 可通过对陀螺仪偏差信号的计算及地面定位块信号的采集来确定自身的位置和方向，从而实现导引。

（2）激光导引

图 8-12 所示为激光导引原理示意图。在 AGV 的顶部装置一个激光发射与接收装置，该装置能按一定频率、沿着 360°方向向周围发射激光。在 AGV 运行区域内不同的位置上安装激光反射镜片。当 AGV 发出的激光照射到反射镜片时，反射镜片将激光反射回车上的激光接收装置，在 AGV 运行过程中，车上的激光装置不断接收到从不同位置反射回来的激光束，经过简单的几何运算后，就可以确定 AGV 的准确位置，控制系统根据 AGV 的实际位置对其进行实时的导引控制。

（3）视觉导引

视觉导引是 AGV 上装有摄像机和传感器，在车载计算机中设置有 AGV 欲行驶路径

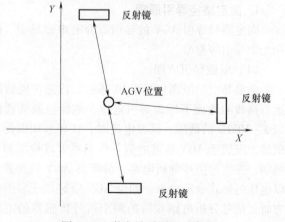

图 8-12　激光导引原理示意图

周围环境的图像数据库。在 AGV 行驶过程中，摄像机动态获取车辆周围环境的图像信息，并与图像数据库进行比较，从而确定当前位置，并对下一步行驶作出决策。这种 AGV 由于不要求人为设置任何物理路径，因此在理论上具有最佳的引导柔性。随着计算机图像采集、存储和处理技术的飞速发展，这种 AGV 正在不断成熟和快速发展。

五、AGV 的主要技术参数

1）额定载重量　额定载重量是指 AGV 所能承载货物的最大重量。AGV 的载重量范围一般在 50～20000kg，以中小型吨位居多。

2）自重　自重是指 AGV 和电池等附属装置的总重量。

3）车体尺寸　车体尺寸是指车体的长、宽、高外形尺寸。该尺寸应该与所承载货物的尺寸和通道宽度相适应。

4）运行速度　运行速度是指 AGV 在额定载重量下行驶时所能达到的最大速度。它是确定车辆作业周期和搬运效率的重要参数。

5）停位精度　停位精度是指 AGV 到达目的地并准备自动移载时所处的实际位置，与程序设定的位置之间的偏差值。它是 AGV 的一个重要参数，是确定移载方式的主要依据，不同的移载方式对停位精度有不同的要求。

6）最小转弯半径　最小转弯半径是指 AGV 在空载低速行驶且偏转程度最大时，瞬时转向中心到 AGV 纵向中心线的距离。它是确定车辆弯道运行所需空间的重要参数。

7）工作周期　工作周期是指 AGV 完成一次工作循环所需的时间。

第三节　自动分拣系统设备

一、概述

1. 分拣的概念和类型

分拣是货物分类和拣选作业的总称。其中，货物分类是按照物品的种类、流向及客户类别等对物品进行分组，并集中码放到指定场所或容器的作业；拣选是按照订单或出库单的要求，从储存场所拣选出物品的作业。

分拣是各种物流配送中心最重要的物流作业活动之一。按照物品分拣手段的不同，分拣可分为人工分拣、机械分拣和自动分拣三大类。

人工分拣基本上是靠人力搬运或利用最简单的器具和手推车等对货物进行分类和拣选，把所需要的货物分门别类地送到指定的地点。人工分拣劳动强度大，分拣效率低。一般物流配送中心中主要利用人工进行少量货物的分拣。

机械分拣是以机械为主要搬运和输送工具，还要靠人工进行辅助拣选。这种分拣方式用得最多的设备是输送机，如链条式输送机、传送带和辊道输送机等，有的也称为输送机分拣。其做法是用设置在地面上的输送机传送货物，在各分拣位置配备的作业人员根据货物标签、色标及编号等分拣的标识进行拣选，把货物从输送机上取出，再放到手边的简易传送带上或场地上。还有一种方法称为箱式托盘分拣，是在箱式托盘中装入分拣的货物，用叉车等机械搬运箱式托盘，再用人力把货物放到分拣位置或借助箱式托盘进行分配。其使用较多的设备是物流笼车和滚轮箱式托盘。这种分拣方式投资不多，可以减轻劳动强度，提高分拣效率。

自动分拣就是应用专门的自动分拣系统对物品进行分拣，它完全取代了人工作业，是现代物流配送中心最主要的先进自动分拣方式。

2. 自动分拣系统及应用

自动分拣系统就是采用机械设备与自动控制技术实现物品分类、输送和存取作业的系统。自动分拣系统一般由货物集中输送装置、分流输送装置、分拣操纵装置、信号设定和识别装置以及自动控制系统等部分组成，这些设备按照一定的工艺要求连接成一条连续的流水作业线，所以，自动分拣系统也称为自动分拣线，通常简称为自动分拣机（图8-13）。自动分拣系统的基本功用是能够根据计算机的指令，将随机的、不同类别、不同去向的物品，按照一定的要求（如产品类别、储存位置、客户类别和配送目的地等），自动对物品进行分类并将其输送到指定位置。在自动分拣系统中，从货物进入分拣系统到被输送至指定位置为止，都是按照人们的指令由自动控制系统和分拣装置自动来完成的。

图8-13　自动分拣系统

自动分拣系统主要应用于现代大型物流配送中心，用来自动完成货物出库和入库的分拣作业。由于一般大型物流配送中心的商品数量往往较大，并要求迅速、正确地分拣，如果采用人工分拣或机械分拣则需要投入大量的人力；而采用自动分拣，则可以大大减少人力的投入，实现快速、准确、高效完成繁琐而又枯燥的分拣作业。自动分拣系统是第二次大战后在美国、日本的物流中心中广泛采用的一种分拣技术系统，目前已经成为大中型物流中心不可缺少的生产装备。随着分拣系统的规模越来越大，分拣能力越来越强，应用范围也越来越广，自动分拣已经成为现代物流系统的重要组成部分和自动化水平的重要标志。应用自动分拣系统的主要意义在于以下几点：

① 自动分拣系统完全摒弃了传统的人工货物分拣方法，采用高效、准确的自动化分拣技术，可以极大地提高分拣作业速度和效率，加速货物周转速度。

② 采用电子化数据采集和传输技术，结合必要的仓库管理软件系统，可以真正实现配送中心的现代化管理，显著提高配送中心的物流速度，为企业创造保持市场竞争优势的条件。

③ 分拣工人只需简单的操作就可以实现货物的自动进货、出库及装卸等作业，减轻了工人的劳动强度，节省了劳动力，提高了生产率。

④ 不但可以快速完成简单货物的储存与提取，而且可以方便地根据货物的性质、尺寸规格、配货要求及装卸要求等实现各种复杂货物的储存与提取。

二、自动分拣系统的主要特点

自动分拣系统的主要特点是：

1）分拣速度高，分拣能力强　现代自动分拣系统中各种设备的工作速度快，控制系统数据处理速度快，而且采用现代化大生产的自动流水线作业方式，因此货物分拣效率非常高；而且自动分拣系统不受气候、时间和人力等因素的限制，可以长时间持续运行，能够连续完成大批量货物的分拣，因此自动分拣系统的分拣能力远远超过了人工分拣和机械化分拣系统。

2）分拣差错少、准确率高　自动分拣系统分拣准确率的大小主要取决于所输入分拣信息的准确性，这又取决于分拣信息的输入机制：如果采用人工键盘或语音识别方式输入，则误差率在3%以上；如采用条码扫描输入，除非条码本身印刷有错，否则不会出错。目前自动分拣系统主要采用条码技术来识别货物，因此其分拣准确率非常高。

3）自动化程度高，实现无人化操作　现代自动分拣系统是现代机械技术、信息技术和智能控制技术的完美结合，从设备的运行，到货物的信息采集识别，直至货物上线运行、分拣分流，整个作业过程都不需要人员操作，基本做到了无人化作业。建立自动分拣系统的目的之一就是为了减少人员的使用，减轻劳动强度，提高生产率。先进的自动分拣系统只需要人工进行分拣系统进货和出货管理，以及分拣系统的运行控制、管理与维护等辅助性作业。

4）系统建设投资大，回收期较长　自动分拣系统的建设是一个较大的工程，一方面需要足够的场地条件和建筑设施，以保证分拣系统的空间布局；另一方面需要配置成套的设备，包括配套的机电一体化设备、计算机网络及通信系统等。大型自动分拣系统一般都与功能齐全的仓储系统配套应用，因而一般需要同时建设完善的仓库系统，并配备各种装卸搬运设备。因此，自动分拣系统的建设需要巨大的投资，但其投资回收期需要10～20年。所以，建设自动分拣系统必须充分考虑其经济效益。

三、自动分拣系统的基本组成

一般自动分拣系统主要由货物输送装置、分拣信号设定装置、自动控制装置、分拣操纵装置和分流输送装置五个部分构成。

（1）货物输送装置

货物输送装置就是由一系列输送机组成的一条连续输送线，其主要作用是将大量待分拣的物品运送至相应的分流道口，以便于分拣操作装置对其进行分拣。

货物输送装置一般由两部分构成：一部分是货物输入输送装置，其作用是将所要分拣的货物送入分拣线，货物输入输送段从分拣线进货端开始，一般在其侧面设有若干上货支线输送装置（称为喂料装置）；另一部分是货物合流输送装置，称为主输送装置或主输送线，其作用是使从不同入口输入的货物形成合流运动，并将货物连续送往分流出口。主输送装置是分拣线的主要部分，在主输送装置的下线输送段两侧连接若干分流支路，以供货物分流输出。

主输送装置的布局形式常见的有直线型和环型，主要取决于库区场地空间结构、作业规模及货物类型等因素。货物输送装置常用的输送机类型主要有带式输送机（包括胶带式和钢带式）、链板输送机和辊道输送机，少数场合也有采用悬挂式输送机；其类型的选择主要考虑货物类型、货件大小、货件重量、包装形式以及分拣作业量和作业速度要求等因素。

（2）分拣信号设定装置

为了对货物进行准确的分拣，即将货物准确地送入指定的分流道口，需要对进入分拣系统的每一件货物进行分拣信号设定。分拣信号设定装置的作用是对进入分拣系统待分拣的货物进行分流道口位置设定，并将货物的识别信息输入控制系统中，形成货物分拣指令信号。

分拣信号设定方式分为外部记忆和内部记忆两种。外部记忆是把分拣指示信息粘贴在货物外包装上，系统工作时通过配套的识别装置对其进行区分，然后发出相应的操作指令；内部记忆是在自动分拣机的货物入口处设置控制键盘，利用控制键盘，在货物上输入分拣指示信息，货物到达分拣装置时，分拣机接收到信息并开启分支装置。

目前比较常用的分拣信号控制技术是扫描识别技术，即在货物指定位置上贴有某种标识，货物到达分拣位置时，扫描设备对货物标识进行扫描识别，然后按预先设定的程序运行，使货物按指定路线送入指定的分流道口，完成分拣作业。分拣信号设定装置所用标签代码的种类很多，在自动分拣机上可使用条码、光学字符码、无线电射频码和音频码等。其中，条码的应用最为广泛。

在自动分拣系统中，将货物的识别信息转变成分拣指令信号的具体方式主要有以下几种：

1）人工键盘输入　人工键盘输入是指由操作人员根据货物包装上的标签等信息确定货物分流的道口位置（即指定其从哪个分流道口分出），并使用专用键盘将分流道口位置编号输入到控制系统中。

键盘输入方式操作简单，费用低，限制条件少，但操作人员必须注意力集中，否则容易出差错，其键入的速度一般只能达到1000～1500件/h，一般用于分拣量较小，分拣速度要求较低的场合。

2）条码扫描方式　条码扫描方式即利用激光扫描器自动扫描货物包装上的物流条码，并输送给控制系统。这种方式需要预先在被分拣物品外包装的指定位置处贴上代表物品信息的物流条码，在主输送线入口位置设置固定式激光扫描器。激光扫描器的扫描速度极快，可以达到100～120次/s，所以能将输送机上高速移动的货物上的条码准确读出。

使用激光条码扫描方式费用较高，但输入速度快，差错率极小，所以规模较大的分拣系统一般都采用激光条码扫描方式。

3）计算机程序控制　计算机程序控制是指根据各客户需要商品的品种和数量，预先编好程序，把全部分拣信息一次性输入计算机，计算机即按程序执行。计算机程序控制是最先进的方式，它需要与条码技术结合使用，并置于整个企业计算机管理系统之中。一些大型的现代化配送中心把各个客户的订货单一次性输入计算机，在计算机的集中控制下，商品货箱从货架上被拣选取下，由条码喷印机喷印条码，然后进入分拣系统，全部配货过程实现自动化。

4）声控方式　首先需将操作人员的声音预先输入计算机中，当货物经过设定装置时，操作人员将包装箱上的标签号码依次读出，计算机将声音接收并转为分拣信息，发出指令，传送到分拣系统的各执行机构。

声音输入法与键盘输入法相比速度要快些，可达3000～4000件/h，操作人员较省力。但由于需事先存储了操作人员的声音信息，因此当操作人员偶尔咳嗽、声哑等时，就会发生差错。因此，声音输入法实际使用效果不理想，应用较少。

（3）自动控制装置

自动控制装置的作用是识别、传输和处理货物分拣信号，根据分拣信号的要求指令分拣操纵装置对货物进行分拣。自动分拣系统可通过电磁识别、光电识别和激光扫描识别等多种方式采集货物标签上的识别信息，并将分拣信号传输到分拣控制系统中去，分拣控制系统对这些分拣信号进行判断并决定某一种物品该进入哪一个分流道口，然后向分拣操作装置发出指令。

（4）分拣操纵装置

分拣操纵装置就是自动分拣系统中直接执行分拣动作的机构，其作用是根据自动控制装置传来的指令，对到达指定分流道口的货物进行分拣操作，把货物从主输送线上拨入分流道口完成货物的分拣动作。

分拣操纵装置是自动分拣系统的核心执行装置，每一个分流道口都要设置一套分拣操纵装置，所以其数量多少是由分流道口的数量决定的。

分拣操纵装置的类型有很多种，常用的分拣操纵装置主要有挡臂式、滑块式、辊道推出式、导向滚轮式、浮出滚轮导向式、倾翻板式和交叉带式等类型。

（5）分流输送装置

分流输送装置也称为分流支线或分流道口，是货物分拣分流的出口，是使被拣出的货物脱离主输送线而进入分流集货区域的通道。从分流输送装置输出的物品集中进入集货站台，由工作人员在集货站台将该道口的所有货物堆码整理之后，或入库储存，或出库配送，即完成全部分拣作业。

根据分流方式的不同，分流输送装置主要分为滑槽式和输送机式两大类型。滑槽式分流输送装置就是利用主输送线与分流集货站台的高度差，使货物在自身重力作用下沿着滑槽斜面下滑，实现分流输送。输送机式分流输送装置就是采用一定形式的输送机完成货物分流输送，与主输送装置一样，常用的类型包括带式、链板式和辊道式等。

以上五部分装置通过计算机网络连接在一起，配合人工控制及相应的人工处理环节构成一个完整的自动分拣系统。

四、自动分拣系统的工作过程

自动分拣系统的工作过程一般由货物合流输送、分拣信号设定、分拣和分流以及分运四个阶段完成。

（1）合流输送

对于待分拣的货物，首先要将其送入输送线。通常可采用人工搬运方式或机械化、自动化搬运方式送入，对大批量分拣的货物，也可以通过多条输送线送入分拣系统。由各条输送线输入的货物，都汇合在主输送线上，形成合流输送，使货物在主输送线上连续地朝分拣道口方向运动。

（2）分拣信号设定

进入分拣系统的货物，要采用条码扫描或键盘输入等方式设定其分拣信号，即确定其在分拣线上的分流去向。采用条码扫描方式就是在货物运动过程中，通过固定的激光扫描器自动对其条码标签进行扫描，并将扫描采集的货物信息传送给计算机，以便计算机下达分拣指令；采用键盘输入方式就是在自动分拣机的入口处设置控制键盘，操作人员利用控制键盘向货物输入分拣指示信息，设定每件货物的分流去向。

（3）分拣和分流

货物在主输送线上运动时，根据分拣信号所确定的移动时间，使货物走到指定的分拣道口。该处的分拣操纵机构根据计算机指令自行起动，将货物拨离出主输送机，进入分流道口实现分流。大型分拣输送机可以高速地把货物分送到数十条输送分支上去。

（4）分运

分拣出的货物离开主输送线，经过滑槽或分流输送机到达分拣系统的终端，再由操作人员将货物集中搬入容器或搬上车辆，完成货物分运。

五、常用自动分拣机

自动分拣机多种多样，按照主输送装置类型的不同可分为钢带分拣机、胶带分拣机、链板式分拣机、辊道式分拣机和悬挂式分拣机；按照分拣操纵装置类型的不同可分为推挡式、倾翻盘式、导向滚轮式、浮出导向式、交叉带式、斜行胶带式和悬挂式；按照分流输送装置类型的不同分为分流输送机式（包括带式、链板式、辊道式和悬挂式）和滑槽式等。下面主要依据分拣操纵装置的类型来介绍常用自动分拣机。

1. 推挡式分拣机

推挡式分拣机是指当货物被主输送装置运送到分流道口时，被一侧向力作用，使其强行改变运动方向的一种分拣操纵装置。它主要包括挡臂式、辊道推出式和滑块式三种。

（1）挡臂式

挡臂式分拣操纵装置就是沿主输送线方向对应每个分道口设置一个可以转动的挡臂，当货物运送到指定的分道口附近时，挡臂就在控制系统的指令下迅速向分道口方向转动，高速运行的货物受到挡臂的阻挡作用后迅速改变方向，沿着挡臂的斜面滑入分流道口，实现了货物的分拣，如图8-14所示。

（2）滑块式分拣机

滑块式分拣机的主输送装置一般采用链板式输送机，其板面由若干等规格的金属板条构成，每块板条上都装有一个导向滑块，能够沿着板条作横向滑动。

图8-14 挡臂式分拣机

导向滑块通常靠在主输送线的一侧边上（即板条的一端），当被分拣货物在主输送线运行到达指定分道口时，控制装置使与货物对应的导向滑块依次迅速向道口方向滑动，把货物推入分流道口，如图8-15所示。

由于导向滑块可以向双侧滑动，因此可以在两侧设置分流道口，以节约场地的空间。这类分拣机系统在计算机控制下，自动识别，采集数据，操纵导向滑块，故被称为智能输送机。该类分拣机的特点是适应不同大小、重量和形状的商品；分拣时滑块动作比较轻柔、准确；可向左右两侧分拣，占地空间小；分拣时所需物品间隔小，分拣速度快，分拣能力高达18000件/h；可以长距离布设，最长可达110m，可以布置较多的分流道口。

（3）辊道推出式

辊道推出式分拣机（图8-16）又称为推块式分拣机，它以辊道输送机作为主输送装置，在分流道口处的辊子间隙之间，安装有一系列由链条拖动的细长导板（推块）。平时，导板位于辊道侧面排成直线，不影响货物的运行；在执行分拣动作时，导板沿辊道间隙移动，逐步将货物推向侧面，进入分拣岔道。推块式分拣机呈直线布置，结构紧凑、可靠、耐用，使用成本低，操作安全，可以单、双侧布置。这种分拣机动作比较柔和，不会对物品造成冲击。

2. 导向滚轮式分拣机

导向滚轮式分拣机如图8-17a所示，其主输送线与分道口交叉呈45°，在主输送线与分道口交接处装有一组可以改变轴线方向的导向滚轮，其轴线可以向左（或向右）偏转45°。通常情况下导向滚轮轴线与主输送机辊子轴线相互平行，则导向滚轮与主输送机辊子转动方向相同，货物经过导向滚轮时不会改变方向而继续沿着主输送线运行；当执行分拣动作时，在控制系统的指令下导向滚轮轴线向左（或向右）偏转成45°，此时被分拣货物经过导向滚轮，就会在导向滚轮的旋转作用下迅速调转45°方向进入分流道口，完成分拣动作。

图8-15 滑块式分拣机

图8-16 辊道推出式分拣机

这种分拣机的主输送装置也可以采用胶带输送机（图8-17b），其工作原理与分拣机相同，只是为了便于衔接和布置，分道输送装置一般采用辊道输送机。

导向滚轮式分拣机对物品的冲击力小，分拣轻柔，分拣快速、准确，适用于硬纸箱、塑料箱等平底面物品的分拣，分流出口数量多。由于采用辊子输送，因此导向滚轮式分拣机不适合分拣体积较小的物品。

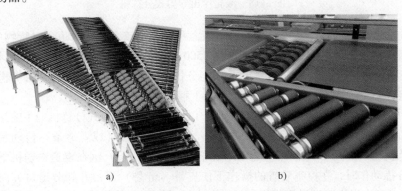

a)   b)

图8-17 导向滚轮式分拣机及主输送装置

3. 浮出导向式分拣机

浮出导向式分拣机的工作原理与导向滚轮式分拣机相似，就是在主输送线与分道口交接处设置浮出式导向分拣机，把货物从主输送线导引至分道口中。浮出导向式分拣机在通常情况下沉落在主传动装置下方，执行分拣动作时则迅速浮出，把货物从主输送装置上托起，使货物沿着导向机构的转动方向进入分道口。浮出导向式分拣机按结构的不同，可以分为滚轮浮出导向式分拣机和皮带或链条浮出导向式分拣机两种类型。

1）滚轮浮出导向式分拣机　滚轮浮出导向式分拣机主要由一组可转向的滚轮组成。通常滚轮沉落在传送带下方，货物通过时不会接触到滚轮；执行分拣动作时，滚轮接收到分拣信号后立即浮出，使滚轮的表面高出主传送带10mm，并根据信号要求向某侧分道口方向偏转，使快速直线运动过来的货物在接触滚轮的一瞬间迅速转向，完成货物分拣作业。

浮出导向式分拣机的主输送装置可以采用整体式平皮带传动（图8-18a），也可以采用5条左右窄皮带传动组合（图8-18b），也有的采用辊道式输送机（图8-18c）。滚轮的排数可为一排或两排，每排一般有8~10个滚轮，一般主要根据被分拣货物的重量、体积和形状等因素来考虑选择。

a) 平皮带输送   b) 多条窄皮带输送

c) 辊道输送机输送

图8-18 滚轮浮出导向式分拣机

浮出导向式分拣机的特点是可以在两侧分拣，并可设置较多分拣滑道；对货物的冲击力小，噪声小，运行费用低，耗电少，分拣速度可达7500箱/h。但它对分拣货物包装形状要求较高，适合分拣底部平整的箱型货物和托盘货物，不能分拣底部不平的或软性包装的货物，也不适宜分拣重物或轻薄货物，而且一般不允许在包装箱上捆扎包装带。

2）皮带（链条）浮出导向式分拣机 皮带（链条）浮出导向式分拣机的主输送装置一般采用辊道输送机，在主输送线与分道口交接处装有一组小型皮带（或者链条）传动装置，作为浮出式导向分拣机构，如图8-19所示。通常情况下，皮带（链条）沉在辊道输送机下方，而且不转动；执行分拣动作时，在控制装置的操作下使皮带（链条）浮出并朝分道口方向转动，皮带（链条）的表面高出辊道输送机将货物托起，在皮带（链条）的传动作用下，将货物送入分流道口，完成货物分拣作业。这种分拣机的分拣速度一般不高，对分拣货物包装的形状要求也较高，适合分拣底部平整的箱型货物和托盘货物，也不能分拣底部不平的或软性包装的货物。

a) 皮带式   b) 链条式

图8-19 皮带（链条）浮出导向式分拣机

4. 倾翻盘式分拣机

倾翻盘式分拣机（图 8-20）是在一条沿分拣线全长封闭的环形导轨中设置一条驱动链条并在其上安装一系列载货托盘而构成的。其工作原理为：将待分拣的货物放在载货托盘上进行输送，当输送到预定分拣出口时，倾翻机构使托盘向左或向右倾斜，使货物滑落到侧面的分道滑槽中，从而完成分拣作业。

倾翻盘式分拣机各托盘之间的间隔很小，而且可以向左右两个方向倾翻，所以这种分拣机可设有很多分道口。由于驱动链条可以向上下和左右两个方向弯曲，因此，这种分拣机可以在各个楼层之间沿空间封闭曲线布置，总体布置方便灵活。受托盘大小的限制，分拣货物的体积和重量不能太大，但对货物的形状和包装材质等的适应性较好。所以，倾翻盘式分拣机适用于邮件和包裹等小型物品的分拣。

图 8-20　倾翻盘式分拣机

5. 交叉带式分拣机

交叉带式分拣机是由主传动带式输送机和一系列横向布置的可以独自运转的小型带式输送机（简称"小台车"）连接在一起而构成的，货物由各个小台车独立承载（图 8-21）。在工作过程中，小台车在主传动带式输送机的牵动下一起沿着主输送线运行，当承载货物的小台车运行到指定的分流道口位置时，在控制系统的指令下，小台车的皮带立即转动（朝分道口方向），迅速把货物送入分流道口的滑槽中，完成货物分拣作业。由于主传动带式输送机与小带式输送机呈交叉状态，故称为交叉带式分拣机。

图 8-21　交叉带式分拣机

交叉带式分拣机适宜于分拣各类小件物品，如包裹、邮件、旅客行李、食品、化妆品及衣物等，在邮政、快递和机场等物流分拣场所得到了广泛的应用。

6. 悬挂式分拣机

悬挂式分拣机是主输送装置和分流输送装置都采用悬挂式输送机而构成的自动分拣系统。悬挂式输送机主要由输送轨道、传动装置、张紧装置、编码控制装置和吊具等组成，一般用牵引链作为传动装置，夹钳式吊具和牵引链连接在一起形成货物吊挂小车，货物吊夹在吊挂小车的夹钳中，如图 8-22 所示。悬挂式分拣机工作时，货物在主输送线上一起运行，执行分拣动作时，通过编码装置控制，由夹钳释放机构将货物卸落到指定的搬运小车上，或将吊挂小车拨入分拣滑道中，完成分拣作业。

图 8-22　悬挂式分拣机

悬挂式分拣机可悬挂在空中，充分利用空间进行作业，适合于分拣箱类、袋类货物，对包装物形状的要求不高，分拣货物重量大，一般可达 100kg 以上，广泛用于邮政、快递行业包裹分拣作业。

复习思考题

1. 堆垛机器人有哪些主要类型？其基本组成包括哪些部分？
2. 自动导引车（AGV）由哪些部分组成？简述其导向原理。
3. 自动导引车（AGV）分为哪些类型？试述其结构特点及应用。
4. 自动分拣系统由哪些部分组成？试说明其基本工作过程。
5. 简述常用自动分拣机的结构特点及工作原理。

第九章

物流信息化技术装备

本章学习目标：

1) 理解物流信息技术的概念和构成；
2) 掌握条码识别系统的组成和主要设备及其应用；
3) 熟悉 POS 系统的主要设备；
4) 掌握射频识别系统的组成、工作原理、主要设备及其应用；
5) 理解卫星定位导航系统的组成和定位原理；
6) 掌握道路运输车辆卫星定位系统的组成和功用；
7) 掌握汽车行驶记录仪的功能和应用；
8) 了解物联网技术在物流中的应用。

现代物流是伴随着信息时代的到来而不断发展的，可以说没有信息技术就没有现代物流，二者是相伴相生、相辅相成的关系。物流信息化是物流现代化的重要标志，物流信息技术是引领现代物流技术发展的前沿技术。从数据采集的条码系统到互联网各种终端设备等硬件以及计算机软件都在日新月异地发展，只有应用物流信息技术，完成物流各作业流程的信息化、网络化和自动化的目标才能够实现。同时，随着物流信息技术的不断发展，产生了一系列新的物流理念和新的物流管理方式，推动着现代物流不断地变革与发展。

第一节　物流信息技术概述

一、物流信息的构成和作用

物流信息是指在物流活动过程中产生和应用的各种信息。物流信息与运输、仓储、包装、装卸和搬运等物流基本环节都有着密切的关系，物流信息伴随着物流活动的全过程。

物流信息的内容非常繁杂，在各个不同的物流环节所生成和使用的信息也各有不同。从功能上讲，物流信息可以分为计划信息流（或称为协调信息流）和作业信息流两大类。计划信息流产生在物流活动之前，它们控制着物流产生的时间、流量的大小和流动的方向，引发、控制和调整物流的运行，例如各种物流决策和计划、用户的配送加工和分拣及配货要求等。作业信息流与物流作业活动同步产生，它们反映物流的运行状态，例如运输信息、库存信息、加工信息、货源信息和设备信息等。物流系统的信息构成可以概括为如图9-1所示的模型。

物流系统是由多个子系统组成的复杂系统，各个子系统是通过货物的实体流动以及相关信息联系在一起的，一个子系统的输出就是另一个子系统的输入，物流信息成为各个子系统之间相互联系与沟通的关键纽带，在物流活动中，不仅要对各项活动进行计划预测和动态分析，还要及时提供物流费用、生产状况和市场动态等有关信息。物流信息在物流活动中起着"神经系统"的重要作用，只有及时收集、传输和有效使用有关信息，才能使物流系统顺利通畅、快速响应。加强物流信息的采集、管理和应用，能够更好地发挥物流系统的整体效能，提高物流系统的运营效率。无论是计划信息流，还是作业信息流，物流信息的总体目标都是要把物流涉及的企业的各种具体活动综合起来，加强整体的综合能力。

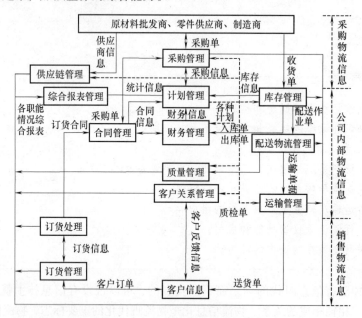

图9-1 物流系统的信息构成模型

二、物流信息技术的概念

物流信息技术是指在物流系统以及各个物流作业环节中采用的各种现代信息技术。现代物流信息技术的内容非常广泛，最常用的主要包括自动识别技术（如条码识别技术、射频技术和自动语音识别技术等）、自动定位与跟踪技术（如全球卫星定位技术和地理信息技术等）、物流信息接口技术（如电子数据交换等）、企业资源信息技术（如物料需求计划、制造资源计划、企业资源计划和分销资源计划等）、数据管理技术（如数据库技术和数据仓库技术等）以及计算机网络技术等现代信息科技。

在这些技术的支持下，形成了由移动通信、资源管理、监控调度管理、自动化仓储管理、运输配送管理、客户服务管理及财务管理等多种业务集成的现代物流一体化信息管理体系。

从构成要素上看，物流信息技术可以分为以下四个层次：

① 物流信息基础技术 物流信息基础技术，即有关元器件的制造技术，它是整个信息技术的基础，例如微电子技术、光子技术、光电子技术和分子电子技术等。

② 物流信息系统技术 物流信息系统技术，即有关物流信息的获取、传输、处理、控制的设备和系统的技术，它是建立在信息基础技术之上的，是整个信息技术的核心。物流信息系统技术的内容主要包括物流信息获取技术、物流信息传输技术、物流信息处理技术及物流信息控制技术。

③ 物流信息应用技术 物流信息应用技术，即基于管理信息系统（MIS）技术、优化技术和计算机集成制造系统（CIMS）技术而设计出的各种物流自动化设备控制技术和物流信息管理

系统，例如自动化分拣系统、自动导引车系统（AGVS）、集装箱自动装卸设备及管理系统、仓储管理系统（WMS）、运输管理系统（TMS）、配送优化系统、全球定位导航系统和地理信息系统（GIS）等。

④ 物流信息安全技术　物流信息安全技术即确保物流信息安全的技术，主要包括密码技术、防火墙技术、病毒防治技术、身份鉴别技术、访问控制技术、备份与恢复技术和数据库安全技术等。

现代信息技术是物流信息平台建设的基础，也是物流平台的组成部分。当越来越多的现代物流信息技术进入物流领域后，必然促使物流企业构建出更完善的物流管理体系，促进物流生产活动的高效运行，进一步推动物流业的高效发展。

第二节　条码识别系统设备

一、条码的概念和类别

1. 条码的概念

条码是由一组规则排列的条、空及其对应字符组成的标记，用以表示一定的信息。条码是一种可供电子仪器自动识别的标准识别符号，能够为商品在产、供、销各个环节采集、处理和交换信息时提供快速、准确的自动识别标识。

条码是一个极为有效率的识别工具，可以为先进管理系统提供正确、及时的信息支持。条码的使用可普遍提高工作准确性和工作效率，降低成本，改善业务运作。条码技术是实现 POS 系统、EDI、电子商务和供应链管理的技术基础，是物流管理现代化的重要技术手段。条码是迄今为止最经济、应用最广泛的一种自动识别技术，它具有以下几个方面的优点：

1）输入速度快　与键盘输入相比，条码输入的速度是键盘输入的 5 倍以上，并且能实现即时数据输入。

2）可靠性高　键盘输入数据出错率为 1/300，利用光学字符识别技术出错率为 1/10000，而采用条码技术误码率则低于 1/1000000。

3）采集信息量大　利用传统的一维条码一次可采集几十位字符的信息，二维条码更可以携带数千个字符的信息，并有一定的自动纠错能力。

4）灵活实用　条码标识既可以作为一种识别手段单独使用，也可以和其他有关识别设备组成一个系统实现自动化识别，还可以和其他控制设备连接起来实现自动化管理。

5）使用成本非常低　一般场合使用的条码标签都可以采用纸质印刷，其费用非常低；而在零售业领域，因为条码是印刷在商品包装上的，所以其成本几乎为零。

2. 条码的类别

条码有很多种，通常按照结构的不同可分为一维条码和二维条码；按照条码用途的不同可分为商品条码和物流条码。

（1）一维条码

一维条码就是在一维方向上表示信息的条码符号，它由沿着宽度方向间隔排列的一系列条、空以及相应的数字或字母符号组成，如图 9-2 所示。一维条码信息是通过条和空的不同宽度和位置以及相应的数字或字母符号来表示，信息量的大小由条码的宽度来决定，条码越宽（即位数越多），传递的信息量也就越大；其条码的高度不表示信息，只是为了便于识读。一维条码的符号制作容易，识别设备结构简单，容易识读，而且输入速度快。一维条码是应用最广泛的条码，一般场合通常使用的条码都是一维条码。

a) EAN码   b) 128码

图 9-2   一维条码

一维条码根据其编码规则的不同，可以分为很多码制类型。物流和经济活动中比较常用的一维条码码制类型有 EAN 码、39 码、128 码、93 码和库德巴码（Codabar）等。

（2）二维条码

二维条码是指在二维方向上都表示信息的条码，它是用特定的几何图形按一定规律在平面（二维方向）上分布的黑白相间的图形符号记录数据信息，如图 9-3 所示。二维条码能够在横向和纵向两个方位同时表达信息，因此能在很小的面积内表达大量的信息。

a) 行排式(PDF417)   b) 矩阵式

图 9-3   二维条码

由于受信息容量的限制，一维条码通常是对物品的标识，而不是对物品的描述。二维条码可以有效地克服一维条码的不足，能够表示产品的描述性信息。

二维条码根据其结构的不同，可以分为行排式（堆叠式）二维条码和矩阵式二维条码。具有代表性的行排式二维条码有 PDF417、CODE49、CODE 16K 等码制，其中 PDF417 是我国目前唯一一个由国家标准认定的二维条码。有代表性的矩阵式二维条码有 Code One、Maxi Code、QR Code、Data Matrix 等。

二、条码识别系统的组成和主要设备

条码识别系统是以条码为核心形成的一种物品自动识别系统，它由条码符号制作系统和条码识读系统两部分构成。条码符号制作系统用于按照标准规则编制和印刷条码符号，条码识读系统用于对条码符号所表示的信息进行采集、译码和识别。

1. 条码符号制作设备

（1）条码符号制作方式

条码符号是在专用的条码制作设备上进行编制和打印生成的。条码符号制作方式主要有预先制作和现场制作两种。预先制作（即非现场制作）方式是利用条码胶片生成设备预先制作出条码原本胶片，然后采用印刷的方式制作条码符号，主要用于条码符号格式固定、内容相同的大批量条码符号制作的场合，如产品包装和图书条码等。现场制作方式就是在作业现场实时制作生成条码符号，它是利用计算机控制条码打印设备进行条码符号编制和打印的，物流活动中的条码大多数采用这种制作方式。

条码现场印制设备大致分为两类，一类是利用通用打印机，另一类是采用专用的条码打印机。使用通用打印机打印的条码标签一般需要配置专用的条码编辑软件，通过生成条码的图形进行打印，其优点是设备成本低、打印的幅面较大、用户可以利用现有设备。但因为通用打印机并非为打印条码标签专门设计的，所以用它印制条码再使用不太方便，实时性较差。因此，一般情况下都宜采用专用条码打印机。

（2）条码打印机

条码打印机是专为印制条码标签而设计的，它具有内置的条码生成功能，能够精确地编制和打印标准的条码标签，而且打印质量好、速度快、方式灵活。条码打印机使用方便，能够随用随印，实时性强，是印制条码标签的重要设备（图9-4）。

条码打印机主要有热敏式和热转印式两种类型。热敏式打印机采用热敏纸进行打印，而热敏纸在高温及阳光照射下易变色，因此用热敏式打印机打印的标签的保存时间和使用寿命较短，但由于其设备简单、价格较低，所以一般适用于打印临时标签的场合。热转印式打印机的执行部件与热敏式打印机相似，但它使用热敏炭带，执行

图9-4　条码打印机

打印操作时，通过对加热元件相应点的加热，使炭带上的颜色转印在普通纸上，进而形成文字或图形。热转印式打印机采用热转印色带在普通纸上打印，克服了热敏式打印机的缺点，因此热转印式打印机的性能比较优良。热敏式打印和热转印式打印是两种互为补充的技术，现在市场上绝大多数条码打印机都兼容热敏和热转印两种工作方式。

条码打印机的基本工作原理是：操作人员在计算机上通过条码编辑软件编辑条码标签的内容，并通过驱动程序转换为条码打印机的专用命令，然后通过并行口或串行口发给条码打印机；条码打印机内的微处理器接收到命令后，根据相应的命令及命令中的各项参数生成条码、字符、汉字和图形等的点阵数据，并根据其位置坐标放入数据存储器中相应的位置；整个标签的点阵数据编辑完成后，即可打印出条码标签。

条码打印机一般使用标签纸打印，其中的标签检测装置可以自动检测标签的大小和起始位置，因此可以以标签为单位进行高速打印。

2. 条码识读系统的组成和识读原理

如上所述，条码是由一组规则排列的黑色的条、白色的空以及对应的字符组成的图形化编码符号，这些符号代表了一定的信息，但它需要借助专用条码识读设备进行识读，将条码符号中含有的编码信息转换成计算机可识别的数字信息。

条码识读系统主要由条码扫描系统、译码系统和计算机或其他数据终端设备等部分组成。其中条码扫描系统和译码系统包括条码扫描装置、信号转换装置和译码器三个部分，如图9-5所示。现在绝大部分条码识读设备都将条码扫描系统和译码系统集成为一体，并统称为条码扫描器。

条码扫描装置由光学装置和光电转换器（也称为探测器）组成，它完成对条码符号的光学

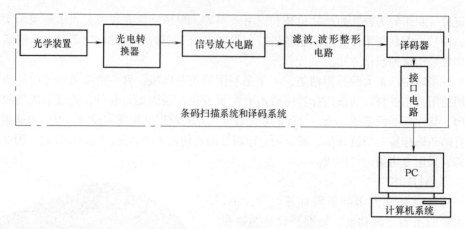

图9-5　条码识读系统的组成和工作原理

扫描，并通过光电转换器将条码符号反射的光信号转换成电信号；信号转换装置由信号放大电路、滤波电路和波形整形电路组成，其功用是将扫描系统输入的电信号处理成标准电位的矩形脉冲信号（即0、1数字信号），其高、低电平的宽度与条码符号的条、空宽度相对应；译码器一般由嵌入式微处理器组成，其功能就是对条码的矩形脉冲信号进行译码，并将其结果通过接口电路输出，传输给计算机或其他条码应用系统中的数据终端设备。

条码识读系统的识读过程是：当条码扫描器光源发出的光照射到黑白相间的条码符号上时，反射光即刻通过扫描器内部的光学装置照射到光电转换器上；光电转换器接收到与白空和黑条相对应的强弱不同的反射光信号，并将其转换成相应的电信号。但是，由光电转换器输出的电信号非常微弱，不能直接使用，先要将其输送到放大器进行信号放大；另一方面，放大后的电信号仍然是一个模拟电信号，需要对其进行整形，把模拟电信号转换成脉冲数字电信号；转换后的数字信号输送到译码器，译成数字、字符信息，并通过识别条码符号的起止符来判别出条码的码制及扫描方向，通过测定脉冲数字信号的数目来判别出条和空的数目，通过测量脉冲信号持续的时间来判别条和空的宽度，这样便得到了被识读的条码符号的条和空的数目以及相应的宽度和所用码制，根据码制所对应的编码规则，便可将条码符号转换成相应的数字、字符信息，然后通过接口电路输送给计算机系统。条码数据传到计算机之后，由计算机系统的应用程序进行数据处理，建立条码与物品信息之间的对应关系，实现对物品信息的准确识别，同时可以通过计算机进行其他相应的应用和操作。

3. 条码扫描器

（1）条码扫描器的分类

随着条码技术的广泛应用，人们根据不同的用途和需要设计了各种类型的条码扫描器。目前所应用的条码扫描器都是根据光学原理进行扫描识读的，称为光电扫描器。条码扫描器通常根据其扫描方式、操作方式、识读码制能力和扫描方向的不同可以分为若干类别。

1）按照扫描方式分类　条码扫描器按照扫描方式的不同可分为接触式和非接触式两种类型。接触式条码扫描器是将扫描器镜头直接接触条码标签，使光束在条码符号上划过进行识读，它包括光笔式条码扫描器和卡槽式条码扫描器。非接触式条码扫描器在扫描时，不直接与条码标签接触，而是相隔一定的距离，由于这种扫描器受景深的限制，因此操作时必须与条码标签保持在一定的距离范围之内。在一般场合使用的扫描器大多数都属于非接触式条码扫描器。

2）按照操作方式分类　条码扫描器按照操作方式的不同可分为手持式和固定式两种类型。

手持式条码扫描器是用人手把持进行识读操作的扫描器。手持接触式条码扫描器主要是光笔式扫描器,应用较少;而手持非接触式条码扫描器的应用领域则十分广泛,特别适用于条码尺寸多样、识读场合复杂、条码标签形状不统一的应用场合。

固定式扫描器是固定安装在一定作业位置上的扫描器,例如超市的扫描结算台、自动分拣线等无人操作自动识别的场合,不用人手把持操作,可以节省人力、减轻劳动强度。

3)按照识读原理分类 条码扫描器从原理上可分为普通光扫描、激光扫描、CCD扫描和图像式扫描四种类型。

普通光扫描是利用普通光源发出的普通光束照射到条码上进行扫描和识读。一般,光笔式扫描器采用普通光源。激光条码扫描器是利用激光束形成激光扫描线照射到条码上进行扫描和识读,它是一种远距离条码阅读设备,对条码的宽度适应性强,识读的精度高、速度快,而且具有穿透保护膜识读的能力,甚至可以识读曲面上的条码,其性能优越,因而被广泛应用。激光扫描器能识读一维条码和行排式二维条码。激光扫描器的扫描方式有单线扫描、光栅式扫描和全角度扫描三种。

CCD扫描器是利用光电耦合原理对条码符号进行成像,然后再译码,进而实现电子自动扫描和识读。电荷耦合元件CCD(Charge Coupled Device)是一种电子自动扫描的光电转换器,也称为CCD图像感应器。由于采用CCD线阵列作为图像传感器,在有效景深范围内,只要光源照射到条码符号即可自动完成扫描,不需要移动扫描器,因而可以避免人工移动造成的扫描速度不匀、识别成功率低的缺陷。CCD扫描器操作方便,易于使用,对于表面不平、软质的物品均能方便地进行识读,其内部无任何运动部件,因而性能可靠,使用寿命长;而且,与其他条码扫描设备相比较,具有耗电省、体积小、价格便宜等优点。但CCD扫描器阅读条码符号的宽度受扫描器元件尺寸的限制,超宽的条码就不能读出,使其应用受到一定的限制。

图像拍摄式条码识读器是采用图像处理技术对条码进行扫描和识读,一般用于识读行排式二维条码和矩阵式二维条码。

4)按照扫描方向来分类 条码扫描器按照扫描方向的不同可分为单向条码扫描器和全向条码扫描器。一般扫描器都属于单向扫描,扫描操作时需要将光束准确对准条码;全向条码扫描器是通过光学系统使激光二极管发出的激光折射成多条扫描线,对条码标签实现全角度扫描,只要条码符号面向扫描器,不管其方向如何,均能实现准确扫描,从而使扫描时不需要刻意对准条码也能够准确识读。

(2)常用条码扫描器

1)手持式激光扫描器 手持式激光扫描器是利用激光二极管作为光源的单线式扫描器(图9-6a),其景深较大,扫描识读率和准度较高,扫描宽度不受设备开口宽度限制,适用于扫描体积较小的物品。而且,手持式激光扫描器接口灵活,所以应用非常广泛。一般企业在选择激光扫描器时,应着重考虑其扫描速度和分辨率两项指标,良好的手持式激光扫描器具有较高的扫描速度,在固定景深范围内具有很高的分辨率。

2)手持式CCD扫描器 手持式CCD扫描器如图9-6b所示。这种扫描器操作非常方便,只要在有效景深范围内,光源照射到条码符号即可自动完成扫描;对于不易接触的物品,如表面不平的物品、软体物品、贵

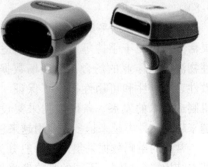

a)激光扫描器 　　 b)CCD扫描器

图9-6 手持式条码扫描器

重物品和易损伤的物品等，均能方便地进行识读；性能可靠，使用寿命较长，而且具有耗电省、可用电池供电、体积小、便于携带等优点。

3）固定式条码扫描器　固定式条码扫描器是指在某一固定位置上进行使用的扫描器，扫描作业时，扫描器不动而带有条码标签的物体移向扫描器，从而完成扫描。该扫描器的安置方式通常有两种：一种是固定安装在工作位置的基座或台架上，例如自动分拣线上使用的条码扫描器一般固定安装在机架上、大型超市台式条码扫描器与收款台固定装配在一起；另一种是安放在工作台面上，例如各种收款窗口使用台式条码扫描器，其安放位置可以方便移动。图9-7a 所示的固定式条码扫描器一般采用固定

图 9-7　固定式条码扫描器

安装，适宜于在自动分拣线、生产流水线和有限的狭小空间安装使用；图9-7b 所示的固定台式条码扫描器一般用于各种收款窗口，以其底座安放在工作台面上，其头部一般还可以旋转调整扫描方向。

固定式条码扫描器的扫描方式有多种，一般在各种收款窗口等场合使用的固定式条码扫描器通常采用固定光束扫描方式，扫描作业为断续的，扫描速度要求不高；在自动分拣线、生产流水线等场合使用的固定式条码扫描器，通常采用移动光束扫描方式，物品在输送线上快速通过扫描区，扫描作业连续性强，扫描识读速度要求较高。

三、条码数据采集设备

条码除了采用上述的扫描器进行识读以外，在很多场合还可以采用专用条码数据采集设备直接进行条码数据采集。

1. 条码数据采集设备的概念和功用

条码数据采集设备就是将条码扫描识读与数据终端集成为一体，可离线操作的终端计算机设备。它既是一个条码扫描器，又相当于一台微型计算机，能够进行条码扫描、数据采集和处理，还可以进行数据录入、数据显示以及有线或无线数据通信（图9-8）。

各种条码数据采集设备都具有体积小、重量轻、灵活方便、便于手持等特点，特别适用于各种流动性物流现场作业的场合，为现场数据的真实性、有效性、实时性和可用性提供了保证。随着微型计算机制造技术的发展，条码数据采集设备的发展速度越来越快，种类越来越多，应用越来越广泛。

图 9-8　条码数据采集设备

常用的条码数据采集设备一般分为普通便携式数据采集器和手持无线数据采集器，二者的基本结构完全相同，不同的是前者采用串口或红外线方式与计算机系统之间进行数据通信，而后者则采用无线电通信方式。

2. 普通便携式条码数据采集器

普通便携式条码数据采集器的基本结构一般包括 CPU、内存储器、条码扫描输入设备、输入键盘、液晶显示屏、计算机系统通信接口和外围设备接口等。

1）CPU　数据采集器大多采用 16 位或 32 位中央微处理器（CPU），而且 CPU 性能指标不断提高，使得数据采集器的数据处理能力越来越高、处理速度越来越快，使用户现场工作效率得到改善。

2）内存储器　数据采集器的内存储器用于存储各种数据，并可以依靠电池长期保存数据。其内存容量的大小，决定了一次能处理的数据数量，但手持终端的内存容量必须与 CPU 处理速度相对应。

3）数据输入设备　数据采集器的数据输入设备包括条码扫描输入设备和键盘输入设备两部分。条码输入设备就是条码扫描器，和普通条码扫描器一样，能够扫描识读各种条码标签。目前数据采集器常用的是激光条码扫描方式，具有速度快、操作方便等优点。新型数据采集器的扫描输入设备具有成像功能，不仅能够识读一维条码和二维条码，还能够识读各种图像信息。键盘输入设备就是数据采集器自身带有的全功能数字键盘，可以进行文字和各种符号的输入，同时都具有功能快捷键；有些数据采集器还具有触摸屏，可手写输入。

4）液晶显示屏　液晶显示屏是数据采集器的信息显示装置，能够显示中外文字、图形等。一般数据采集器的液晶显示屏在显示精度、屏幕性能等方面，都能满足较高的要求。

5）计算机系统通信接口　条码数据采集器作为计算机网络系统的终端设备，它所采集的数据及处理结果要与计算机系统进行信息交换。目前，高档的便携式数据采集器都具有数据串口、红外线通信接口等。数据采集器每天都要将采集的数据传送给计算机，如果采用串口线进行连接，则反复的插拔会造成设备的损坏。所以，目前大多采用红外线通信的方式传输数据，无需插拔部件，降低了出现故障的可能性，提高了产品的使用寿命。

6）外围设备接口　利用数据采集器的串口、红外线通信接口，可以连接各种标准串口设备，或者通过串、并转换连接各种并口设备，如打印机和调制解调器等，实现计算机的各种功能。

3. 手持无线数据采集器

手持无线数据采集器与普通便携式条码数据采集器的内部结构基本上都相同，二者的区别在于，前者与计算机的通信是通过无线电波来实现的，它可以把数据采集器在现场采集到的数据实时地无线传输给计算机。

手持无线数据采集器是直接通过无线网络与 PC、服务器等设备进行实时数据通信。因此，要使用无线手持终端就必须先建立无线网络系统。每个手持无线数据采集器都是一个自带 IP 地址的网络节点，通过无线的登录点（AP），实现与网络系统的实时数据交换。数据从手持无线数据采集器发出，通过无线网络到达服务器的网卡端口后进入服务器，然后服务器将返回的数据通过原路径返回到无线终端。操作人员在手持无线数据采集器上的数据都在第一时间进入后台数据库，它把数据库信息系统延伸到每一个操作人员的手中。

手持无线数据采集器的关键硬件技术就是无线通信机制。目前，使用比较广泛的有无线跳频技术和无线扩频技术两种。由于跳频技术抗干扰能力较强，数据传输稳定，因此在一般仓储物流系统的无线数据采集器上通常优先采用。

手持无线数据采集器直接和 PC、服务器进行数据交换，数据都是以实时方式传输，数据通信实时性强，效率高。所以，除了具有一般便携式数据采集器的优点外，手持无线数据采集器进一步提高了操作人员的工作效率。

四、条码识别技术在物流中的应用

条码识别技术在物流中的应用十分广泛。在各种物流作业场合，利用条码可以有效地表示各种物品的品名、规格、数量和生产厂商等静态信息，还可以表示物品的批号、流水线、生产日期、保质期、发运地点、到达地点、收货单位和运单号等动态信息。在供应链物流领域，条码技术就像一条纽带，把产品生命周期各个阶段发生的信息连接在一起，能够通过条码对产品从生产到销售的全过程实施可靠地跟踪管理。条码识别技术在物流供应链中的具体应用主要有以下几个方面：

1. 物料管理

对于生产型企业，物料管理是企业资源管理的重要内容。在企业物料管理中，可以应用条码对采购的生产物料按照行业及企业规则建立统一的物料编码，便于建立完整的产品档案，对物料进行跟踪管理，减少物料损失；有助于做到合理的物料库存准备，有效地降低库存成本，保证企业资金的合理运用；根据条码对在制工件状态的标识，准确地确定目前物料的消耗与供给情况；另一方面，通过产品编码，建立物料质量检验档案，产品质量检验报告与采购订单挂钩建立对供应商的评价；通过条码反映的数据，管理者可以很容易地得知某一产品的关键零部件和物料的来源与批次，这些数据可以作为物料管理的反馈输入，形成物料管理的闭环控制。

2. 企业生产物流管理

在企业生产物流管理中，利用条码建立产品识别码，在生产批次计划审核后建立产品档案；通过产品标识条码在生产线上对产品生产进行跟踪，用于监控生产过程；通过生产线上的信息采集点来采集生产信息，包括生产质量检查数据和生产测试数据，并将其作为产品信息，有序地安排生产计划，监控生产及流向；通过产品标识码在生产线上采集的产品质量检测数据，进行产品完工检查，提高产品下线合格率；在生产过程中将订单号、零件种类、产品编号都可条码化，在产品零件和装配的生产线上及时打印并粘贴条码标签。产品下线时，由生产线质检人员检验合格后扫入产品的条码、生产线条码，并按工序扫入工人的条码，对于不合格的产品送去维修，由维修人员确定故障的原因，整个过程不需要手工记录。

3. 仓储管理

仓库管理系统根据货物的品名、型号、规格、产地、牌名和包装等划分货物品种，根据实际需要及条码的编码规则分配唯一的条码编码，并且制作条码标签粘贴在货物包装箱上，作为条码识别的依据应用于仓库的各种管理和操作。

1）进货管理　进货时需要核对产品品种、数量、型号和规格等相关信息，使用条码识别系统可以方便地完成进货数据的采集与核对。首先将所有本次进货的单据和产品信息下载到数据采集器中，数据采集器将提示材料管理人员输入收货单的号码，由数据采集器在应用系统中判断这个条码是否正确。如果不正确，则系统会立刻向材料管理人员提出警示；如果正确，则材料管理员再扫描材料单上的项目号，系统随后检查购货单上的项目是否与实际相符。

2）入库管理　仓库管理人员根据入库单要求验收入库商品，扫描准备入库的物料箱上的标签以完成相应的入库数据采集，系统根据入库情况自动更新实际库存，保留入库信息，辅助仓库管理人员的台账管理，并提供相应的入库信息查询功能，为管理人员及时了解每一批货物入库情况提供方便。

3）仓库库位管理　仓库分为若干个库房，每一库房内的空间细划为若干库位，细分库位能够更加明确定义货物的存放位置。仓库管理系统是按照仓库的库位记录仓库货物库存情况，在产品入库时将库位条码与产品条码一一对应；在货物移位时，用识读器进行识读，自动收集数据，把采集的数据自动传送至计算机管理系统进行库位调整；在出库时按照库位货物的库存时间，可以实现"先进先出"。

4）仓库业务管理　应用条码进行仓库管理，不光可以管理货物品种的库存，而且还可以管理具体的每一件货物。条码可记录单件货物所经过的状态，准确采集信息，从而实现对单件货物的跟踪管理，建立仓库的入库、出库、移库和盘库数据，能够根据货物单件库存为仓库货物出库提供库位信息，使仓库货物库存更加准确。

5）库存盘点管理　按照仓库管理的规定，要定期对仓库货物进行盘点。仓库管理人员可以利用手持式扫描终端到仓库现场进行实物盘点，系统提供库存盘点管理功能，辅助仓库管理人员根据实际库存登记盘点的实物信息，系统根据实际盘点情况产生盘盈、盘亏信息，并打印相应的盘库报表，从而作相应的移库和报溢报损处理。

6）出库管理　仓库管理人员根据出库单要求，利用手持式扫描终端对出库货物包装上的条码标签进行识读，完成相应的出库数据采集，并将货物信息传递给计算机，计算机根据货物的编号、品名和规格等自动生成出库明细。仓库计算机管理系统根据出库情况自动更新实际库存，保留出库信息，辅助仓库管理人员的台账管理，并提供相应的出库信息查询功能，为管理人员及时了解每一批货物出库情况提供方便。

4. 市场销售管理

为了占领市场、扩大销售，企业通常根据各地消费水平的不同，制订出各地不同的产品批发价格，并规定只能在此地销售。但是，有些违规的批发商以较低的地域价格取得产品后，将产品在地域价格高的地方低价倾销，扰乱市场，使企业的整体利益受到极大的损害。如果缺乏真实、全面、可靠、快速的事实数据，那么企业即使知道这种现象存在，但对违规的批发商也无能为力。为保证企业经营政策有效实施，必须能够可靠跟踪向批发商销售的产品品种或产品单件信息。通过在销售、配送过程中采集产品的单品条码信息，根据产品单件标识条码记录产品销售过程，可以有效地实现产品销售链跟踪管理。

5. 产品售后跟踪服务

产品销售之后，可以根据产品标识码建立产品销售和售后维修服务档案，记录产品信息、重要零部件信息；而且，还可以通过产品上的条码进行售后维修产品的检查，检查产品是否符合维修条件，分析其零部件的情况，并通过产品标识号反馈产品售后维修记录，监督产品维修点信息，统计维修原因。同时，还可以对产品维修部件实行基本的进、销、存管理，与维修的产品一一对应，建立维修零部件档案。

第三节　POS 系统设备

一、POS 系统的概念

POS（Point Of Sale）系统，是指采用条码等自动识别技术对零售业的单件商品进行实时管理的信息管理系统，称为自动销售系统。零售业 POS 系统的终端设备，通常称为收款机。POS 系统是一种典型的条码应用系统，它以商品条码作为商品标识，利用条码自动识别技术对商品销售进行实时信息的采集。

一般商场中，少则有上千种商品，多则数万种商品，每天每一种商品的上架数量、销售数量、剩余数量、畅销或滞销情况和营业毛利分析等信息，是所有零售企业都必须随时掌握的经营信息。现代零售企业采用 POS 系统，先将进入的商品的有关信息录入计算机系统，然后收款机通过局域网络与计算机联网进行数据通信。收款时，条码扫描器读取商品上的条码（或由键盘直接输入代号），收款机显示屏马上可以显示商品信息（如品名、单价、数量、金额和折扣等）。每一次销售商品的信息都可以自动记录下来，再由联机网络传输给计算机；经由计算机进行数据处理之后，即可生成各种销售统计分析资料，用以进行采购订货和其他经营管理，可以方便地实现商品的种类管理和数量管理，以提高企业经营效率。

POS 系统除能提供精确的销售信息之外，通过销售记录能掌握商场上所有单品的库存量，供采购部门参考或与电子订货系统（EOS 系统）相连接合理安排订货采购；同时，POS 系统采集的数据，还可以通过企业中心系统用于配送中心进行库存管理和网点配送等物流管理活动；对于完善的供应链管理系统，POS 信息的利用范围也从销售企业内部扩展到整个供应链系统。POS 系统是现代零售管理的必备工具，在现代各类大、中、小型零售企业中都得到了广泛的应用。

二、POS 系统的组成和主要设备

1. POS 系统的组成

根据零售企业不同的经营形式和经营规模，POS 系统一般都设有众多 POS 终端设备，并通过计算机网络与企业主计算机系统相联系。所以，一般零售业 POS 系统都由前台 POS 销售系统和后台管理系统两部分组成，两者之间可以通过局域网或广域网相联系。

（1）前台 POS 销售系统

前台 POS 销售系统即 POS 系统的终端设备，是 POS 系统的直接应用部分，其主要功能是：用于零售企业日常销售业务的管理，完成日常的售货收款工作，记录每笔交易的时间、数量和金额，进行销售输入操作，也可完成异常情况下的脱机销售应急处理；能够支持现金、支票和信用卡等多种付款方式，特别是可供用户利用信用卡实现电子货币交易，减少现金流通；能够完成收款员交班结算，进行交班时的收款小结、大结等管理工作，计算并显示出本班交班时的现金及销售情况，统计并打印收款机全天的销售金额及各售货员的销售额。

（2）后台管理系统

后台管理系统主要用于零售企业全部商品的进货、销售、调拨及库存管理。它根据前台 POS 系统提供的销售数据，控制进货数量，优化库存。通过后台计算机系统计算、分析和汇总商品销售的相关信息，实现对资金流、物流和信息流的控制，为企业管理部门的经营决策提供依据。后台管理的具体功能主要是：对采购入库的商品进行信息输入登录，建立商品数据库；能够根据各个收款机的销售记录，实现商品的销售统计管理，并对各收款机、收款员和售货员等进行分类统计管理；能够对商品进行价格调整、内部调拨、残损报告和数据维护等管理；能提供完善的分析功能，能根据商品的进、销、调、存过程中的所有主要指标完成统计分析。

2. POS 系统的主要设备

零售业 POS 系统的设备包括 POS 系统终端设备和后台计算机及其附属设备等。

（1）POS 收款机

POS 系统终端设备即 POS 收款机，一般由主机、专用显示器、客户显示器、条码扫描器、刷卡器、小票打印机和专用收款箱等组成，如图 9-9 所示。

POS 收款机主机就是一台微型计算机，包括显示器、键盘和网络接口等，并可以连接条码扫描器和其他外围设备，能完成收款、商品销售信息的采集和处理以及与后台计算机进行数据传输，机体下部装有专用收款箱。

客户显示器可以直接向顾客显示每一次交易中的商品名称、数量、单价和金额等信息，便于顾客核对购物和付款情况。条码扫描器用于对商品条码进行扫描读取，完成商品销售信息的采集。POS 收款机常用条码扫描器的类型有手持式、可移动台式和固定式等。小票打印机直接连接主机，每一笔交易完成之后，即可为顾客打印交易小票或销售发票。刷卡器用于读取顾客的信用卡、消费卡、会员卡和积分卡等各种磁卡，便于实现非现金交易以及客户管理。

（2）后台计算机

后台计算机是后台管理系统的主要设备，用于控制零售企业所有 POS 收款机，对 POS 收款机传送的销售信息进行记录、加工和处理，同时用于对企业销售经营中的各种信息进行处理。对于大型连锁零售企业，各商场后台计算机还要通过网络与企业总部进行联系，与总部之间进行信息传输。

图 9-9　POS 收款机

3. POS 系统的工作过程

零售企业进货以后，在销售之前要把各种商品的名称、条码、价格和数量等数据录入到后台数据库中。在商品销售时，采用 POS 收款机的条码扫描器对商品条码进行扫描，并即刻将扫描读取的商品条码传送到后台计算机系统；后台计算机系统接收到商品条码之后，立即从商品数据库中检索信息，并把商品名称和价格等信息迅速返回到 POS 收款机，收款机显示器即可显示商品信息；交易成功之后，收款人员操作收款机键盘，进行小票打印。商场后台计算机在检索到商品信息的同时，对该商品的销售信息进行记录，同时对该商品的销售数量、销售额和库存数量的数据进行更新处理。大型连锁零售企业的后台计算机系统还要把商品销售信息通过网络传送给企业总部和物流中心；企业总部和物流中心根据这些信息，可对商品库存进行调整或进行订货，并可对销售信息进行统计和分析，了解分析消费者的购买倾向，进而对商品的品种结构和零售价格等进行调整。

三、POS 系统在销售物流管理中的基本功用

1）自动读取销售时点信息　POS 系统借助于商品条码和自动读取设备，可以在商品销售过程中将商品的有关信息输入到系统中，在每一时刻都可以了解商品的销售状况和库存状况，为确定合理的商品结构提供及时、准确的科学依据。

2）信息集中管理　经 POS 系统收集的信息，可实时或分批传输到后台管理信息系统中，再结合其他部门传送过来的信息，进行综合处理、统计和分析，制作成各种有用的统计分析数据，为实时控制商场经营活动提供有效的帮助。

3）单品管理　过去的商品管理只能针对大类，而利用 POS 系统对商品信息的管理可以精细到具体厂家的具体品种和规格，从而准确把握每一种商品的库存动向，及时了解畅销品、滞销品以及销售的时间分布提供充足信息。

4）商品跟踪管理　利用 POS 系统记录商品信息的功能，可以将商品信息与商品生产厂、仓库及销售点的地理信息相联系，建立商品流动的位置转移轨迹，从而达到对商品的跟踪管理，提高物流过程中商品流动的透明度。

5）客户管理　当 POS 系统结账时，通过 POS 系统可以自动读取供应商发行的顾客 ID 卡，从而把握住每个供应商的存取货物情况。

第四节 射频识别系统设备

一、射频识别技术的概念

射频（Radio Frequency，RF）是指可以辐射到空间、具有远距离传输能力的高频电磁波，其频率范围可以达到300kHz～30GHz之间。这种高频率的电磁波具有良好的空间传输性能，所以，射频技术在无线通信领域中被广泛应用。

射频识别技术（Radio Frequency Identification，RFID）利用高频率无线电波进行空间信息传递，实现对带有信息数据的信息载体进行无接触数据交换与双向通信，进而达到对物体的自动识别。

射频识别是一种非接触式的自动识别技术，它利用无线电波电磁感应进行非接触双向通信，可以在一定的空间范围内自动识别目标对象并获取相关数据；RFID系统还可实现非接触多目标识别和运动目标识别，可以同时识别多个物体，并且可以准确地识别高速运动的物体。射频识别技术操作快捷方便，工作无须人工干预，可适用于各种各样的工作环境。

二、射频识别系统的组成和工作原理

射频识别系统主要由电子标签、写卡器、阅读器和主控制计算机系统等组成，如图9-10所示。电子标签是一个信息载体，其中记录着待识别物体的有关信息数据，贴附在待识别物体的表面上；写卡器用于向电子标签内写入待识别物体的有关信息数据；阅读器能够读取电子标签中的有关数据，并将其传输给计算机系统。

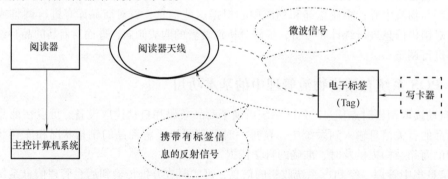

图 9-10 射频识别系统的组成和工作原理

射频识别系统的基本工作过程是：写卡器将待识别物体的有关信息写入电子标签内，并将电子标签贴附到待识别物体的表面上；阅读器工作时通过其天线不断地发出一定频率的射频信号；当带有电子标签的物体进入阅读器的无线电磁场范围，接收到阅读器的射频信号时，即刻向阅读器发出反馈信号，阅读器与电子标签进行信号交换，将存储在电子标签内的相关信息发送给阅读器；阅读器将读取到的有关数据解码后传送给主控制计算机系统，进行相关数据处理，实现对物体的识别。

三、射频识别系统的分类

（1）按系统的工作频率分

按照射频识别系统工作频率的不同，射频识别系统可分为高频系统、中频系统及低频系统。低频系统一般工作在 100 ~ 500kHz；中频系统工作在 10 ~ 15MHz；而高频系统则可达 850 ~ 950MHz，甚至是 2.4 ~ 5.8GHz。高频系统应用于需要较长读写距离和较高读写速度的场合，如火车监控、高速公路收费等系统，其价格较高；中频系统主要用于门禁控制和传送大量数据的场合；低频系统用于短距离、低成本的应用场合，如多数的门禁控制、货物跟踪等。

（2）按工作方式分

按射频识别工作方式的不同，射频识别系统可分为主动式系统和被动式系统。主动式系统中电子标签用自身的能量主动地发送数据给读写器；被动式系统中电子标签是在接收到读写器发出的射频信号后才被激发产生感应电能，然后向读写器发送数据，这样可以避免相互之间的干扰。

（3）按工作距离分

按照工作距离范围大小的不同，射频识别系统可分为密耦合系统、近耦合系统和疏耦合系统。密耦合射频识别系统工作距离一般在 10mm 左右，可以采用 30MHz 以下任意频率进行工作；近耦合射频识别系统工作距离可达 1m，读写器和射频卡之间通过电磁耦合，工作频率可以是 125KHz、6.75MHz、13.56MHz；疏耦合射频识别系统工作距离为 1 ~ 10m，其使用频率为微波段，典型的工作频率有 915MHz、2.45GHz、5.8GHz。

四、射频识别系统的主要设备

1. 电子标签

电子标签是射频识别系统中的信息载体，它用于记录待识别物体的有关信息，并能够通过射频信号与阅读器进行数据交换，自动地把存储的信息发送给阅读器。

一般电子标签都是由内部芯片、电磁线圈、天线和基体等构成（图9-11），其中芯片是带有存储器和控制系统的集成电路系统，它是数据记录和交换的核心部分。如同条码标签的条码符号一样，每一个电子标签中都具有唯一性标识电子编码。

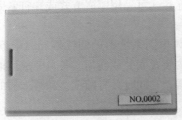

a) 标签外形　　　　　　　　　b) 标签内部结构

图 9-11　电子标签

（1）电子标签的类型

电子标签的类型有很多种，一般按供电方式的不同划分为有源式电子标签和无源式电子标签，按可读写性的不同划分为只读式电子标签和可读写电子标签，按频率范围的不同划分分为低频、中频和高频电子标签等类型。

1）有源式电子标签和无源式电子标签　有源式电子标签内部装有电池作为电源，其工作的能量由电池提供；无源式电子标签则没有电池，其工作的能量是由阅读器磁场激发产生的感应电动势提供。有源式电子标签一般识别距离较长，识别稳定性好，识别速度较快，但体积较大，使用寿命较短（取决于电池容量）；无源式电子标签体积较小，使用寿命较长，但识别距离较短，识别稳定性略差，识别速度较慢。

2）只读式电子标签和可读写式电子标签　只读式电子标签只能一次性写入数据，而且写入后数据不能再改变。只读式电子标签内部仅有只读存储器，用于存储一次性写入的数据；其标识性编码信息也只能一次性写入，不能进行更改。这种电子标签价格比较便宜，一般用于一次性、不需要改写数据的物品识别。

可读写式电子标签是指可以进行数据改写的标签，其内部除了具有只读存储器之外，还有可编程记忆存储器，既能存储数据，又允许多次写入数据，还可以对原有数据进行擦除并重新写入新的数据。这种电子标签价格较高，适用于需要经常改写数据的物品识别。

（2）电子标签的外形

电子标签的外形多种多样，通常根据其用途、应用场合和安装方式来设计和选择具体结构，如图9-12所示。

电子标签的基体是用于装配芯片等内部元件的基础，也是用于保护内部元件的封装外壳，以便于电子标签的安装、携带和使用。常用的封装基体材料有塑料、树脂、纸质材料、铝合金等，一般要求其具有抗变形、防水防潮、防电磁波屏蔽等性能。

电子标签在物体上安装的方式也多种多样，主要根据材料、外形

图9-12　各种电子标签的外形

和应用场合进行选择。例如，直接用于商品内包装上的纸质标签和树脂标签等，可采用不干胶胶粘方式；用于托盘、集装箱的塑料标签和金属标签，可采用镶嵌方式或螺钉紧固方式。

2. 读写器

读写器是阅读器和写卡器的合称。实际射频识别系统中的阅读器和写卡器通常有两种配置形式：一种是二者分开式，各自作为一个独立的装置安装和使用，各自完成读取数据和写入数据的功能；另一种是二者合为一体式，称为读写器，它同时具有阅读器和写卡器的两种功能。下面按照一体式介绍读写器的结构和功用。

（1）读写器的功用

读写器是用于读取电子标签的数据并向电子标签内写入数据的设备。读写器能够通过其天线发出一定频率的射频信号，无接触地读取电子标签中存储的电子数据，然后将采集到的数据传输给主控制计算机；同时，还能够根据计算机的写入命令，对电子标签中的信息数据进行改写。所以，读写器既是射频识别系统中的信号接收装置，又是信号发射装置，是整个RFID系统的通信中心。读写器的具体功能主要是：

① 通过高频载波为电子标签提供工作所需的能量。

② 通过发射和接收射频信号实现与电子标签之间的双向通信。

③ 对电子标签中所存储的信息实现阅读、写入和修改。

④ 通过标准接口与计算机进行双向数据传输。

⑤ 具有防冲突功能，在读写范围内实现多标签的同时识别。

（2）读写器的基本结构

读写器一般由射频模块、读写模块和天线等构成。

1）射频模块　射频模块用于发射和接收射频载波信号。射频模块由射频振荡器、射频处理器、射频接收器和前置放大器等组成。射频载波信号由射频振荡器产生并被射频处理器放大，然后通过天线向空间发射；同时，将天线接收到的由电子标签发射回来的射频载波信号解调后传输给读写模块。

2）读写模块　读写模块一般由微处理器、放大器、解码及纠错电路、时钟电源、标准接口以及电源组成。它可以接收射频模块传输的信号，解码后获得电子标签内的信息；或将要写入电子标签的信息编码后传输给射频模块，完成向电子标签写入信息的操作。读写模块通过标准接口与计算机进行双向数据传输，将获得的电子标签信息传输给接收机，或将计算机的写入信息传输给读写模块。

3）天线　天线是发射和接收射频载波信号的设备。在确定的工作频率和带宽条件下，天线发射由射频模块产生的射频载波信号，并接收从电子标签发射回来的射频信号。

（3）读写器的基本类型

读写器按其应用场合的不同分为固定式读写器、车载移动式读写器和手持式读写器（图9-13）。固定式读写器通常安装在被识别物体经过的通道处，例如仓库、港口码头、检查站和收费站等过往的通道或出入大门口等固定位置。固定式读写器一般采用主机与天线分开式结构，其主机可以安置在过往通道的工作室内，其天线可以安装在通道处的门框或梁柱上；车载移动式读写器一般安装在物流作业场地的装卸搬运设备上，如叉车和集装箱吊运设备等，便于操作人员直接根据读写器显示屏的提示在仓库或货场查找货物和进行装卸搬运作业；手持式读写器将主机和天线以及掌上电脑等集合成为一体，常用于配送中心、仓库的拣货、货物出入库和付款扫描等人工作业的信息采集；在有些RFID识别和条码识别兼用的作业场合，还可以在手持式读写器中加入一个条码扫描模块，可以同时用于RFID识别和条码识别两套系统。

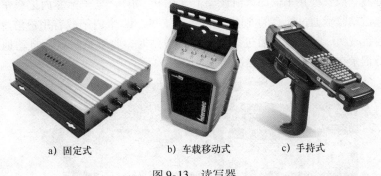

a) 固定式　　　　b) 车载移动式　　　　c) 手持式

图9-13　读写器

五、射频识别系统的特点

射频识别作为一种识别技术，与其他识别技术相比较具有以下主要特点：

① 可以对物体实行非接触识别，识别距离较远（几十厘米至几米，在自带电源的主动标签时，有效识别距离可达30m以上）。

② 对物体的识别不受视线局限，无需光源，可以隔着外包装进行读取。

③ 电子标签数据容量大，并且具有可读写性，可重复使用，也可以根据需要反复改写数据

内容。

④ 读取方便快捷，识别速度快。电子标签一旦进入读写器的磁场范围，读写器就可以即时读取其中的信息，并能够同时处理多个标签，实现批量识别。

⑤ 可以对物体位置和状态进行实时的动态追踪和监控。电子标签能够以较高的频率与读写器进行通信，只要携带电子标签的物体出现在读写器的有效识别范围内，就可以对其位置进行动态的追踪和监控。

六、射频识别技术在物流中的应用

射频识别技术特别适用于非接触式数据的采集和交换、要求频繁改变数据内容的场合。目前，射频识别技术在物流领域中已广泛应用于高速公路不停车收费、停车场车辆管理、货运车辆不停车称重、铁路货运车辆识别管理、港口和集装箱货运站集装箱管理和货物仓储物流过程管理等许多场所。

（1）高速公路不停车自动收费管理

高速公路不停车自动收费系统是 RFID 技术最成功的应用之一。目前我国的高速公路发展非常快，但是人工收费系统需要车辆停车交费，收费速度慢，经常会造成交通堵塞。将 RFID 技术用于高速不停车公路自动收费系统，能够使携带电子标签的车辆在通过收费站时，正常行驶通过即可同时自动完成收费。

基于 RFID 技术的不停车收费系统通常称为电子不停车收费系统（Electronic Toll Collection System，ETC），是通过车载电子标签与 ETC 车道内的射频阅读器之间进行通信，并利用计算机联网与银行进行后台结算处理，从而实现车辆不停车支付高速公路通行费功能的全自动收费系统。高速公路收费站上采用不停车收费方式的车道称为 ETC 车道(图 9-14a)，是专为装有电子标签的用户车辆提供不停车支付通行费服务的车道，车道内安装有射频阅读器和天线，是专用不停车收费装置，车道上方标有 ETC 车道标识，同时在进入收费站前有相关的提示标志。

车载电子标签一般安装在车辆的风窗玻璃上（图 9-14b）。电子标签内记载车辆牌照号和车主等有关信息。过站收费通过配套的充值 IC 卡进行支付。IC 卡内记载着用户信息，同时还记录着用户预存的通行费额。其车辆在通过高速公路收费站时，收费系统就会自动地直接从卡内扣除或者根据通行记录在其账户中扣除当次通行费。

a) ETC车道　　　　　　　　b) 车载电子标签

图 9-14　高速公路不停车自动收费系统

（2）射频识别技术在仓储物流管理中的应用

射频识别技术在一般仓库的物流管理中，可以用于货物入库验收、在库管理、出库拣货和出库检验等全过程的各个环节的管理；对于自动化仓库，则可以并入仓库自动化系统之中，实现全过程的自动识别。

在仓储物流管理中，电子标签可以根据货物不同的储存方式，贴附在单品货物上、包装容器上或托盘上；相应的读写器可以采用手持式或者固定式，固定式读写器一般安装在仓库出、入口处；读写器与管理计算机之间可以通过有线或者无线的方式进行数据传输。

对于出厂时即贴有电子标签的商品，在货物入库验收时，可以通过设在仓库入口的阅读器直接读取进货数据。当货物进入阅读器的工作区域时，阅读器和电子标签同时工作，阅读器读取电子标签的数据，同时将读到的信息传输给与其衔接的管理计算机。计算机进行数据处理并核对产品的来源，经查验合格后即可入库。货物出厂时贴的电子标签中一般存有生产厂家写入的标识码、出厂信息以及物流配送过程中的记录信息等，所以，货物入库后有的还需要通过读写器向电子标签中写入货物入库时间和存放位置等信息。对于出厂时没有贴电子标签的商品，入库时要先贴电子标签，并写入相应的数据。

货物在库储存过程中，需要进行盘点或者货位调整时，可以采用手持式读写器或叉车车载式读写器直接读取货物信息，并可以将相应的数据传给管理计算机，减少操作人员的手工操作。

货物出库时，操作人员可以采用手持式读写器或叉车车载式读写器拣出货物，当装有出库货物的小车移动到库房出口时，设在仓库出口的读写器读到货物的基本信息，将读到的信息传输给管理计算机。计算机处理收到的数据，判断这些货物出库手续的合法性，如果合法即允许出库，否则就会发出报警信号。出库过程中，有时还需要通过读写器往电子标签中写入货物的出库时间和配送地点等信息。

射频识别技术用于仓储物流管理，其主要优势是：便于进行货物跟踪管理；减少操作人员手工操作，从而减小数据差错率；提高仓储管理的自动化能力；安全性强，可避免货物违规出库。

（3）港口集装箱 RFID 管理系统

港口集装箱 RFID 管理系统，是将可读写电子标签固定在集装箱上，同时在注册过的集装箱拖运车辆上也安装一个电子标签；读写器安装在港口的集装箱出入运行通道闸口、集装箱堆场出入口和集装箱吊运设备上，读写器可以向电子标签读取和写入集装箱的有关信息，并连接到集装箱 PFID 管理系统，进行数据交换，通过非接触式信息读写，实现集装箱的自动识别和实时管理。集装箱电子标签记录着集装箱相关的信息，如箱号、箱主代码、箱种、箱型、毛重和净重等；拖运车辆电子标签记录着车辆的牌照号、行驶证号及驾驶员号等有关信息。

集装箱 RFID 管理系统一般包括中央监控中心系统、堆场集装箱管理系统、出入闸口监控系统和船只装卸监控系统等。

中央监控中心系统的主要功能是：监控其他系统的运行状况，与其他系统进行信息交互；进行集装箱信息管理和拖运车辆信息管理；进行运费结算和数据统计与分析，并向客户提供集装箱信息查询服务。

堆场集装箱管理系统的主要功能是：监测和记录集装箱、托运车辆、作业发生时间和操作人员等基本信息，管理堆场集装箱堆放位置信息；通过堆场拖运车辆或吊运设备上面的读写器迅速、准确地查找集装箱位置，根据集装箱堆场地图完成放箱、取箱功能，并能够对集装箱的基本情况进行统计和分析。

出入闸口监控系统的主要功能是监测和记录经过港口检验通道闸口的集装箱、对应的拖运车辆和操作人员的信息等（图9-15）。

集装箱进港的基本过程是：当进港拖运车辆拖带集装箱通过港口入口专用验证通道时，RFID 管理系统自动采集相关信息，并在室外显示屏上显示引导车辆送达位置的信息，检查工作人员确认信息无误后放行，同时系统采集到的信息通过内部网络传递到调度中心，调度中心随即指令集装箱吊运设备进行相关的作业。集装箱出港过程与此相反，但作业方式相同。

采用 RFID 管理系统对集装箱进行出港管理，对出口集装箱从进入港口到堆场储存直至装船，对进口集装箱从卸船到堆场、到运出海关的整个过程都能够自动进行跟踪和监测，可以自动实现对集装箱在港口运行的全过程控制加强了集装箱监控能力，实现了堆场自动化管理，减少了集装箱管理人员的工作量和人为失误；并

图 9-15　港口集装箱出入闸口监控系统

且，对集装箱拖运实行电子标签管理，可以在拖运过程中自动采集车辆信息，取消复杂的单据手续，缩短出入车辆闸口的通过时间，减少工作量，加快车辆运送速度。

（4）邮政、快递和航空包裹分拣 RFID 识别系统

目前，射频识别系统也广泛应用于邮政、快递和航空包裹物流分拣系统，包括普通邮政包裹、各种快递包裹和航空旅客行李包裹分拣，大大提高了包裹分拣速度和效率。在包裹上封装了电子标签，能够方便地被各个环节的射频识别装置识别，准确判断该包裹是否被正确地投递，并将信息输入联网的计算机系统。这种识别系统能够达到 100% 准确识别。而且，射频识别系统可以允许 30 张电子标签同时经过安置天线的包裹识别通道，具有极高的识别速度。

第五节　卫星定位导航系统技术装备

一、卫星定位导航系统概述

卫星定位导航系统就是利用定位卫星，在一定范围内对空间物体实时进行定位和导航的系统。

世界上第一个卫星定位系统是由美国于 20 世纪 70 年代开始研制构建的全球卫星定位系统（Global Positioning System，GPS）。该系统于 1994 年全面建成并向全世界开放使用，它可以在全球范围内实时进行定位和导航，是至今全世界应用最为广泛的卫星定位系统。除此之外，世界上正在建设使用的卫星定位系统还有俄罗斯的全球导航卫星系统（GLO-NASS）、欧盟的伽利略卫星导航系统和我国自主研制建设的北斗卫星导航系统（BDS）。

卫星定位导航系统在民用领域的主要功用是定位、导航和授时服务。定位就是对物体的经度、纬度和高度三维参数进行准确的测定，准确地确定物体所处的空间位置，可用于汽车防盗、地面车辆跟踪监控和紧急救援救生，以大地测绘、水下地形测量、地壳形变测量等。导航就是对物体运动路线进行准确测定和引导，它实际上是定位功能的延伸，例如用于船舶远洋导航和进港引水、飞机航路引导和进场降落、智能交通、汽车自主导航及导弹制导等。授时服务就是利用定位卫星的精密时钟，发播高精度的标准时间信号，可用于天文台准确定时、无线电通信系统中的时间同步等各种需要精确时间确定的领域。

随着全球卫星导航定位系统的不断完善，卫星导航定位技术的应用领域也在不断扩展，上至航空航天，下至工业农业生产、交通运输和日常生活，卫星导航定位技术的应用已经无所不在。

卫星定位导航系统在物流中的应用也十分广泛，可以用于物流运输工具的定位、导航和监控，对物流运输工具实施动态跟踪监管；也可以用于智能交通、路况信息管理和交通状况治理，以改善物流运输交通环境；还可以用于货物配送线路规划和货物跟踪控制，以提高货物的送达速度。

二、全球卫星定位系统的构成和定位原理

　　全球卫星定位系统是以定位卫星为基础实现全球范围内的定位导航系统，其基本原理和功用大致相同，但各种卫星定位系统的具体结构组成和定位原理都存在一定的区别。下面以全球卫星定位系统（GPS）为例，简要说明卫星定位系统的基本构成和定位原理。

1. GPS 的构成

　　GPS 由空间卫星星座、地面监控系统（地面站）和用户终端三个部分组成，如图9-16a 所示。

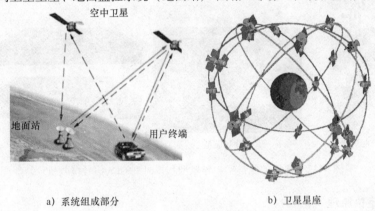

a）系统组成部分　　　　　　　　　b）卫星星座

图 9-16　GPS 构成示意图

　　（1）空间部分

　　GPS 的空间部分是由太空中的 24 颗卫星组成的卫星星座（图9-16b）。24 颗卫星分别分布在 6 条地球准同步轨道上，每隔 12 小时绕地球一周，使地球上任一地点都能够同时观测到 4 颗以上的卫星，并能保持良好定位解算精度的几何图像。

　　GPS 的核心组成部件是高精度的时钟、导航电文存储器、双频发射和接收机以及微处理机等。在 GPS 中，卫星的主要作用是用无线载波向广大用户连续不断地发送导航定位信号，由导航电文可以知道该卫星当前的位置及其工作情况；在卫星飞跃地面注入站上空时，接收由地面注入站发送到卫星的导航电文和其他信息，并通过 GPS 信号适时地发给广大用户；接收地面主控站通过地面注入站发送给卫星的高度命令，适时修正运行偏差。

　　（2）地面监控系统

　　GPS 地面监控系统的主要功用是对空中的卫星定位系统进行监测和控制，并向每颗卫星注入更新的导航电文。GPS 地面监控系统由 1 个主控站、5 个全球监测站和 3 个地面控制站组成。监测站将取得的卫星观测数据，经过初步处理后，传送到主控站；主控站从各监测站收集跟踪数据，计算出卫星的轨道和时钟参数，然后将结果送到 3 个地面控制站；地面控制站在每颗卫星运行至上空时，把这些导航数据及主控站指令输入卫星。

　　（3）用户终端部分

　　GPS 用户终端主要是 GPS 信号接收机，它能够接收定位卫星发射的信号，并以此计算出定位数据。根据这些数据，接收机中的微处理器就可按定位解算方法进行定位计算，从而计算出用

户所在地理位置的经度、纬度、高度、时间及运动速度等信息，实现 GPS 定位和导航功能。

GPS 信号接收机是一种特制的无线电信号接收机，由接收机硬件和机内软件以及 GPS 数据后处理软件包等部分构成。接收机硬件包括天线单元和接收单元两部分。天线单元由接收天线和前置放电器组成，接收天线用以接收 GPS 无线电信号，并把微弱的电磁波转换成相应的电流，前置放电器则用来把此信号电流进行放大输入到接收单元。接收单元主要由变频器、信号通道、微处理器、存储器、输入/输出设备和电源等组成，它可以通过机内软件以及 GPS 数据后处理软件包对输入的 GPS 无线电信号进行计算处理，得出相应的定位信息。

GPS 信号接收机的类型多种多样，主要可以根据其用途和应用场合的不同进行分类、设计和选用。图 9-17 所示为常用的测量型、导航型和授时型 GPS 信号接收机。

a) 测量型   b) 导航型   c) 授时型

图 9-17　常用的测量型、导航型和授时型 GPS 信号接收机

2. GPS 的定位原理

GPS 的基本定位原理是测量出已知位置的卫星到用户接收机之间的距离，然后综合多颗卫星的数据即可测算出接收机用户的具体位置。要达到这一目的，卫星的位置可以根据星载时钟所记录的时间在卫星星历中查出；而用户到卫星的距离则通过记录卫星信号传播到用户所经历的时间，再将其乘以光速得到。

GPS 导航卫星部分的作用就是不断地发射导航电文；用户 GPS 接收机可接收到用于授时的精确时间信息和用于计算定位时所需卫星坐标的广播星历等信息，经过数据处理和解算即可实时测得用户的准确三维位置；对于运动的载体，还可以测出准确的三维运动速度，从而达到定位和导航目的。

三、北斗卫星导航系统

1. 北斗卫星导航系统的构成

北斗卫星导航系统（BeiDou Navigation Satellite System，BDS）是中国自主研发、独立运行，并与世界上其他卫星导航系统兼容共用的全球卫星导航系统。

同其他全球卫星定位导航系统一样，北斗卫星导航系统也是由空间部分、地面部分和用户部分三个部分组成。空间部分包括 5 颗静止轨道卫星和 30 颗非静止轨道卫星，地面部分包括主控站、注入站和监测站等若干个地面站，用户部分包括北斗用户终端以及与其他卫星导航系统兼容的终端。北斗卫星导航系统可以在全球范围内全天候、全天时为各类用户提供高精度和高可靠性的定位、导航、授时服务，并兼具短报文通信能力。

2. 北斗卫星导航系统的建设和特点

到 2012 年 12 月底，我国已成功发射了 16 颗北斗导航卫星，圆满完成了北斗区域卫星导航系统空间段的建设，正式向亚太大部分地区提供连续的导航、定位、授时和短报文通信服务。目前，该系统已成功应用于测绘、电信、水利、渔业、交通运输、森林防火、减灾救灾和公共安全等诸多领域，获得了较好的经济效益和社会效益；根据系统建设总体规划，到 2020 年前后，将建成由 30 颗导航卫星构成的覆盖全球的卫星导航系统，形成全球无源服务能力。

北斗卫星导航系统的建设，使我国成为世界上继美国、俄罗斯之后第三个拥有自主卫星导航系统的国家。对于有效打破国外垄断，保障国家安全、促进科技进步具有重要的战略意义；基于导航定位技术和独特的短报文通信技术与遥感技术和地理信息系统技术的集成综合，我国将形成一个广泛的、全球性的卫星导航应用产业，对于增强国家综合实力，推动我国经济社会发展具有重要的现实意义。北斗卫星导航系统具有三个显著特点：

1）开放性　北斗卫星导航系统的建设、发展和应用将对全世界开放，为全球用户提供高质量的免费服务，积极与世界各国开展广泛而深入的交流与合作，促进各卫星导航系统间的兼容与互操作，推动卫星导航技术与产业的发展。

2）自主性　我国自主建设和运行的北斗卫星导航系统可独立为全球用户提供服务。

3）兼容性　在全球卫星导航系统国际委员会（ICG）和国际电联（ITU）框架下，使北斗卫星导航系统与世界各卫星导航系统实现兼容与互操作，使所有用户都能享受到卫星导航发展的成果。

3. 北斗卫星导航系统的服务功能

北斗卫星导航系统的服务功能目标是向全球用户提供高质量的定位、导航和授时服务，并可以根据用户需要提供短报文通信服务，服务方式包括开放服务和授权服务两种。

开放服务是向全球免费提供定位、测速和授时服务，定位精度为 10m，测速精度为 0.2m/s，授时精度为 10ns。授权服务是为有高精度、高可靠卫星导航需求的用户提供定位、测速、授时和通信服务以及系统完好性信息。短报文通信是北斗系统特有的服务功能，北斗系统可以根据需要直接向用户终端传送文字形式的短报文信息，用户终端也可以通过北斗系统进行双向短报文通信。

为了推动北斗卫星导航系统在我国各个领域的广泛应用，并满足用户对 GPS 和北斗两种系统的选择性使用，我国现在和今后生产的卫星定位服务设备，都提供对这两种系统的支持功能，而且在可能的情况下优先推荐使用北斗卫星导航系统。

四、道路运输车辆卫星定位系统

1. 道路运输车辆卫星定位系统的概念和应用

道路运输车辆卫星定位系统是卫星定位系统在我国道路运输车辆管理领域中的具体应用实例。

道路运输车辆卫星定位系统是指以提供道路运输车辆实时位置和状态信息为特征，具有运输车辆驾乘人员及运输车辆管理者等用户远程信息服务，反映运输车辆实时动态数据，满足政府监管部门及运营企业对系统信息运用要求，并且能对服务范围内的车辆进行管理和控制的综合性信息处理的系统。

道路运输车辆卫星定位系统的基本功能是用于道路运输车辆的实时定位，而车辆定位的目的是便于对车辆的运行状况和运输活动实施动态监管。我国的道路运输车辆卫星定位系统，由政府交通运输管理部门负责构建并监管，由卫星定位平台系统运营商组织运营，由运输车辆驾乘人员及企业用户参与使用，是一个覆盖全国范围内的道路运输车辆动态管理系统。

车辆卫星定位系统已在我国各类道路运输车辆上得到了广泛的应用。应用情况表明，道路运输车辆卫星定位系统是加强道路运输安全管理的有效技术手段，能对道路运输车辆实施动态监管，实时监控运输车辆驾驶员是否有超速行驶、疲劳驾驶等违法行为，有效遏制重特大交通事故、实现道路运输科学发展、安全发展。

为了加强对重要运输车辆实施动态监管，按照国家交通部、公安部等有关部门的规定，自2012年1月1日起在道路旅游包车、三类以上班线客车和运输危险化学品、烟花爆竹、民用爆炸物品的道路专用车辆（简称"两客一危"车辆）上强制安装使用具有行驶记录功能的卫星定位装置，并接入全国重点营运车辆联网联控系统，保证车辆监控数据准确、实时、完整地传输，确保车载卫星定位装置工作正常、数据准确、监控有效。

2012年7月，国务院办公室下发的《关于加强道路交通安全工作的意见》有明确规定，重型货车和半挂牵引车应在出厂前安装卫星定位装置，并接入道路货运车辆公共监管与服务平台。运输企业要落实安全监控主体责任，切实加强对所属车辆和驾驶员的动态监管，确保车载卫星定位装置工作正常、监控有效。

2. 道路运输车辆卫星定位系统的构成及工作原理

道路运输车辆卫星定位系统由政府监管平台、企业监控平台、车载终端和计算机通信网络等组成。通过系统各组成部分之间的互连互通，实现业务管理及数据的交换和共享。

政府平台，主要通过平台接口及统计分析功能来实现对上级平台的数据报送、对下级平台的管理和对企业平台的监管与服务；企业平台接入到政府平台，主要通过对车载终端的控制来实现对营运车辆安全运营的监控，并实时上报各项数据给政府平台；车载终端通过定位功能实现车辆实时位置和状态信息的采集，并通过无线通信功能与企业平台或政府平台进行数据传输。政府平台之间通过专线网络或互联网VPN方式进行连接，企业平台与政府平台可以通过互联网或专线网络进行连接，车载终端与企业平台或政府平台之间通过无线通信网络进行连接。

图9-18所示为道路运输车辆卫星定位系统构成示意图。道路运输车辆卫星定位系统的基本工作原理是：安装在车辆上的卫星定位车载终端自动接收卫星定位信号对车辆进行实时定位；当接收到监控中心的定位请求时或按照监控中心设定的指令，车载终端内部的无线通信系统即可将卫星定位数据上传给企业平台监控中心，车辆每一时刻的位置、速度和运行方向等状态信息可以在监控中心的系统中显示出来；监控中心还可以根据需要通过无线通信系统向车辆发出指挥和控制指令，从而实现对运输车辆的动态跟踪控制与指挥管理。

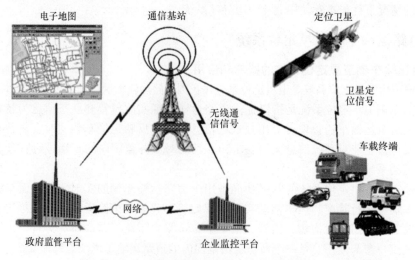

图9-18　道路运输车辆卫星定位系统构成示意图

3. 道路运输车辆卫星定位系统各组成部分的功能

（1）政府监管平台

政府监管平台是以计算机系统及通信信息技术为基础，通过卫星定位技术等手段，实现对管辖范围内的车载终端和接入平台进行管理的系统平台，主要实现对上级平台的数据报送和对下级政府平台的管理以及对企业平台的监管和服务。

政府监管平台的主要功能是对接入平台（包括下级政府平台和企业平台）进行管理，导出平台数据查询及统计分析报表，定时下发车辆数据，接收并管理接入平台上报的报警信息、危险品车辆和运输企业管理、班线客运车辆和企业管理、旅游包车和企业管理、货运车辆和企业管理、车辆动态监控管理、平台管理统计分析以及车辆管理统计分析等。

道路运输车辆卫星定位系统的政府监管平台，是由国家交通运输部和各级政府交通运输管理部门负责构建和监管的营运车辆联网联控系统平台。该系统充分整合了各省级道路运输监控系统资源，完成重点营运车辆各省间的信息互通。该系统一方面实现了重点营运车辆动态信息的跨区域交换体系以及跨地区联合监管；另一方面，作为一个全开放系统，建立了数据交换通道，进而实现了同一地区不同政府管理部门之间的信息沟通，为多部门协同办公、应急联动等方面的应用奠定了基础。该系统实现了车辆动态信息和静态信息的有效结合，将车辆位置信息、车辆运政信息以及车辆货物运输信息实时转发给相应的平台，使接收平台不但可以清晰地了解车辆的行驶轨迹，还可以全面掌握车辆的货物信息和属性信息。该系统实现了数据在交通运输部部级层面的统一集中，可以有效掌握道路运输行业的总体运行情况，加强道路运输行业的监管，提升道路运输行业信息化管理水平为现代物流业、应急指挥系统、路网拥堵情况分析和交通经济运行分析等多个方面提供数据支持。

（2）企业监控平台

企业监控平台是由企业自建或委托第三方技术单位建设的卫星定位系统平台。它以计算机系统为基础，通过接入通信网络对服务范围内的车载终端和用户进行管理，并提供安全运营监控的系统平台（通常称为监控中心），主要实现对平台中的车辆安全运营的实时监控。

企业监控平台的主要功能是：导出平台数据查询及统计分析报表；报警和警情处理；车辆动态监控管理；与政府监管平台进行信息交互，对车载终端进行管理；以及驾驶员身份识别、疲劳驾驶报警等。其中，车辆动态监控管理功能包括车辆调度、车辆监控、车辆跟踪、车辆点名、车辆查找、区域查车和车辆远程控制等具体功能。

（3）车载终端

车载终端是指安装在道路运输车辆上满足工作环境要求，并通过卫星定位系统、移动网络接口、道路运输车辆行驶记录以及道路运输车辆相关信号的采集和控制设备与其他车载电子设备进行通信，以提供政府平台或企业平台所需的信息，进而完成卫星定位系统对车辆控制功能的装置。

车载终端的主要功能包括定位功能、通信功能、信息采集功能、行驶记录功能、警示功能。

1）定位功能　车载终端能够提供实时的时间、经度、纬度、高度、速度和方向等定位状态信息，并将其存储到终端内部，同时通过无线通信方式上传至监控中心。它能够接受一个或多个监控中心的定位请求进行，并按监控中心要求中止上报。车载终端定位信息的报送方式有定时报送、定距报送和定时定距报送等具体方式按监控中心指令执行。

2）通信功能　车载终端能够支持基于 GSM、CDMA 等多种无线通信网络以及北斗卫星导航系统传输机制下的通信模式，也能够支持主监控中心和备份监控中心的远程连接。

3）信息采集功能　终端能够通过 IC 卡方式采集驾驶员从业资格证信息，并上传给监控中心，还能够进行电子运单、车辆载货状态、车辆运营数据、收费结算数据以及图像、音频、视频等信息的采集。

4）行驶记录功能　装有行驶记录仪的车载终端能够记录车辆行驶状态数据。按照国家有关部门的要求，"两客一危"车辆等重点营运车辆必须安装使用具有行驶记录功能的卫星定位装置，即把车载终端与行驶记录仪合为一体。

5）警示功能　车载终端的警示功能分为人工报警和自动提醒。人工报警是驾驶员根据现场实际情况触发的报警，主要是当遇到抢劫、交通事故、车辆故障等紧急情况，驾驶员通过触动应急报警按钮向监控中心上传报警信息。自动提醒是指驾驶员不对车载终端进行任何操作，终端根据监控中心设定的条件自动发出提醒警示，主要包括区域提醒（当车辆进入禁入区域时触发）、路线偏离提醒（当车辆驶离设定的路线时触发）、超速提醒（当车辆行驶速度超过设定的速度限值时触发）、疲劳驾驶提醒（当车辆或驾驶员连续驾驶时间超过设定的时间限值时触发）以及断电提醒、终端故障提醒等。自动提醒一般是以语音报读方式，并结合声、光、文字等向驾驶员提示警示信息。

4. 车载终端的基本结构

车载终端主要由主机和外部设备等组成，如图 9-19 所示。

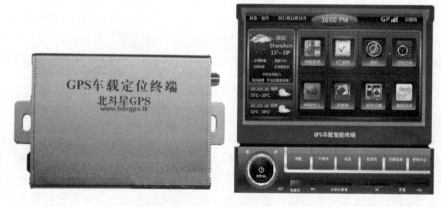

图 9-19　车载终端

1）主机　主机一般包括微处理器、数据存储器、卫星定位模块、车辆状态信息采集模块、无线通信传输模块、实时时钟、数据通信接口、显示器、打印机和读卡器等组成部分。

2）外部设备　外部设备一般主要包括卫星定位天线、无线通信天线、应急报警按钮和语言报读装置等，也有的还包括通话设备以及图像、视频、音频、驾驶员身份和车辆运营状况等相关信息的采集设备等。

车载终端主机一般安装在通风、散热条件较好的位置，要便于驾驶员察看和操作，并且要远离过热环境、阳光直射、废气、水和灰尘，避免碰撞。

第六节　汽车行驶记录仪

一、概述

1. 汽车行驶记录仪的概念和作用

汽车行驶记录仪是对车辆行驶速度、时间、里程、位置以及有关车辆行驶的其他状态信息进行记录、存储并可通过数据通信实现数据输出的数字式电子记录装置。汽车行驶记录仪有"汽车黑匣子"之称，它安装在汽车上，可以实时地记录汽车的运行状况和各种必要的信息，对于汽车的运行管理、道路交通事故预防与安全控制具有十分重要的意义，其具体作用主要有以下几方面：

① 督促驾驶员自觉执行交通安全法规，有效遏止疲劳驾驶、超速行驶等交通违法行为，保障车辆行驶安全。

② 强化交通运输安全管理，为交通行政管理部门和安全生产管理机构提供有效的执法依据。

③ 方便运输车辆和驾驶员管理，为运输企业提供有效的车辆和人员管理工具。

④ 有助于交通事故的分析和鉴定，为交通事故处理提供可靠的法律依据。

⑤ 能够为驾驶员提供其驾驶活动的有关信息，保障驾驶员的合法权益。

2. 汽车行驶记录仪的应用

汽车行驶记录仪的使用，能够对保障道路交通安全起到直接的作用，因此在世界各国得到了广泛的应用。欧盟、日本等国家早在 20 世纪 70 年代就开始推广应用汽车行驶记录仪，并以立法的形式在部分客运车辆及货车上强制安装使用汽车行驶记录仪。

我国自 20 世纪 80 年代后期开始研制并使用汽车行驶记录仪，并于 2003 年制定和推广实施首部国家标准《汽车行驶记录仪》（GB/T 19056—2003），对汽车行驶记录仪的设计和制造提出了严格的规范和要求。

2004 年国务院颁布的《中华人民共和国道路交通安全法实施条例》，第一次以法律的形式对汽车行驶记录仪使用作出了明确的规定，要求用于公路营运的载客汽车、重型货车和半挂牵引车应当安装、使用符合国家标准的行驶记录仪。2004 年以后，汽车行驶记录仪首先在全国营运客车等车辆上开始强制使用。与此同时，2004 年修订的强制性国家标准《机动车运行安全技术条件》（GB 7258—2004）中，也明确规定长途客车和旅游客车、半挂牵引车、总质量不小于 12000kg 的货车应当安装行驶记录装置。对此后新制造出厂投入使用的此类车辆，强制规定必须装有汽车行驶记录仪。这标志着我国主要营运车辆已全面强制推行使用汽车行驶记录仪。2009 年全国道路交通安全部际联席会议又进一步做出决定，要求在大型营运客车、危险化学品运输车和校车上强制安装使用汽车行驶记录仪，并建立动态监控信息平台，实现部门间数据共享，强化动态安全监管，促进了汽车行驶记录仪的全面推广和应用。

汽车行驶记录仪经过近几年的广泛应用，在技术水平和管理水平上都得到了不断的发展，在此基础上，2012 年国家标准《汽车行驶记录仪》又进行了全面修订，对汽车行驶记录仪的设计制造以及使用，提出了更加完善的要求。

二、汽车行驶记录仪的基本结构

汽车行驶记录仪主要由主机、车辆速度传感器、数据分析软件、定位天线以及驾驶员身份识别卡等组成。其中，主机主要包括电源、控制、存储、通信、定位、显示、打印或输出、时钟和驾驶员身份识别等功能模块，各组成模块均位于主机本体内。

汽车行驶记录仪机体主要采用一体式标准 DIN 结构（图 9-20），并且一般采用车辆仪表台嵌入式安装形式。可以采用 1DIN 结构和 2DIN 结构两种类型（注：DIN 结构是指机体按 DIN 标准尺寸规格设计，适合汽车仪表台上预留设置的 DIN 标准尺寸空间位置。1DIN 是指一个标准空间，2DIN 是指两个标准空间）。我国国家标准《汽车行驶记录仪》（GB/T 19056—2012）规定，车辆仪表台嵌入式安装形式的记录仪，1DIN 结构的主机前面板尺寸（长×高）为 188mm×60mm，2DIN 结构的主机前面板尺寸为 188mm×112mm。

新出厂的汽车行驶记录仪一般采用车辆仪表台嵌入式安装形式，由汽车制造厂直接设计并随车安装。在用汽车，记录仪可以采用仪表台嵌入式安装形式，也可以采用汽车仪表台台面安装的结构形式，如图9-21所示。

汽车行驶记录仪的安装位置应当便于驾驶员身份登录、按键和数据采集等操作，而且应当远离碰撞环境、过热环境、阳光直射、废气、水、油和灰尘，并要避开安全气囊、ABS和其他敏感电子设备。

图9-20 标准1DIN结构式汽车行驶记录仪

a) 仪表台嵌入安装式　　　　b) 仪表台台面安装式

图9-21 汽车行驶记录仪的安装形式

三、汽车行驶记录仪的基本功能

汽车行驶记录仪的基本功能主要包括行驶记录功能、安全警示功能、信息显示功能、打印输出功能、车辆定位功能等。

1. 行驶记录功能

行驶记录功能包括对车辆各种行驶状态数据进行记录功能、数据分析功能和与外部设备进行数据通信的功能。

（1）数据记录功能

数据记录功能主要记录驾驶员身份、车辆行驶速度、事故疑点、超时驾驶、车辆位置、行驶总里程以及记录仪安装参数等信息。

1）驾驶员身份记录　记录仪能记录每个驾驶员登录和退出情况，记录内容包括登录或退出时驾驶员的机动车驾驶证号码和发生时间。

2）行驶速度记录　记录仪能以1s的时间间隔持续记录并存储车辆行驶状态数据，包括车辆在行驶过程中的实时时间、每秒钟间隔内对应的平均速度以及对应时间的状态信号。

3）事故疑点记录　事故疑点主要包括车辆行驶结束时、在车辆行驶状态下记录仪外部供电断开时、在车辆处于行驶状态且有效位置信息10s内无变化时等重要时点。记录仪能以0.2s的时间间隔持续记录并存储以上各事故疑点发生前20s实时时间对应的车辆行驶速度、制动等状态信号和当时的车辆位置信息等行驶状态数据。事故疑点记录是交通事故分析与鉴定的重要依据。

4）超时驾驶记录　记录仪能记录驾驶员超时驾驶的数据，包括机动车驾驶证号码、连续驾驶开始时间及所在位置信息、连续驾驶结束时间及所在位置信息。超时驾驶记录可以用来核查驾驶员是否有超时驾驶的行为。

5）车辆位置信息记录　记录仪能以1min的时间间隔持续记录并存储车辆位置数据，数据内容包括车辆在行驶过程中的实时时间、位置信息以及平均速度。

6）里程记录　记录仪能持续记录车辆从初次安装时间开始的累计行驶里程。

7）安装参数记录　记录仪能记录安装时相关的参数信息，主要包括机动车号牌号码、机动车号牌分类、车辆识别代码以及记录仪初次安装时间和初始里程。

（2）数据通信功能

1）数据通信接口　记录仪配置有串行接口、USB接口、驾驶员身份识别接口和定位通信天线接口等数据通信接口。串行接口、USB接口和驾驶员身份识别接口通常位于主机前部，便于使用。

2）驾驶员身份识别通信　记录仪能通过集成电路卡（IC卡）实现驾驶员身份记录功能。驾驶员应在驾驶前、后通过IC卡方式进行身份登录和退出，登录和退出应在行驶结束状态下进行。驾驶员身份识别卡记录着机动车驾驶证号码等驾驶员信息，可采用接触式IC卡或非接触式IC卡。

（3）数据分析功能

记录仪能够通过其系统配置的数据分析软件实现数据分析功能，包括原始数据读取、查询、统计、图表生成、参数设置和操作权限管理等。在采集原始数据后，数据分析系统能生成行驶速度记录曲线图和事故疑点数据曲线图等分析图表。

2. 安全警示功能

记录仪能通过语音方式提示驾驶员规范驾驶行为，主要警示类型有以下几种：

① 在超时驾驶发生前及发生后的30min内，提示驾驶员停车休息，显示器同时显示连续驾驶时间等提示信息。

② 在驾驶员未登录情况下驾驶车辆时，在前30min内提示驾驶员登录身份，显示器同时显示登录提示信息。

③ 在车辆行驶速度大于记录仪设定的速度限值或与速度限值的速度差在0~5km/h范围内时，提示驾驶员控制行驶速度。

④ 在记录仪的速度状态判定为异常时，提示速度状态异常。

3. 信息显示功能

车辆运行状态信息和安全警示信息可以通过记录仪的显示器直接显示出来。显示屏位于主机前面，能够显示汉字、字母和数字等类型的信息。信息显示功能可以在无按键操作下自动显示，也可以通过操作按键进行选择性显示。当处于行驶状态时，默认显示界面能够显示实时时间、车辆的实时行驶速度和定位模块工作状态；当处于警示状态时，显示界面能够显示超时驾驶、驾驶员身份登录和速度状态等提示信息。

通过操作按键能够对其他信息进行查询，查询显示的内容一般包括机动车号牌号码、机动车号牌分类、当前状态信号值、当前登录驾驶员的机动车驾驶证号码以及超时驾驶记录等信息。

4. 打印输出功能

记录仪具有信息打印输出功能。标准配置的记录仪主机本身带有打印机，可以直接完成信息打印；有的记录仪自身未配置打印机，可以通过RS232串行接口和USB接口向其他打印设备输出打印数据。打印的数据内容主要包括机动车号牌号码、机动车号牌分类、当前登录驾驶员的机动车驾驶证号码、速度状态和超时驾驶记录等。

5. 车辆定位功能

早期生产的汽车行驶记录仪有的不具有卫星定位功能。按照新国家标准的要求，用于道路运输车辆的记录仪都应具有卫星定位功能，即把记录仪与卫星定位车载终端合为一体（参见图9-20）。记录仪主机内部集成有卫星定位模块和无线通信模块，它作为一种卫星定位车载终端，可以通过卫星定位平台系统传输定位信息。同其他卫星定位车载终端一样，记录仪能够提供实时的时间、经度、纬度、高度、速度和方向等定位状态信息，能够通过无线通信方式将定位信息上传给监控中心。

第七节　物联网技术及其在物流中的应用

一、物联网的概念

物联网，即 Internet of things，顾名思义，物联网就是"物物相连的互联网"。这其中具有两层含义：第一，物联网的核心和基础仍然是互联网，是在互联网基础上延伸和扩展的网络；第二，其用户端延伸和扩展到了任何物品之间进行信息交换和通信。因此，物联网可以定义为：通过射频识别、红外感应器和全球定位系统等信息设备，按约定的协议，把任何物品与互联网相连接，进行信息交换和通信，以实现对物品的智能化识别、定位、跟踪、监控和管理的一种网络。

物联网作为一种智能化的互联网，与传统的互联网相比具有以下鲜明的特点：

首先，物联网是各种感知技术的综合应用。物联网上部署了海量的多种类型传感器，每个传感器都是一个信息源，不同类别的传感器所捕获的信息内容和信息格式也不同。传感器获得的数据具有实时性，按一定的频率周期性地采集环境信息，不断更新数据。

其次，物联网是一种建立在互联网上的泛在网络。物联网技术的重要基础和核心仍旧是互联网，通过各种有线和无线网络与互联网融合，将物体的信息实时、准确地传送出去。在物联网上的传感器定时采集的信息需要通过网络传输，由于其数量极其庞大，形成了海量信息，在传输过程中，为了保证数据的正确性和及时性，必须适应各种异构网络和协议。

再者，物联网能够对物体实施智能控制。物联网本身也具有智能处理的能力，将传感器和智能处理相结合，利用云计算、模式识别等各种智能技术，扩充其应用领域。从传感器获得的海量信息中分析、加工和处理出有意义的数据，以适应不同用户的不同需求，发现新的应用领域和应用模式，从而对物体实施智能控制。

因此，物联网的本质概括起来主要体现为三个方面的特征：一是互联网特征，即对需要联网的"物"一定要能够实现互联互通的互联网络；二是识别与通信特征，即纳入物联网的"物"一定要具备自动识别与物物通信的功能；三是智能化特征，即网络系统应具有自动化、自我反馈与智能控制的特点。

近几年来，物联网技术得到了世界各国的广泛关注。我国政府和社会各界也高度重视和积极推行物联网的发展与研究，目前已经把物联网明确列入了国家中长期科学技术发展规划，并把物联网正式列为我国新兴战略性产业之一。

物联网的用途十分广泛，可广泛用于公共安全、工业监测、平安家居、政府工作、智能交通以及现代智能物流等社会各领域。

二、物联网的原理与组成

物联网是在计算机互联网的基础上，利用射频识别技术（RFID）和无线数据通信技术等构建的一个覆盖世界上万事万物的网络。在这个网络中，物品能够彼此进行"信息交流"，而无须人的干预。其实质是利用射频自动识别技术，通过计算机互联网实现物品的自动识别和信息的互联与共享。

在物联网的构想中，射频识别标签中存储着规范的且具有互用性的信息，通过无线数据通信网络可以自动传输到中央信息系统来实现物品的识别，进而通过开放性的计算机网络实现信息交换和共享，实现对物品的"透明"管理。

从技术架构上来看，物联网可分为感知层、网络层和应用层三个层次（图9-22）。

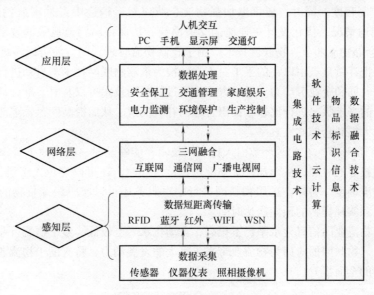

图 9-22　物联网的结构组成

感知层由各种传感器以及传感器网构成，包括二氧化碳浓度传感器、温度传感器、湿度传感器、二维码标签、RFID标签和读写器、摄像头、GPS等感知终端。感知层的作用相当于人的眼、耳、鼻、喉和皮肤等神经末梢，它是物联网识别物体、采集信息的来源，其主要功能是识别物体并采集物体的相关信息。

网络层由各种私有网络、互联网、有线和无线通信网、网络管理系统和云计算平台等组成，相当于人的神经中枢和大脑，负责传递和处理感知层获取的信息。

应用层是物联网和用户（包括个人、组织和其他系统）的接口，它与行业需求相结合，进而实现物联网的智能应用。物联网的行业特性主要体现在其应用领域内，目前绿色农业、工业监控、公共安全、城市管理、远程医疗、智能家居、智能交通和环境监测等各个行业均有物联网应用的尝试，有些行业已经积累了一些成功的经验。

三、物联网在未来物流领域的应用

现代信息技术是现代物流业的重要技术支撑，因而现代物流行业是物联网的重要应用领域。在物流领域中，应用物联网将彻底变革和改造传统的物流作业方式和物流管理模式，实现物流管理的自动化、智能化、高效化和低成本化。这不仅能为物流企业带来物流效率的提升和物流成本的控制，也从整体上提高了物流企业及相关领域的信息化水平，从而达到带动整个物流产业乃至国民经济发展的目的。从物流服务各具体环节来讲，物联网在物流领域应用的优势和积极作用主要表现在以下几个方面：

1）应用于工业企业生产物流环节　工业企业的生产物流是指在生产过程中的物流活动，在生产物流环节引入物联网技术，则可以实现生产环节对原材料、零部件、半成品和产成品的全过程跟踪与识别。这样，一方面可以降低人工跟踪识别的成本，另一方面还可以提高跟踪识别的效率和准确率。

2）应用于物流运输环节　在物流运输环节引入物联网技术，只要在运输的货物和车辆上贴上电子识别标签，并在运输线路上安装一些信息接收和转发设备，就可以实时了解所运货物的具体位置和相关状态。这样可以使处于运输过程中的货物管理更加透明，可大大提高物流运输的自动控制程度；同时，还可以加强物流企业应对运输途中意外事故的预测和处理能力，根据道路交通情况，优化设计更便捷的交通路线，从而提高物流运输的效率。

3）应用于仓储物流环节　物联网技术应用于仓储物流管理，一方面可以实现存货管理的自动化和信息化，把存货盘点由以往的手工盘点，转换为依靠物联网技术来自动进行盘点，可以大量节约存货盘点时间和企业劳动力。另一方面，通过物联网技术可以及时、准确地了解仓库的存货情况，与企业的需求状况进行比较，作出合理的补货决策，从而提高库存管理能力，减少无效库存的发生，大大提高仓储物流效率。

4）应用于配送环节　在配送环节引入物联网技术，能够及时、准确地了解物品的具体仓储位置，减少货物找寻的时间，从而加快货物配送速度。同时，还可以避免人工挑拣货物的错误，保证货物配送的准确度。另外，运用物联网进行配送服务还可以实时跟踪货物的配送状态，准确、合理地计划和实现货物的预期送达时间。

目前，我国物流业的信息化水平仍不很高，自动化水平也较低，整个物流行业的总体效率还有待进一步提高。物联网的应用为物流业带来了巨大的发展动力，将有助于物流业智能化、自动化和信息化水平的全面提升。

复习思考题

1. 物流信息技术主要包括哪些内容？
2. 条码系统的主要设备有哪些？试述条码系统的识别原理。
3. POS 系统主要由哪些设备组成？
4. 组成射频识别系统的主要设备有哪些？试说明其识别工作过程。
5. 射频识别系统在物流中的主要应用有哪些？
6. 全球卫星定位导航系统由哪些部分组成？
7. 道路运输车辆卫星定位系统包括哪些组成部分？试说明其基本工作过程。
8. 简述汽车行驶记录仪的功用。
9. 试述如何运用现代信息技术手段做好货运车辆运行管理？
10. 何谓物联网？它在物流中的作用有哪些？

第十章

物流装备的配置与管理

本章学习目标：

1. 掌握物流装备的配置原则和影响因素分析；
2. 熟悉物流装备配置方案的制订和实施过程；
2. 掌握物流装备使用管理的主要内容和要求；
3. 了解物流装备技术档案管理、维护保养管理与修理管理的主要内容；
4. 了解物流装备安全管理的内容与主要措施。

物流装备配置就是根据企业的生产需要，合理地选择、购置或建造物流设施与设备，为企业物流活动提供最合理的设施设备保障；物流装备管理则是指从装备购置到最终报废的整个生命周期中，为保证其正常使用而采取的一系列措施，包括各种规章制度、人员培训、维护和修理等。

现代物流装备管理理论强调对物流装备实行生命周期综合管理。物流装备的生命周期可以划分为两个不同的阶段，即装备的前期管理和后期管理。前期管理称为规划工程，内容涉及物流装备的规划、筹措、安装及试运转；后者称为运用工程，涵盖从物流装备使用、维修、改造、更新直至退役后再利用等诸多环节的管理。

第一节　物流装备的配置

物流装备的配置和选择是物流装备前期管理的重要环节，也是企业经营决策中的一项重要工作。物流装备具有投资大、使用期限长的特点，在配置和选择时，一定要进行科学决策和统一规划。正确地配置与选择物流装备，可以使有限的投资发挥最大的技术经济效益。搞好物流装备的配置管理，将为装备投入使用直至报废的后期管理创造良好的条件。它不仅决定企业物流装备的水平，同时也决定物流装备的投资效益。

一、物流装备的配置原则

物流装备的配置原则就是在制订物流装备配置方案和决策时应当遵守的指导思想。从总体上讲，物流装备配置最基本的原则是技术先进、经济合理、生产适用、安全可靠。除此之外，在选择配置物流装备时还应当遵从系统化原则、标准化原则和环保性原则。

（1）技术先进原则

技术先进原则就是要求选配的物流装备在技术上具有一定的先进性，能够反映当前先进的科学技术成果。这就要求选配的物流装备在结构功能、主要技术性能、自动化程度、环境保护特性、操作条件及现代新技术应用等方面都具有先进的技术要素，并且在时效性方面能满足技术

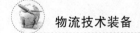

发展要求。

但是技术先进性应当以物流生产的适用和经济合理为前提，以获得最大经济效益为目标，决不能不顾现实应用条件和脱离物流作业的实际需要而片面追求技术上的先进，否则就会造成功能浪费，因而势必造成经济浪费。

（2）经济合理原则

经济合理原则就是要求选配的物流装备在经济上是最合算的。这一方面要求物流装备在满足使用需求的前提下，使整个寿命周期内的总成本费用最低，即要求物流装备的购置费用和未来使用过程中的运行费用都能达到最合理的消耗；另一方面要求选配的物流装备在生产中能够创造最高的经济效益。

物流装备的总成本费用包括购置费用和运行费用。物流装备的购置费用是购置装备发生的一切费用，包括装备购置价格、运输费、安装调试费、备件购置费和人员培训费等；运行费用是维持装备正常运转所发生的费用，包括能源消耗费用和维修保养费用等。在选配装备时，需要同时考虑这两部分费用的支出，使物流装备在寿命周期内的总成本最低，才能取得良好的经济效益。如果不根据实际的生产需要而片面地追求装备的技术先进和功能齐全，则不仅会使购置费用过高，也必然造成使用费用增加，使整个寿命周期内的总成本过高，而且会使装备的功能得不到正常发挥，必然使装备的经济效益降低；然而，如果选配价格便宜、性能低下的物流装备，既降低了装备的使用功能和生产能力，又会使装备的故障率增加，使用寿命缩短，都将会带来经济上的损失。因此，在选配物流装备时，必须从技术经济角度进行全面的考虑和衡量，做出合理的决定。

（3）生产适用原则

生产适用原则就是要求选配的物流装备在企业物流生产条件上具有良好的适应性，在装备的功能选择上具有较好的实用性。这样既能够适应企业的实际生产环境和条件，满足企业生产的实际要求，又能使物流装备的功能得到充分发挥。

选配物流装备，无论是在结构类型还是配置数量上，都应充分考虑与企业物流生产的实际条件和发展要求相适应，应符合企业的生产环境，适应货物特性、货物吞吐量和物流速度等方面的需要，适应工作条件的变化和多种作业性能的要求，能够在不同的作业条件下灵活、方便地操作。物流装备功能的实用性就是要恰当选择装备功能。物流装备并不是功能越多越好，因为在实际作业中，并不一定需要太多的功能，如果装备不能被充分利用，则会造成资源和资金浪费；同样，功能太少也会导致生产能力降低。因此，在选配物流装备时要根据企业的实际生产需要，正确选择装备功能。

（4）安全可靠原则

安全可靠就是要求选配的物流装备具有良好的安全性和可靠性，确保物流装备能够安全生产和可靠地运行。

安全性是指物流装备在使用过程中保证人身和货物安全以及环境免遭危害的能力。它主要包括装备的自动控制性能、自我保护性能以及对误操作的防护和警示等。毫无疑问，在所有的要求中，物流装备安全性是首要的，它是保证安全生产的基本条件。

可靠性是指物流技术装备在规定的使用时间和条件下，完成规定功能的可靠能力。它是物流技术装备的一项基本性能指标，是物流技术装备功能在时间上的稳定性和保持性。如果可靠性不高，无法保持稳定的物流作业能力，也就失去了物流技术装备的基本功能。物流技术装备的可靠性与物流技术装备的经济性是密切相关的。从经济上看，物流技术装备的可靠性高就能减少或避免因发生故障而造成停机损失与维修费用的支出。但是可靠性并非越高越好，因为提高物流装备的可靠性需要在物流装备开发制造中投入更多的资金。因此，不能片面地追求可靠性，而应全面权衡提高可靠性所需的费用开支和与可靠性降低造成的费用损失，从而确定最佳的可靠度。

（5）系统化原则

系统化原则就是在物流装备选择配置过程中，要运用系统论的观点和方法，对物流装备使用过程中所涉及的各个环节进行系统的分析，按系统化原则选择与配置物流装备。不仅要求物流装备具有良好的单机性能，而且还要求各个物流装备之间相互匹配，各个物流装备与整个系统相互适应；要把各个物流装备之间、物流装备与物流系统总目标之间、物流装备与操作人员之间、物流装备与物流作业任务之间等有机地结合起来，使物流装备实现最佳配置，使物流装备能够发挥最大的效能，实现物流系统整体效益最大化。运用系统的观点去解决物流装备的配置和选择问题，是提高企业资源利用率、实现最合理投资的重要手段。

（6）标准化原则

在物流装备选择过程中，考虑标准化原则的主要意义在于降低物流运作成本、提高物流运作效率。例如，在物流托盘的选择中，采用标准规格尺寸的托盘，不但能够便于托盘采购，降低采购成本，同时还能够便于托盘与叉车、堆垛机等装备的配套使用，而且便于托盘和外部系统衔接，降低物流运作和管理的成本。因此，在物流装备选择时，一定要坚持标准化原则，尽量选用符合国家标准的各种标准化装备。

（7）环保性原则

环保性原则是现代经济社会可持续发展的最重要原则之一。物流装备的环保性，就是要求物流装备在使用过程中，具有低能耗、低噪声、低废气排放，并且不会对环境造成其他危害。因此，在物流装备选择过程中，必须高度重视装备的环保性能，必须选用环保性能指标达标的产品。

二、影响物流装备配置的因素分析

1. 社会因素

社会因素是影响企业发展的重要因素，因而它对企业生产装备的配置也起到极大的影响。物流企业必须根据社会物流经济发展的态势、国家和地方经济技术发展政策和制度等宏观条件，制订企业的发展策略，决策企业装备投资的方向和规模。从总体上讲，目前我国正处于社会经济快速发展时期，物流产业更是呈现高速发展的态势，国家和各级政府对物流业的发展给予了极大的支持，从宏观上为物流企业的发展提供了良好的发展机遇，为物流企业生产装备的投资配置创造了利好的客观条件。但是，物流企业也必须根据市场实际需求情况和企业的具体生产条件，合理地决策物流装备的投资和配置，不能盲目地、不合实际地投资建设和购置物流装备，以免造成巨大的浪费。另外，国家和地方政府的有关技术、环保及建筑等方面的政策和法规，也是物流装备配置必须考虑的重要因素。

2. 企业因素

物流装备是物流企业的基本生产要素，因此物流装备的配置必须根据企业物流生产的实际需要合理地进行决策，必须根据企业生产经营发展的总体目标系统地制订企业物流装备的配置规划。从企业物流生产角度考虑，物流装备的类型选择要根据企业物流生产的作业方式和具体作业内容，选定适用的结构类型和功能配置，保证生产需要且避免功能浪费，并留有适当的发展能力；物流装备的数量配置，则主要是由企业物流生产的规模、货物吞吐量和物流速度要求等方面的因素所决定。企业物流装备的配置既要满足当前的生产能力需要，又要考虑为企业的发展留有适当的空间。

3. 技术因素

物流装备的选配必须立足于当前物流装备的技术发展水平。因此，配置物流装备应当全面了解相应的物流装备的现有状况，掌握装备的基本功能、技术参数和使用性能，了解装备的市场供应情况、主要生产厂家以及现有用户对产品性能的评价，并且要了解分析装备的先进性以及未来发展趋势、国内外新型装备的发展动态等因素，这些因素是设备选型和选择供应商的主要依据。

4. 货物因素

物流装备的作业对象就是货物，因此，在选择和配置物流装备时，必须认真分析所处理货物的性质和特点等因素，然后有针对性地选配适用的物流装备。对于货物因素，主要应从以下几个方面考虑：

1）货物的特性　货物的特性是影响物流装备配置的重要因素，而货物的特性又可以从不同的角度形成不同的类别划分。这里主要应从货物的物理特性、化学特性、几何特性和流通特性等方面考虑。例如，对于一般条件下的普通货物和危险货物、贵重货物、大型特型货物以及鲜活农副产品等特殊货物，在运输和储存等各个物流环节中所采用的物流装备的类型和功能都存在较大的差异，必须根据货物的特性选配物流装备。

2）货物的储运形态　货物的储运形态一般可分为散装货（包括干散货和液体货）、件杂货、单元货件和集装箱等类型。同样的货物，采用不同的储运形态，所使用的物流装备也大不一样。

3）货物品种和批量　物流企业所处理货物的品种多少和批量大小，对于物流装备的选配也有较大的影响。一般情况下，对于多品种、小批量的物流作业条件，宜选用通用性较好、但生产能力不是很大的物流装备，以适应不同品种货物的作业；对于少品种、大批量的物流作业条件，则宜选用生产能力较大的专用型物流装备，以适应大批量货物的作业。

4）货物的周转速度和频率　货物的周转速度和频率影响着物流装备工作速度特性选择和配置数量的确定。货物周转速度和频率较高的物流条件下，应当配置数量充足的设备，而且其工作速度也应当较高，这样才能够满足物流速度的要求。所以，对于各类配送中心、港口车站以及运输企业，要充分考虑货物的周转速度和频率的要求选配物流装备。

5. 自然因素

自然条件对于物流装备的影响，主要有地质和地形条件、气象条件等因素。

（1）地质和地形条件

物流装备使用环境的地质条件对装备的形式、结构、造价及选用都有重大的影响。例如，在土质不好的条件下，安装重型机械或建造高大的储货仓库和油罐，都会遇到技术上的困难，即使技术问题可以解决，但是地基处理的费用会大大增加，从而影响装备系统的经济性。

在设计工艺方案时，应尽量利用原有地形条件。例如，设计装卸搬运系统时，应当根据高站台、低货位、滑溜化等原则，利用位能进行货物装卸。

（2）气象条件

配置和选用物流装备，要针对不同的气象条件设计和采用一些特殊的技术措施。例如，在经常下雨的地区，为解决雨天货物装卸问题，应设计和安装防雨的装备；北方地区要采取相应的防冻措施，防止货物在严寒季节冻结；对于冬季经常封冻的港口，应考虑冰凌对码头建筑形式和港口装备的影响。

三、物流装备配置方案的制订与实施

1. 制定企业装备规划

企业装备规划是企业根据生产经营发展总体规划和企业装备结构的现状而制订的用于提高

企业装备结构合理化程度和机械化作业水平的指导性计划。科学的装备规划能减少购置装备的盲目性，使企业的有限投资保证重点需要，从而提高投资效益。企业装备规划主要包括装备更新规划、装备技术改造规划和新增装备规划。企业装备规划的编制依据主要包括企业生产经营发展规划，现有装备的技术状况，国家有关安全、环境保护和节能等方面政策法规要求，可筹集用于装备投资的资金条件等。

在制订企业物流装备配置方案之前，应当先制订企业装备规划，确定企业装备条件建设的总体安排；然后根据企业装备规划制订具体装备的配置方案，按总体要求进行物流装备配置。

2. 物流装备配置的前期论证

在制订物流装备配置方案之前，一般还应当先进行技术经济和可行性论证，其目的是对装备配置的必要性和可行性以及装备配置决策的技术经济合理性等问题进行详细的分析论证，避免装备配置的盲目性和不合理性。物流装备配置前期论证的方法和内容就是根据企业装备规划并结合企业的实际情况，针对上述物流装备配置的各项影响因素进行具体的分析，写出相应的分析报告。以此作为制订物流装备配置方案的依据和指导性文件。

3. 拟定物流装备配置初步方案

物流装备配置初步方案是在充分的可行性论证的基础上制订的装备配置初步计划，它一般包括装备的功能要求、类型选择、性能参数、数量确定、投资额度、安装要求以及使用要求的具体内容。

对于同一个物流作业过程，同一类货物，同一作业线，可以选用不同的物流装备。因而在拟定初步方案时，就可能提出几个具有不同优缺点的配置方案。然后，按照配置原则和作业要求确定配置物流装备的主要性能，分析各个初步方案的优缺点，并进行初步选择，去劣存优，最后保留 2～3 个较为可行的、各具优缺点的初步方案，并估算出它们的投资，计算出物流装备生产率、作业能力以及初步的需要数量。

初步规划不是要确定装备方案的详细规格，而是确定装备的一般性能。例如货架装备，首先要制订的装备方案是以托盘货架，或者是悬臂式货架为分类依据；然后在装备规划与选择过程的后期工作中，再制订更详细的要求，如选择镀锌还是表面喷塑工艺。

4. 物流装备配置方案确定

针对提出的几个备选初步方案，要进一步采用技术经济评价的方法进行比较，确定一个最佳方案。

可以采用每吨作业量投资额和成本指标评价法、投资回收期评价法、综合费用比较评价法、现值比较评价法以及全面综合评比评价法等多种方法对方案进行评价。当然，在进行方案比较时，备选方案中如出现有不可比因素，则需要将不可比因素作一些换算，尽量使比较项目具有可比性。对各个方案进行评价后，还需要进一步分析比较，从中选择出在技术性能和使用方面有较多优点，而且在经济上也是最合理的装备配置方案。

5. 选择装备供应商

这是指根据装备配置方案确定的装备类型，具体进行供应商选择。对预选出来的机型进行调查，并和厂家进行联系和询问，详细了解物流装备的各项技术性能参数、质量指标、作业能力和效率，货源及供货时间，订货渠道、价格、随机附件及售后服务等情况，选择出符合要求的几家备选供应商，然后由企业有关部门进行比较论证，选出最优的机型和供应商。

6. 谈判并签订装备购置合同

与选定的供应商进行会面，针对有关技术问题和商务问题进行协商谈判，对装备性能情况、价格及优惠条件，交货期及售后服务条件，附件、图样资料、配件供应等问题进行逐项确定，然

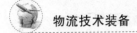

后签订书面购置合同。

7. 物流装备验收

选购的物流装备供货到位后，要组织企业设备管理部门、采购部门、技术部门等各部门人员进行装备验收，并且要在供应商技术专家的指导下进行装备技术检测，然后对装备使用的相关人员进行操作和使用技术培训。

第二节　物流装备的使用管理

一、物流装备使用管理的概念和基本要求

物流装备使用管理是在物流装备的日常使用过程中对其进行的各种管理工作，主要包括对装备的正确操作、合理安排工作任务和作业负荷以及保证装备正常运行等方面所开展的管理活动。

物流装备使用管理的目标是保证物流装备正确操作、合理使用、正常运行。正确操作就是按照装备的操作规程和技术要求操纵控制装备起动及运行；合理使用一方面是要保证在装备规定的负荷和持续工作时间范围内使用设备，严禁超负荷作业，另一方面是要尽量安排设备满负荷工作，充分发挥设备的工作能力，避免装备闲置；正常运行是在正确操作和合理使用的前提下达到的一种运行状态，同时要保证装备在无故障状态下运行，避免带"病"工作。

物流装备使用管理的基本要求就是建立健全物流装备操作使用规程和管理制度，保证装备的正确操作使用，合理安排装备的工作任务和作业负荷，保证装备正常运行，并充分发挥装备的功能，保证物流生产顺利进行，并取得最佳的经济效益。

物流装备的使用管理是物流装备管理的中心工作，它贯穿于物流装备从投入使用直至寿命终止报废的全过程。物流装备使用管理的重点在于建立健全物流装备操作规程和使用管理制度，并且在日常使用中严格监督各种制度的执行。

二、物流装备操作规程和使用管理制度

1. 物流装备操作规程

物流装备操作规程是用于指导操作人员正确掌握操作技能的技术性规范。它是根据装备的结构和性能特点，以及安全运行等要求，提出操作人员在全部操作过程中必须遵守的事项。装备操作规程的具体内容一般应包括：装备开动前对现场环境和装备状态进行检查的内容与要求；操作装备必须使用的工、量器具；装备运行的主要工艺参数；开车、变速、停车的规定程序和注意事项；装备各部位的润滑方式和要求；安全防护装置的使用和调整要求；对装备检查、维护保养的具体要求；防止故障及事故发生的注意事项及应急措施；交接班的具体内容及工作记录等。

2. 物流装备使用维护规程

装备使用维护规程是指根据装备结构及性能特点，对使用及日常维护方面的要求和规定。具体内容应包括：装备使用的范围和工艺要求；使用者应具备的基本素质和技能；使用者必须遵守的各种制度，如"定机定人"、凭证操作、交接班、维护保养、事故报告及岗位责任等制度；使用者必须遵守的操作规程和必须掌握的技术标准，如润滑卡、点检、定检及三级保养等；使用者应遵守的纪律和安全注意事项；对使用者进行检查和考核的内容与标准。

3. 物流装备"定机定人"管理制度

物流装备"定机定人"制度就是指每台主要物流装备必须指定专人操作使用及保养，多人

操作使用的装备，应指定机长负责装备的使用和维护。操作人员必须持有操作该种装备的资质证书。装备的"定机定人"由使用单位确定，经设备员同意并报装备主管部门批准；对高精度、大型且关键的装备经主管部门审查后，还需经企业主管领导批准。装备通过"定机定人"后，在现场必须有明显的标记。

实行物流装备"定机定人"制度是明确操作人员的责任，确保正确使用装备和落实日常维护保养工作的有效措施。"定机定人"审批后，应保持相对稳定，确需变动时，要报主管部门备案。

4. 物流装备使用交接班制度

连续生产的物流装备或不允许中途停机的装备，可在运行中交班，交班人必须把装备运行中发现的问题详细记录在"交接班记录簿"上，并主动向接班人介绍装备运行情况，双方当面检查，交接完毕后在记录簿上签字。

企业在用的每台装备，都必须有交接班记录簿，且不准撕毁、涂改。企业装备管理部门应及时收集交接班记录簿，从中分析装备现状，采取措施改进维修工作。装备管理负责人应注意抽查交接班制度的执行情况。

5. 物流装备使用岗位责任制度

物流装备使用岗位责任制度就是指对使用物流装备的工作岗位规定具体的要求。建立岗位责任制度是为了加强操作人员的责任心，强制岗位人员履行职责。岗位责任制度的内容一般包括：上岗前要穿戴好劳动保护用品；参加班前会，领会当班工作事项，接受生产指令；对装备进行日常点检维护工作，并认真做好记录；按要求定期做好装备的整理和清洁；看管好装备资料及配套工具等物品；认真执行交接班制度和填写交接班记录；参加装备的修理和验收工作；装备出现异常时，要按规定采取相应的措施，并及时反馈信息；对于由于自身造成的装备事故，要如实说明经过，承担责任并吸取教训。由于装备不同，在岗位配备上也有所差异，因此在制定岗位责任制度时一定要做到职责明确、覆盖全部。

三、物流装备操作人员的"三好四会"要求

为了保证物流装备的正确操作与合理使用，操作人员必须做到"三好四会"的基本要求。

（1）三好

1）管好　操作人员应负责管理好自己使用的装备，不准非本机操作人员擅自动用；不准任意改动装备结构，对装备的附件、零部件、工具及技术资料要保持清洁，不得遗失。

2）用好　严格遵守装备的操作规程及使用维护规程，不超负荷使用，不精机粗用，大机小用，不带病运转，做好交接班及有关记录。

3）修好　努力熟悉装备的结构性能及操作原理，做好装备的日常维护和一、二级保养，并配合检修工人进行装备检修和参加试车验收工作。

（2）四会

1）会使用　熟悉装备的结构、性能及工作原理，掌握操作规程，正确合理地使用装备，熟悉加工工艺。

2）会保养　学习和执行装备的维护、润滑要求，熟练掌握一、二级保养内容和标准，保持装备及周围环境的清洁。

3）会检查　装备开动前，会检查操作机构和安全限位是否灵敏可靠，各滑动面润滑是否良好，能按点检内容对装备各部位技术状态进行检查和判断；装备开动后，会检查运转是否正常，并能判断装备异常情况和故障隐患。

4）会排除故障　通过对装备的声响、温度和压力等运行情况的检查，能判断故障部位及原因，及时采取措施防止故障扩大，并能完成一般的调整和简单故障的排除。

第三节　物流装备的技术管理

物流装备技术管理工作内容很多，它贯穿于物流装备选配和管理的整个过程中。从本质上讲，对物流装备施行的一切管理工作都是为了使其具有最佳技术状态，发挥最佳技术性能，所以，物流装备的各种管理工作都具有技术管理的属性。本节重点介绍物流装备的技术档案管理、维护保养管理和修理管理等具体技术性管理内容。

一、物流装备技术档案管理

物流装备技术档案就是记录每一个装备自购置投入使用直到报废为止的寿命周期全过程的履历技术资料。物流装备技术档案管理包括技术档案的建立、积累、整理、分析和保管等方面的工作。物流装备技术档案是物流装备操作使用、保养和修理等管理工作的重要依据，它直接影响着物流装备的管理水平。因此，加强技术档案管理对于充分发挥装备效能具有重要的作用。

1. 技术档案的内容

物流装备技术档案一般包括以下两部分内容：

1）装备投产前的有关资料　装备投产前的有关资料一般包括装备选型和技术经济论证、装备购置合同、装备出厂检验合格证及有关附件、装备装箱单及装备开箱检验记录、装备安装记录、试运行精度测试记录等。

2）装备投产后的有关资料　装备投产后的有关资料主要包括装备登记卡片、装备故障维修记录、装备事故报告单及有关分析处理资料、装备状态记录和监测记录、定期维护及计划检修记录、调试记录和验收移交书、装备大修资料、装备改装和技术改造资料、装备停用封存和启封资料、装备报废处理资料等。

2. 技术档案管理要求

1）技术档案要准确可靠　为达到技术档案数据准确、可靠的目的，对可以作为技术档案的信息资料应按以下要求建档：原始资料一次填写入档；运行、保养和消耗记录按月填写入档；修理、改进、改造、更换件、事故、奖惩和交接等记录及时填写入档。各种记录方式中，必须记入准确的内容，保证技术档案的可靠性。

2）技术档案要分级建立　大型的以及作业线上关键的物流装备，要求按单机建立完整的技术档案，中型物流装备建立单机技术档案，小型物流装备按机型建立简单的技术档案。

3）技术档案要集中管理　物流装备的技术资料，尤其是国外引进的物流装备的技术资料，对物流装备全过程管理起着至关重要的作用，应及时收集整理归档，不得丢失。装备技术资料收集之后应及时存入档案室，专项集中管理。

二、物流装备维护保养管理

1. 物流装备维护保养管理的作用

物流装备要经常处于完好的状态，除了正确使用装备之外，还要做好维护保养工作。如果维护保养工作做得好，则装备不但能保持正常运转，减少装备的故障及修理次数，还能延长装备的使用寿命。

维护保养是指对装备进行清洁、润滑、紧固、调整、防腐和检查等一系列工作的总称，其目的是减缓装备的磨损，及时发现和处理装备运行中出现的异常现象。要达到维护保养的目的，必须加强维护保养管理，在维护保养过程中严格遵守有关作业制度、操作程序和维护保养技术规范。

2. 物流装备维护保养的基本要求

① 整齐：装备零部件及安全防护装置齐全、完整，工具、工件及附件放置整齐。

② 清洁：装备内外要清洁无污物，各滑动面、丝杠和齿条等无黑油污，各部件不漏油、漏水、漏气及漏电，周边环境要清扫干净。

③ 润滑：按时加油、换油，油质符合要求，保证油路畅通。

④ 安全：操作人员应熟悉装备结构，合理使用，精心维护，监测异状，确保不出事故。

3. 物流装备维护保养的类别和内容

物流装备维护保养制度通常分为日常维护保养制度、定期维护保养制度和点检制度三类。其中，定期维护保养制度一般分为一级维护保养和二级维护保养。

（1）装备日常维护保养

物流装备日常维护保养是指日常性维护保养作业，其作业中心内容是对设备进行清洁、补给和安全检查。日常维护保养一般包括班前维护保养、班后维护保养和运行中维护保养，由操作人员负责执行。物流装备的日常维护保养是全部维护工作的基础，必须做到经常化和制度化。日常维护保养的基本要求是：

① 班前对装备各部位进行检查，并按规定加油润滑。

② 规定的点检项目应在检查后记录到点检卡上，确认正常后才能使用装备。

③ 装备运行过程中，要严格执行操作维护规程，正确使用装备。

④ 注意观察装备的运行情况，发现异常要及时处理，操作人员不能排除的故障应通知维修工人，并由维修工人在故障维修单上做好检修记录。

⑤ 下班前要认真清扫、擦拭装备，将装备情况记录在交接班记录簿上，并办理交接班手续。

（2）装备一级维护保养

装备一级维护保养的目的是使装备达到整齐、清洁、润滑和安全的要求，减少装备的磨损，消除装备的故障隐患，排除一般故障，使装备处于正常的技术状态。一般机械设备的一级维护保养时间周期为每月或装备运行500~700小时后进行。

装备一级维护保养的主要内容包括：对部分零部件进行拆卸和清洗；部分配合间隙进行调整；除去装备表面的斑迹和油污；检查和调整润滑油路，保持通畅不漏；清洗附件和冷却装置等。

参加一级维护保养的人员以操作工人为主，维修工人为辅。每次保养之后，要填写保养记录卡，并将其存入装备技术档案。

（3）装备二级维护保养

装备二级维护保养的主要目的是延长装备的大修周期和使用年限，使装备达到完好标准，提高装备的完好率，并且使操作人员进一步熟悉装备的结构和性能。一般机械设备的二级维护保养时间周期为一年进行一次，或装备累计运转2500小时后进行。参加二级维护保养的人员以维修工人为主，操作工人参加，保养后要填写保养记录卡。装备二级维护保养的具体内容主要是：

① 拆卸指定的部件及防护罩等，彻底清洗、擦拭装备内外。

② 检查和调整各部件的配合间隙，紧固松动部件，更换个别易损件。

③ 疏通油路，清洗过滤器、油毡、油线、油标，清洗冷却系统，保证油封无渗漏。

④ 清扫电器控制系统，如电器箱、电动机和控制柜等，电器装置要固定整齐。

（4）物流装备的点检制度

点检是一种成熟有效的装备维护管理方法，是对影响装备正常运行的一些关键部位进行经常性检查和重点控制的方法。

1）装备点检的含义　装备点检是指通过人工或运用检测仪器等手段，对预先规定的装备关键部位或薄弱环节进行检查，及时掌握装备关键部位的技术状况，以便及早预防维修。

进行装备点检能够减少装备维修工作的盲目性和被动性，及时掌握故障隐患并予以消除，从而掌握主动权，提高装备的完好率和利用率，提高装备维修质量，并节约各种费用，提高总体效益。

2）装备点检的类别　由于各种物流装备的性能和运行规律不同，装备的点检可分为日常点检、定期点检和专项点检。

日常点检是指每日通过人工感官检查装备运行中关键部位的声响、振动、温度和油压等，并将检查结果记录在点检卡中。

定期点检就是按照一周、半月、一月或数月等不同的时间周期进行的点检，其周期长短可根据装备的具体情况确定。定期点检主要是针对那些重要装备，要检查装备的性能状况、缺陷、隐患以及劣化程度，为装备的大修、项修方案提供依据。定期点检除了凭感官外还要使用专用检测仪器进行检查。

专项点检是有针对性地对装备某些特定项目的检测，一般使用专用仪器工具，在装备运行中进行检查。

三、物流装备的修理管理

1. 物流装备修理管理的作用

各种物流装备在使用过程中，随着使用时间的延长，其零部件都会逐渐发生磨损、变形、断裂、锈蚀和老化等现象，致使装备的技术性能降低，甚至会发生各种故障，难以满足物流生产的要求。为恢复物流装备的性能和排除装备故障而进行的技术作业，称为装备修理。装备修理的作业方法主要是更换零部件或修复磨损、失效的零部件。物流装备修理管理是物流装备使用期管理的重要工作。

物流装备的修理管理应该贯彻预防为主的原则，根据装备特点及其在生产中所起的作用，选择适当的修理方式。

2. 物流装备的修理方式

物流装备的修理方式一般分为预防修理和事后修理两类。

（1）预防修理方式

预防修理是根据物流装备的工作环境、零部件及控制系统的工作状态，依靠检测信息，事先编制修理计划和修理项目以及相应的工艺方案和程序，开展对物流装备的修理作业。目前普遍采用的预防修理方式有：

1）定期修理　定期修理是以装备运行时间为基础的预防修理方式。它根据物流装备零部件的磨损和失效规律，事先确定修理类别、修理间隔期、修理内容、修理工作量及技术要求。定期修理方式具有对物流装备进行周期性修理的特点。

2）状态监测修理　状态监测修理是以物流装备实际技术状态为基础的预防修理方式。它是通过装备日常点检和定期检查来查明物流装备技术状态，针对物流装备的劣化部位及程度在故障发生前适时地进行预防修理，排除故障隐患，恢复装备的功能和精度。

（2）事后修理方式

物流装备发生故障或性能降低到不能继续使用时进行的修理称为事后修理，也称为故障修理。事后修理方式一类是在装备发生故障后进行的修理，一般是无预见性的临时修理，修理的目标是排除故障，恢复使用；还有一类是在装备的性能降低到不能继续使用时，按照事先安排进行的修理，修理的目标是全面恢复装备的使用性能，这种修理方式一般是针对一些结构简单、利用率低的装备，或修理技术不复杂的小型装备，采用事后修理方式可能更经济。

第四节　物流装备的安全管理

一、物流装备安全管理的目的和任务

物流装备安全管理是指为了保证物流装备安全使用所进行的各种管理活动。物流装备安全管理的目的，就是保证物流装备安全操作使用和安全运行生产，防止物流装备异常损坏，并防止由物流装备造成人员、货物或其他财产的意外伤害。

物流生产是一个劳动密集型和装备密集型的生产领域，物流作业场所大多数是人员、设备和货物密集交汇的场所。因此，物流装备的安全使用和运行，是保证物流安全生产的重要前提条件。从某种意义上讲，物流安全生产主要取决于物流装备的安全运行。认真做好物流装备安全管理工作，对于保证物流安全生产具有非常重要的意义。

物流装备安全管理工作的基本任务主要包括以下五个方面：

① 建立物流装备安全使用制度，保证重要装备定机定人，保证操作人员持证上岗。

② 建立健全物流装备安全使用操作规程，严格监督操作人员按照操作规程操纵和使用装备。

③ 监督和指导安全使用物流装备，禁止超负荷、超范围使用，针对特殊货物的物流作业（如吊运大、重型货物），协助生产部门编制安全作业技术方案。

④ 开展经常性的物流装备安全教育和技术培训，对各种装备的操作人员进行专业技术培训，作为取得操作资格的主要考核内容；同时，还应经常对操作人员进行安全教育，增强安全生产意识。

⑤ 经常开展物流装备安全检查活动，检查装备安全装置的技术状况，确保安全装置灵敏可靠；检查装备的安全作业条件和安全使用情况，确保装备安全作业。

二、物流装备安全事故原因分析

在物流生产过程中，发生物流装备安全事故的具体原因多种多样，但概括起来可分为装备原因、人的原因和管理原因。在这些原因中，有的是导致事故的直接原因，有的是酿成事故的间接原因。

（1）装备原因

在物流装备安全事故中，一个重要的原因就是由于装备本身的原因而导致安全事故发生。装备本身的直接原因通常主要是：安全装置失效；安全防护、保险、信号等装置缺失或有缺陷；关键零部件有缺陷、损坏；装备润滑、冷气、保温、散热和密封等方面功能失效等。

装备的间接原因一般主要是其设计上和技术上的固有缺陷，主要表现在设计上因设计错误或考虑不周而造成的结构不合理、零部件的材料缺陷或强度刚度不足、安全和控制装置性能缺陷等；在技术上一般是由于在装备的施工、制造、安装、使用、维修和检查等方面的技术水平较低、技术标准较低、零部件加工质量和制造性能达不到设计要求等原因，留下的事故隐患。

（2）人的原因

人的原因通常是导致物流装备安全事故的关键因素。从物流装备操作者方面看，人的原因一般主要有：不按操作规程操作装备；操作使用装备时注意力不集中，操作错误，忽视警告；未按规定检查装备，使用不安全装备，使装备带"病"运行；不按规定使用装备，使装备超载、超范围作业；冒险进行危险操作；攀、坐不安全位置，如作业平台护栏、汽车栏板、吊车吊钩等；在起吊物下作业、停留；机器运转时加油、修理、检查、调整、焊接和清扫等。这些一般是导致物流装备安全事故的直接原因。

（3）管理原因

管理原因是指由于企业有关管理部门和管理者疏于管理，装备安全管理制度执行不严，致使员工安全意识淡薄，安全知识缺乏，装备安全操作技能低下，从而造成装备安全事故发生。管理原因大多数属于间接原因，但却是酿成安全事故的重要根源。

管理上的缺陷主要表现为：企业主要领导人对装备安全管理的重视程度不够，装备管理人员责任心不强；装备安全管理制度不健全或制度执行不严格；装备安全管理组织机构不健全，缺乏专职安全管理人员；装备安全操作使用监督不力，缺乏作业现场监督和指导；装备安全控制机制不健全，缺乏装备安全管理标准，缺乏装备事故防范和应急处理措施等。

从管理的角度看，再一个重要原因就是物流装备安全教育培训不够，致使职工对安全生产的法规和制度不了解，不能正确按规章制度操作，对安全生产知识和技术掌握不够，对各种装备的使用要求和安全防范措施缺乏了解，对本岗位的安全操作方法、安全防护方法不能熟练掌握，应付不了日常操作中遇到的各种安全问题。

三、物流装备安全管理的主要措施

1. 增强物流装备的安全性能

（1）合理安排物流装备作业场地

物流装备作业场地安排和组织的合理与否，对装备的安全生产具有较大的影响。因此，在进行物流作业工艺布置和装备安置时，不仅要考虑经济上的合理性，还需全面考虑装备生产的安全性。一般应满足下列安全要求：

① 应符合防火、防爆和安全生产要求。

② 应考虑设置过道和运输、消防通道。

③ 装备在排列时应安排有一定的安全距离，务必使工人在操作、维修时，既方便又安全，不受外界危险因素的影响。

④ 库房建筑要有良好的采光和通风且坚固牢靠。

（2）完善设置物流装备的安全防护装置

物流装备在设计时就应全面考虑各种安全装置，在制造时应确保这些装置的功能和质量，使用时应注意精心维护，保证其功能可靠。物流装备的安全防护装置一般包括以下几种：

1）防护装置　对装备中容易发生事故的部分均应设有隔离防护装置，以免操作人员不慎而触及危险部分。

2）保险装置　当装备在运行中出现危险情况时，能有自动消除危险情况的装置，如熔断器、安全阀、安全销、限位器、继电保护装置、卸荷装置和自动脱落装置等。

3）信号装置　它利用声、光等方式发出的信号，使操作人员及时了解装备在运行中发生的各种情况。这一类的装置主要有：各种指示灯和声响（如电铃、喇叭和汽笛等）以及各种仪表（如温度计、压力表、流量表、报警器和限载器等）。

4）制动装置　运动的装备上应装有制动装置，以便在应急时制动，以免发生事故。这种装置对起重运输装备及车辆来说，尤为重要。

5）危险警示标记　各种醒目的警示标记牌能帮助人们识别情况，遵守安全要求。物流装备安全警示信号一般包括警告装置、文字、标记符号等，以单独或联合使用的形式向使用者传递信息，用以指导使用者安全、合理、正确地操作使用装备。

（3）加强装备的安全检查

对装备进行经常性安全检查是安全管理的一项重要工作，其目的是尽早发现事故的隐患，避免发生安全事故。必须结合物流装备的日常维护、定期保养和定期检测等作业过程，定时检查装备的安全状况，及时消除安全隐患。

（4）合理使用安全防护用品

使用安全防护用品是预防安全事故、减轻事故伤害的辅助措施，以保护劳动者的身体健康。必须正确、合理地使用防护用品，才能起到应有的效果。事故分析表明，不少砸伤、绞伤、眼伤、高空坠落等事故，都与没有正确使用安全防护用品有关。

2. 加强物流装备安全教育

安全教育是事故预防与控制的重要手段之一。通过安全教育，可以使员工提高自身的安全意识，掌握安全控制知识和操作技能，增强保证安全的能力和手段。

安全教育实际上应包括安全教育和安全培训两个方面。安全教育是通过各种教育形式努力提高人的安全意识和素质，它主要是一种安全意识的培养。安全培训主要是一种技能的培训，其主要目的是提高员工安全操作使用装备的技能。所以，安全教育培训就是企业为提高职工安全技术水平和防范事故能力而进行的教育培训工作，也是企业安全管理的重要内容之一。安全教育的形式多种多样，主要有：

① 班前、班后会上交代安全注意事项，讲评安全生产情况。

② 开展安全日活动，进行安全教育和安全检查，宣传贯彻本单位物流装备安全规程。

③ 召开安全生产会议，专题计划、布置检查、总结评比安全生产工作。

④ 召开安全生产及事故现场会、总结推广经验，吸取事故教训、查明事故原因，总结事故发生规律，制定防范措施，有针对性地进行安全教育。

⑤ 组织安全技术学习班，举办安全技术讲座，举办安全知识竞赛，举办安全操作方法的示范训练和座谈会、报告会。

⑥ 举办安全管理与安全技术方面的展览，编印安全简报。

3. 强化物流装备安全制度管理

在物流装备安全管理过程中，消除人的不安全行为是避免事故发生的重要措施。但是应该注意到，人与装备不同，装备是在人们规定的约束条件下运转的，自由度较少；而人的行为则受各自思想的支配，有很大的行为自由性。这种行为自由性一方面使人具有搞好安全生产的能动性，另一方面也可能使人受到其他因素的影响而产生不安全行为。因此，必须强化物流装备安全制度管理，通过严格的安全管理制度和规程规范人的行为，指导操作人员的安全行为，控制操作人员的不安全行为，从而避免人的不安全行为导致事故发生。

物流装备安全制度管理就是建立健全各种物流装备安全管理制度，并通过严格的组织管理手段监督制度的执行。物流装备安全管理制度主要包括安全生产教育制度、安全生产检查制度、安全技术改进计划制度、岗位安全责任制度、事故应急救援制度和劳保用品使用管理制度等。

1）安全生产教育制度　安全教育包括劳动纪律教育、法制教育、安全技术训练以及典型经验和事故教训教育等，在实施这一制度时，应对企业各级干部、各工种工人进行安全教育的目的、内容和教育方法等做出具体、明确的规定。

2）安全生产检查制度　企业安全管理部门的主要职责是对安全生产政策和法规等的贯彻执行情况进行监督和检查；检查安全技术措施计划的完成情况；对违反安全法规的部门或有关人员提出处理意见；对于不具备安全生产基本条件的作业场所和机器设备，有权提请有关部门责令停产整顿，或予以封闭停用。

3）物流装备安全技术改进制度　通过编制和实施物流装备安全技术改进计划，可以把改善企业物流装备条件的工作纳入企业计划之中，有步骤地解决物流装备安全技术中的重大问题，使物流装备安全技术条件不断完善。

4）岗位安全责任制度　岗位安全责任制度应明确规定企业各级负责人和每个操作人员在装备安全管理过程中应履行的岗位职责，以及应承担的安全责任。它既是考核各级负责人和每个操作人员安全管理工作完成情况的主要标准，也是追究各岗位责任的基本依据。

5）事故应急救援制度　物流企业应当根据《安全生产法》《特种设备安全监察条例》等法律法规，建立企业事故应急救援体系，制订严密可行的事故应急救援预案，一旦发生严重的装备安全事故，保证能立即按照应急救援预案开展救援工作，使事故损失减小到最低限度。

6）劳动防护用品使用管理制度　物流企业应当按照《安全生产法》的要求，为物流装备操作人员和其他作业人员提供符合国家标准或行业标准的劳动防护用品，并监督、教育从业人员严格按照规定佩戴和使用。

复习思考题

1. 物流装备配置的总体原则有哪些？
2. 物流装备配置的影响因素有哪些？
3. 简述物流装备配置方案的制订和实施过程。
4. 物流装备使用管理的主要内容和要求是什么？
5. 物流装备技术档案的主要内容有哪些？
6. 物流装备维护保养的类别有哪些？其基本作业内容是什么？
7. 物流装备修理分为哪些类别？
8. 如何做好物流装备的安全管理？

参 考 文 献

[1] 唐四元，鲁艳霞. 现代物流技术与装备［M］. 2 版. 北京：清华大学出版社，2011.

[2] 于英. 物流技术装备［M］. 北京：北京大学出版社，2010.

[3] 肖生苓. 现代物流装备［M］. 北京：科学出版社，2009.

[4] 冯国苓. 物流设施与设备［M］. 大连：大连理工大学出版社，2009.

[5] 张弦. 物流设施设备应用与管理［M］. 武汉：华中科技大学出版社，2009.

[6] 蒋祖星，孟初阳. 物流设施与设备［M］. 3 版. 北京：机械工业出版社，2009.

[7] 姜大立. 现代物流装备［M］. 2 版. 北京：首都经济贸易大学出版社，2008.

[8] 黎青松. 现代物流设备［M］. 重庆：重庆大学出版社，2008.

[9] 何民爱. 物流装备与运用［M］. 南京：东南大学出版社，2008.

[10] 孙红. 物流设备与技术［M］. 南京：东南大学出版社，2006.

[11] 冯爱兰，王国华. 物流技术装备［M］. 北京：人民交通出版社，2005.

[12] 刘廷新，何民爱. 物流设施与设备［M］. 北京：高等教育出版社，2003.

[13] 魏国辰. 物流机械设备的运用与管理［M］. 北京：中国物资出版社，2002.

[14] 朱宏辉. 物流自动化系统设计及应用［M］. 北京：化学工业出版社，2005.

[15] 刘昌祺. 自动化立体仓库设计［M］. 北京：机械工业出版社，2004.

[16] 刘昌祺. 物流配送中心设计［M］. 北京：机械工业出版社，2002.

[17] 武德春，武骁. 集装箱运输实务［M］. 3 版. 北京：机械工业出版社，2011.

[18] 路军. 物流运输组织与管理［M］. 北京：国防工业出版社，2009.

[19] 孙明，王学峰. 多式联运组织与管理［M］. 上海：上海交通大学出版社，2007.

[20] 杨茅甄. 国际集装箱港口管理实务［M］. 上海：上海人民出版社，2007.

[21] 张理，孙春华. 现代物流学概论［M］. 北京：中国水利水电出版社，2009.

[22] 崔介何. 物流学概论［M］. 北京：北京大学出版社，2006.

[23] 冉文学，宋志兰. 物流管理信息系统［M］. 北京：科学出版社，2010.

[24] 杨耀双. 设备管理［M］. 北京：机械工业出版社，2008.

[25] 王汝杰，石博强. 现代设备管理［M］. 北京：冶金工业出版社，2007.

[26] 戴光，李伟，张颖. 过程设备安全管理与检测［M］. 北京：化学工业出版社，2005.

[27] 叶万水. 设备工程［M］. 上海：华东理工大学出版社，2005.

[28] 李葆文. 简明现代设备管理手册［M］. 北京：机械工业出版社，2004.